AQ 202

퓨즈원더 Future is Wonderful

조택연 지음

간향미디어랩

퓨즈원더 Future is Wonderful

2006년 4월 10일 초판 1쇄 발행 | 지은이 _ 조택연
발행인 _ 전진삼 | 편집위원 _ 김정후, 박민철, 이정범, 이충기
펴낸곳 _ 간향미디어랩 GML
등록번호 _ 제 313-2004-303호 | 주소 _ 서울특별시 마포구 서교동 352-21
제작처 _ 시공문화사 | 구입문의 _ Tel.02-3147-1212 Fax.02-3147-2626
디자인 _ spacetime | 값 16,800원

ISBN 89-956175-3-5

arch in sight

Quarterly books 202

AQ 202

퓨즈원더 Future is Wonderful

조택연 지음

Preface

20여 년 전 존 마이클렌 요한센의 디자인 스튜디오에 참여하면서 받았던 첫 느낌은, 건축과 무관해 보이는 다양한 자연의 이야기들이 상상하지 못한 공간 구조로 변환 되어질 수 있다는 것이었다. 강의 시간이면 여지없이 이종 생물 사이의 공생(Symbiosis)이 만드는 생존 전략을 해석한 공간구조나 유기체의 생존 알고리즘의 형상화 그리고 생명체의 모습에서 발견되는 공간적 의미 같은 자연의 다양한 생존 구조에 대한 이야기가 토해져 나왔고, 잠시 후면 그것이 건축 공간으로 전개되었다.
첫 강의 시간에 들었던 의구심, "생물들의 생존 방식이 어떻게 건축 공간으로 해석될 수 있는 것일까? 그것들은 공간적 형상을 포함하고 있지 않는데. . ."라는 의문은 곧 허물어졌다. 그가 제안하는 명쾌한 사고 방법은 서로 무관해 보이는 인식사이의 거리를 없애주는 든든한 가교 역할을 했다. 마치 수학에서 함수를 사용해 공간 A에 존재하는 원소들의 관계가 다른 구조의 공간 B에서도 적용될 수 있게 사상(Mapping)시키는 것과 같이, 자연계의 생존 전략이라는 비기하적 공간과 건축의 공간을 하나로 연결시켰다.

자연 현상을 건축 공간화 하는 명쾌한 사고전개에 끌려, 다섯 번이 넘는 그의 스튜디오를 듣는 동안 단 하나의 소원은 그가 반론을 하지 못하도록 완벽한 논리 구조를 가진 디자인을 제시해보는 것이었지만 그 소원은 한 번도 이루어지지 않았다. 많은 책을 읽고 며칠 동안 골똘히 생각을 하고 여러 장의 스케치와 도면으로 디자인을 준비해 크리틱에 대항할 만반의 준비를 하지만, 번번이 그의 통찰을 뛰어 넘지 못하고 나 자신의 미숙함을 인정해야 했다. 프레젠테이션에 항상 이어지는 그의 질문, 잔인할 정도로 제자를 괴롭히던 "왜 그렇게 생각하지?"의 벽을 넘는 것은 쉽지 않았다.

몇 년의 실무와 오랜 생각의 조각들이 쌓여 가면서 이제는 그 "왜?" 에 대한 답을 제시할 수 있을 것 같게 되었다. 그리고 어느 사인가 학생들이 제일 싫어하는 "왜 그렇게 생각하지?" 를 가지고 디자인 스튜디오에 참가하는 제자들을 괴롭히고 있는 나를 본다.

지난 20년의 시간은 세상에 많은 변화를 가져다주었다. 시간이 강물처럼 흘러간다는 말로는 비유할 수 없는, 갑자기 나타나 폐허의 흔적만 남기고 순식간에 사라지는 태풍처럼 시간은 매순간 저항할 수 없는 변화를 인류에게 던져놓고 사라져버렸다. 그러한 변화의 조각들이 싸여 21세기는 요한센이 상상하지 못했던 세상이 되어버렸다.

이제는 지능과 통신이 결합해 그 의미가 컴퓨터 환경으로 바뀌어버린 디지털과 인간의 생명을 디자인 하려는 유전자 공학, 자기 조립자(self-assembler)에 의해 만들어지는 생명기계를 제안하는 나노기술, 원자의 전기적 반발력이 아닌 비물질 응력인 초전도기술, 생물과 기계를 결합시키려는 초미세 혹은 거대 로봇기술 그리고 마침내 물리적 공간을 디지털과 결합시켜 증강 공간화 하려는 유비쿼터스 환경이 나타나, 1만년동안 살아온 건축의 공간적 의미를 바꾸려한다.

물리적 거리가 사라지고 관계만 남아버린 공간, 공간을 느끼는 감각이 무한히 확장되고 그것에서 전해오는 공간정보를 모두 인지할 수 있는 지능을 가진 사람들이 바라보는 공간은, 16세기 해양시대의 도래와 함께 해석 기하학을 접목시켜 동력학적 공간 모형을 제시한 데카르트처럼, 이제 자신을 기술해줄 전혀 다른 공간체계의 제안을 요구하고 그 공간에 지어질 건축을 기다리고 있다. 20년 전, 아직 컴퓨터가 삶 가까이에 존재하지 않았고, 오늘이 아득한 미래의 시간이었을 때, 공간을 찾기 위해 제자들에게 던졌던 다양한 이야기를 오늘 요한센이 다시 한다면 그는 어떤 건축공간을 꿈꾸며 화두를 시작할까? 기계와 유기체가 공존하는 생태계, 디지털 생명들이 만든 Niche와 그것을 무대로 펼쳐지는 진화, 자연 생태계를 간섭하는 디지털 정보계 그리고 이들 사이의 섭동, 공간이 사라져버린 생존 영역에 살고 있는 유사 생명체들의 이야기는 과연 어떤 건축 공간으로 변환되는 이야기가 될까? 공간이 사라져 버린 공간을 어떤 모습으로 상상하면서 21세기의 이야기를 건축 공간의 구조로 변환 시켜나갈지 자못 궁금하다.

소유 농경지의 경계를 설명하기 위해, 메소포타미아에서 시작해 그리스에서 완성돼 오랜 시간 공간 이해의 틀이 되어온 유클리드 기하 체계는 오늘까지도 건축이 사용하는 가장 큰 공간 도구이다. 2차원 직교축을 따라 전개되는 경계로 이해하는 공간은 인간의 지능이 그려볼 수 있는 적당한 복잡도를 가진 인식체계이어서, 그것으로 표현되는 공간을 비교적 직관적으로 이해할 수 있게 하는 유클리드 기하의 매력은 이를 오늘날까지 건축을 표현하는 주된 공간 도구로 남아있게 했다.
하지만 경작지를 기술하는 유클리드 기하학이 동력학적 공간을 묘사하는 도구가 되지 못하자 해석기하학이 등장했고, 이를 기초로 뉴턴의 고전역학 체계가 등장해 문명을 상상할 수 없는 속도로 발전시켰던 것과 달리, 동력학적 복잡성을 넘어서는, 공간에 존재하는 원소(공간의 사용자)들의 관계를 고려하는 공간계로서의 특성 그리고 공간과 원소의 관계인 공간적 지위를 내포해야하는 건축공간은 유클리드의 공간 인식에서 벗어나지 못해 공간 자원의 비효율적인 소비 형태를 보여줘야 했다.
유비쿼터스 환경을 공간 지각 장치로 사용하는 21세기의 인간이 바라보는 공간의 모습은 어떤 것일까? 공간을 보고 느끼는 능력이 무한히 확장된 인간이 인식하는 공간의 구조는, 시간 축을 따라 발생하는 변화량이 존재하지 않는 유클리드 공간과는 다른 모습을 하고 있을 것이다. 절대적 대상으로서의 공간이 아닌 모래처럼 작은 조각으로 부서지고 그것이 시간 축을 따라 겹쳐질 수 있다는 공간 인식은 분명 현재의 건축이 사용하는 공간의 구조와는 다른 가능성을 제공할 수 있을 것이다. 오랜 잉태의 시간을 지나 유비쿼터스 환경은 마침내 공간의 모습을 갖춰 유비쿼터스 공간으로 우리에게 다가 오기 시작한다. 이러한 유비쿼터스 공간의 건축적 사용 가능성을 찾는데 여러분을 초대하려는 마음이 급해 부끄러움을 무릅쓰고 이 거친 글을 선보인다.

희생을 마다 않으셨던 부모님, 디지털 건축가의 길을 걸을 수 있게 해주신 전진삼 선배님, 정진원 교수님, 항상 도움이 되어준 Fu's 식구인 영식, 완기, 영래에게 감사를 전한다. 그리고 화강이 있어 이 작업이 가능했다.

2006. 4.
조택연

Prologue | 17

2005년 지구라는 시공간 네트워크가 아날로그에서 디지털로 바뀌면서 그 위에 놓인 지식은 스스로 증식하기 시작한다. 이제 사고(思考)는 두뇌에서 발생하는 화학적 현상이 아니라 금속선 끝에 매어진 반도체 위를 흐르는 전기적 현상이다. 디지털 공간은 단지 네트워크에 존재하는 정보구조가 아니라 하나의 독립된 공간이며, 이곳 디지털 위상 공간에서 인간의 의식은 하나로 연결된다. 2005년 인간의 의식은 생물학적 두뇌 안에서 벌어지는 화학현상이 아니라 디지털 위상 공간에서 하나로 연결된, 지구상에 존재하는 모든 인류를 연결한 생물학적 사고, 그것이 인간의 의식이다.

Calendar | 25

유비쿼터스 초공간 아파트, 유비쿼터스 업무공간, 초매스(Hyper & Super Mass) 건축, 2032년 델로스타워 영화 속 미래 공간, 2042년의 Hyper Gata 도시 서울, 2042년의 모든 것의 도시 뉴욕, 2042년의 시뮬레이션 생명 도시 파리, Ecourban-S1 복잡한 도시, Ecourban-H1 수동적 생태계 복원시스템, Ecourban-V1 능동적 생태계 복원시스템 이브 Ev-01과 아담dAd-01의 공간 Ecourban-V84, Mudfox가 보는 세상의 모습을 그린다.

Chronology | 197

시공간의 시작, 생명과 디지털의 출현 그리고 그들의 미래

자연의 생태정보와 전자 정보가 결합한 새로운 생태계의 출현은 필연적으로 그곳에 서식할 새로운 생명의 탄생을 예고하는 것이다. 디지털 공간에서 탄생하여 그곳을 생존의 장으로 사

용하는 생명체와, 그리고 더 오랜 시간이 지난 후에는 화학 에너지로 생존하고 광량자를 매질로 생존 공간을 인지하는 생명체가 아닌, 전자기파의 파동 에너지를 먹고 중성미자를 매질로 자신의 세계를 지각하는 새로운 생명체가 탄생하게 된다.

I. 2005년 이후 시공간의 모습 / 260

Scenario | 259

유비쿼터스 환경에서 공간의 가치는 디지털 공간의 관계성으로 결정된다. 즉 공간의 가치를 사용자의 공간 인식에 의존하지 않고 물리적 공간과 섭동하는 디지털 공간의 위상 구조에 따라 이해하기 때문에, 공간의 물리적 속성은 디지털 공간의 관계성에 의존하게 된다. 디지털 환경의 위상 특성에 따라 물리적 공간의 구조를 조작하는 것이 가능하고, 과거 인간이 진화해온 오랜 시간 동안의 공간의 기억을 매트릭스와 그리드를 결합시킴으로 감성을 공간 차원으로 가지는 새로운 모습의 공간으로 발현시킬 수 있다. 과거의 커뮤니티인 마을이 유전자가 요구하는 규모의 구성원들 사이의 관계와 일치하는 공간이라면, 그 역할을 디지털 위상 공간이 대체할 수 있다. 현재의 거주 영역이 평면위에 쌓아 놓은 단절된 주거 공간인 반면, 미래의 공간의 좌표는 투명한 유비쿼터스 공간위에 놓인 유전자의 생존 본능일 것이다.

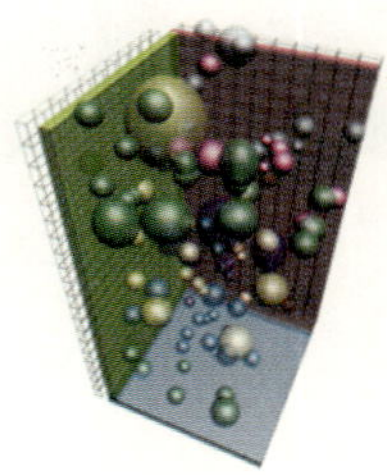

II. 2042년의 도시 Spectrum of Paradigms / 335

2042년 여름 사람들은 초신성폭발로 갑자기 나타난 두 번째 태양에 당황한다. 앞으로 36년 후 복사될 프로키온의 반물질은 6500만년 전 유성의 충돌로 공룡을 지구상에서 사라지게 했던 것처럼 지표면에 살고 있는 모든 생명체를 멸종에 이르게 할 것이다. 하지만 다행스러운 것은 신체의 진화에 치중했던 공룡과 달리 네트워크의 진화에 성공한

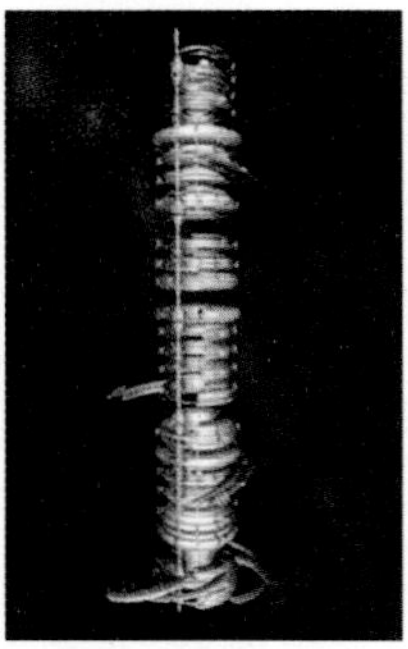

인류의 문명이 지구를 우주로부터의 재앙에서 지켜낼 수 있을지도 모른다는 것이다. 우주로부터의 재앙에 맞설 수 있게 된 2042년 인류를 3개의 도시 모습들을 통해 상상해본 작업이 "2042년의 도시 Spectrum of Paradigms"이다. 인간의 의식이 하나로 융합된 도시 서울, 모든 것의 도시 뉴욕, 컴퓨터 시뮬레이션 속의 도시 파리... 이들은 각각 독특한 문명과 생존의 모습으로 2042년의 미래를 보여주고 있다.

III. 2042 Gaia Projects / 372

"2042 Gaia Project"는 2042년 사람들이 상상한 2084년의 모습이다. 2042년 사람들은 지구의 생태계를 복원하기 위해 다양한 생태계 복원 도시들을 디자인 하였다. 이들은 대부분 스스로 성장하고 그 성장 메커니즘을 복제할 수 있는 시스템을 가지고 있어서, 생명체들이 자손을 낳고 종족을 보존하는 것과 같이, 자신을 닮은 다음세대의 도시 씨앗들을 자연을 복원하기 위해 퍼뜨릴 수 있다. 의사 생명체로서의 도시들이 생태계와 결합하고 성장한 도시는 인간의 삶을 수용할 수 있는 생명 순환의 한 부분으로 디자인

되는 것이 2042년 사람들이 꿈꾸는 2084년 도시의 모습이다. 결과적으로 반물질의 복사를 피해 생존할 공간으로 그리고 반물질 복사가 끝나고 우주의 재난에서 살아남은 사람들이 보게 될 운명이었지만, Ecourban-v1의 모습은 2042년 까지 사람들이 꿈꾸던 새로운 도시의 모습이었다. 해양 생태계를 복원할 "복잡한 도시" Ecourban-s1과 자연과의 공존을 목표로 한 도시 개념 Ecourban-h1 역시 자연의 파괴라는 인간이 저지른 가장 큰 실수를 반복하기 않기 위해 계획된 2084년의 도시 프로토타입이다.

생태적 미래건축 환경 디자인 작업 Gaia Project의 소재인 가이아 이론은 그리스 대지의 여신에서 이름을 딴 제임스 러브록의 비선형 생태계 모형으로, 지구를 하나의 거대 생명인 "초유기체"로 바라보는 생태이론이다. 생명체의 서식 환경을 그들의 생존을 결정하는 절대적 공간 조건으로 정의내리고, 그곳에 순응하며 살아가는 생명 개체와 종 사이의 관계를 조명하는 생태학 패러다임과 달리 가이아 이론은 생태계를 구성하는 요소들(생명권, 대기권, 대양을 포함한 수권, 지표권역 등)이 서로 밀접한 네트워크를 가져 마치 하나의 생명을 구성하는 세포처럼 작용한다. 가이아 이론은 이런 생명체의 네트워크를 기반으로 지구를 유기적 관계를 가진 생명들이 구성하는 거대한 초유기체로 이해한다.

가이아 이론에서 서식 환경으로서의 공간은 더 이상 생명체의 생존을 결정하는 절대적 지위가 부여되지 않는, 그곳에 살고 있는 생명 개체나 종 등과 동등한 위계를 가지고, 지구 생명인 초유기체를 형성하는 구성 요소들 중 하나로 정의된다. 즉 생태환경은 불가변의 절대적 의미로 정의하는 것이 아니라 그곳에 살고 있는 종들 혹은 개체들 사이의 생명현상 결과로 발생되고 유지되는 생명 상호 공조에 의해 만들어지는 공간적 상태이고, 공간은 이들의 네트워크가 담겨 있는 다차원 경로이다.

Ⅳ. 2084 Gaia Project 새로운 생명의 공간 / 419

2084 인류는 어떤 모습의 삶을 살게 될까? 2084 Gaia Project는 2084년 사람들이 본 2084년의 모습이다. 2042년의 문명은 2084년을 꿈꾸었다. 환경오염으로부터 지구를 정화할 능동형 생태계 복원 장치인 Ecourban-v1은 2042년의 지구가 당면한 많은 환경 문제를 해결하고 인류에게 오늘날 보다 맑은 내일을 약속하는 것처럼 보였다. 그들이 보고 싶어 했던 2084년, 하지만 뜻하지 않는 프로키온의 반물질 복사로 2084년의 하늘은 컴퓨터에 의해 복제된 이브와 디지털 생명체 아담만이 보게 된다. 2084 프로젝트는 생명의 정체성에 관한 질문이다. 과연 인간과 인류를 어떻게 정의할 수 있을까? 생명현상이란 어디까지를 의미하는 것일까?. 인간이 사라진 지구에서 인간의 유전자로부터 복제된 생물학적 생명 이브와 인간의 유전자에서 발현된 디지털 공간의 생명체 아담은 인간의 자손이 될 수 있을까?

Ⅴ. 새로운 생명체가 바라보는 공간 / 432

Mudfox의 뇌는 2개의 독립된 공간 인식 영역을 가지고 있다. 하나는 뉴트리노의 파동

을 통해서 이해한 공간 기억 영역이고, 다른 하나는 자신의 위치를 지각하기 위해서 자기장을 기준으로 자신의 위치를 지각하는 영역이다. 즉 Mudfox는 뉴트리노를 통해서 본 기억공간에 자기장(磁氣場)을 포개어 놓고 자기장을 기준으로

자신과 대상 사이의 공간 관계를 이해하는 것이다. 뉴트리노를 매질로 세상을 바라보는 생명체의 시선 속의 세계를 상상하기 위해서는 두 개의 공간을 함께 바라보아야 한다. 뉴트리노가 투영하는 영상과 그것을 공간으로 인지하기 위한 변환장치로서의 두뇌이다.

Epilogue | 443

집합으로서의 계가 항상성(恒常性)을 유지하기 위해서는 계를 구성하는 능동적 원소와 이들을 연결하는 섬세한 신경망을 통해, 원소와 원소 · 원소와 집합 그리고 집합과 그 집합을 담고 있는 공간계 등이 끊임 없는 정보를 교환하여, 부분의 변화가 전체에 영향을 주거나, 전체에 의해 부분이 조절되는 동적 평형 상태를 유지하는 것이다. 공간의 존재물이던 컴퓨터의 위상공간이 확고한 공간적 지위를 획득한 세상에서 공간의 의미는 이제 기하학에서 벗어나 동력학계로 그리고 장으로, 마침내 계로 확장된다. 더 이상 공간은 그곳에 존재하는 입자를 담고, 도형을 표현하기 위한 연속적인 공간 좌표가 아니라 역학적 특성을 지닌 작은 단위 조각으로 쪼개어지고, 무한히 반복되는 자기 닮음을 가지며, 자신의 시간과 질량에서 발생하는 강한 인력을 가진 객체이다.

Dictionary | 449

이 책을 읽는데 필요한, 미래사전은 독자들이 미리 이해하고 있어야할 단어들의 모음이다. 보편적이지 않은 혹은 아직 존재하지 않는 개념들을 정리하기 위해 일상에서 벗어난 새로운 단어들이 필요했고, 그것을 주변학문에서 차용하여 의미를 변형해 사용하거나, 새로 만들었다. 미래사전은 "퓨즈원더"를 읽는데 필요한 기본 사전이다.

Prologue

2005년 지구라는 시공간

2005년, "**인간은 누구나 한번 죽어야 한다.**"는 200만년의 믿음이 깨어지는 시간이다.

2005년의 인류는 **부모와 자녀가 서로 다른 유전자**를 가진 상상할 수 없었던 상황을 맞이하고 있다. 이제 인류는 영장류와 파충류사이보다 먼 유전적 유사성으로 겨우 부모와 자녀의 관계를 유지하고 있어, 그들을 하나로 묶고 있는 가족이라는 인습적 끈을 풀어버린다면, 이들 사이는 생물과 무생물만큼 거리가 멀어져 버린다.

생물학적 유전자로부터 발현된 2005년의 부모들이 지난 200만년 동안 선조들이 보여준 것처럼 죽음을 자신의 운명으로 받아 들여야 하는 반면, 디지털 유전정보를 자신의 유전자로 여기는 2005년의 자녀들은 죽음을 생명현상의 마지막 과정으로 받아들이는 것을 거부하기 시작한다. 인간으로서 생명 정보인, 게놈(Genom)을 디지털공간으로 옮긴 자녀세대는 2개의 생명을 소유하고 있음을 시사한다. 물리적 현실 공간에 있는 자신의 생명과 디지털 공간에서 이제 막 분화가 시작된 게놈이 발현할 또 하나의 생명이 그들의 두 번째 생명이다.
디지털공간으로 옮겨진 자녀세대의 생명 정보는 자신의 줄기 세포를 원하는 기관으로 발생시키는 원시적 생명 유지의 방법을 깨닫기 시작 했지만, 반세기 안에 생물학적 자신 혹은 디지털 공간에서 복제된 자신의 체세포를 조작한 유전정보를 이용해 자신을 복제하는 것이 가능해질 것이다.

2005년, 20세기말 인류에게 다가온 디지털 공간(컴퓨터)은 빠른 연산능력과 방대한 기억용량으로 두뇌 공간(두뇌의 기억, 인지, 감성)의 진화를 시도하고, 마침내 시간차원을 따라 인간의 생명을 연장하더니 이제 **자신을 담고 있던 물리적 현실 공간**을 초공간으로 확장하려는 시도를 한다.

유비쿼터스 환경(Ubiquitous Environment)은 **컴퓨터의 디지털 공간과 인간의 감성 공간** 그리고 **물리적 현실 공간**을 하나의 **초공간으로 연결하는 디지털 신경망**을 제안하는 것이다. 디지털 신경망에 의해 3개의 공간이 하나로 통합되는 유비쿼터스 환경에서 **공간의 의미**는 우리가 현실세계에서 경험한 공간과 사뭇 다른 모습으로 다가온다.

무한 개의 눈을 가지게 된 인간에게 벽은 그저 투명한 허상이며, 디지털 신경망으로 확장된 인간의 지능은 두뇌의 이해와 인식의 한계에서 벗어나 **전지(全知)의 능력**이 된다. 시간이 무시되는 공간계에서 노드(Node) 사이의 거리는 더 이상 공간의 크기를 측정하는 물리량이 되지 못하며, 디지털공간에 장(field)으로 기록된 시간은 물리적 공간의 시간과 동기화해 가역을 가능하게 한다.

유비쿼터스 환경은 유클리드이래, 2300여 년 동안 **투명하게 존재했던 기하세계의 공간**을 휘어진 **텐서(Tensor) 장(場)**으로 그리고 이제 노이즈(Noise) 가득한 **혼돈의 계(系)**로 옮겨놓는다. 공간은 더 이상 **고전역학이 제안하는 진공의 의미를 따르지 않고** 복잡계의 혼돈모형으로 그 구조를 옮겨간다. **양자역학의 등장이 진공의 의미를 아무것도 존재하지 않는 절대의 "비어있음"에서 에너지로 가득한 입자의 공간적 확률함수의 장으로 바꾼 것 같이, 유비쿼터스 환경에서 공간은 유클리드로부터 진화한 데카르트 공간 좌표계의 투명한 영역이 아니라, 물질과 비물질 입자 그리고 그것의 집합이 상호 작용하는 영역인 공간 계(系)이다.** 계에서 공간이란, 입자와 입자의 집합 그리고 그것을 담고 있는 객체로서의 공간 사이에 발생하는 상호작용들이다. 우리를 가장 혼란스럽게 하는 양자역학 현상의 하나인, **공간적 관계가 없는 두 입자사이에서 발생하는 미시적 원격 작용이 현실에서 거대한 공간을 뛰어넘어서 발생**하게 된다. 양자역학의 입자에 대응하는 현실공간의 객체는 디지털 신경망으로 연결된 디지털 공간의 **Bit 장**(場)**에 대칭 객체**(현실 공간의 물성 객체가 디지털 공간에 정보 객체로 존재하는 것)로 존재하고, 현실공간에서 서로 관련이 없어 보이는 객체들은 디지털공간의 Bit 장으로 존재하는 **대칭 객체가 만드는 정보객체들 사이의 관계와 동기화**(Synchronization)**되어 원격작용을 일으키는 것이다.**

상대적 크기 뒤에 숨은, 공간의 구조와 현실 공간의 직관적 이해 사이의 괴리에 의해 공간 사유로 받아들일 수 없었던 양자역학이나 상대성이론 그리고 복잡계의 공간 현상이, 디지털 가상 세계의 공간과 물리적 현실세계 공간의 네트워크에 의해 현실의 모습으로 나타나는 것이다.

2005년의 의미는 오늘 세상에 태어나고 있는 우리의 자녀가 **디지털 공간에 복제한 유전자로 영원한 생명을 얻어 부모의 운명에서 벗어난 종이 되고, 디지털공간에 저장한 기억으로 전지**(全知)**의 지능을 가지며, 현실의 공간마저 디지털 공간과 결합해 무한의 시공간 차원으로 확장**되기 시작하는 시간이다.

2005년, 우리가 바라볼 내일은, 우리가 바라본 어제와 다른 시공간에 있다. 내일의 시공간은 오늘의 이성과 질서로 이루어진 세상이 아니라 확률로 그 모습을 예측해야하는 불확실성으로 가득한 감성과 혼돈의 질서로 만들어진 세상이다. 양자적 혼돈을 닮은 내일의 시공간이 인간의 삶을 행복으로 이끌게 될지, 아니면 고통이 될지 오늘 그것을 예측할 수는 없다. 양자적 요동으로 가득한 혼돈의 장(場)도 더 많은 가능성을 가진 낮은 엔트로피상태와 가역적 시간 축을 가져 미래와 현재 그리고 과거가 공존하는 시공간을 제안하는 세상으로 작용할 수 있지만, 만일 혼돈의 복잡성이 주는 무게를 이겨내지 못한다면 그 혼돈은 더 이상 미래시간이 존재하지 않는 시공간을 우리에게 줄 것이다.

2005년이 인류에게 생명체로서의 정체성을 다시 정의해야 하는—**과연 나는 생물학적 유전자를 가지고 있는 생명체에 속하는 것일까?**—것보다 더 커다란 질문을 공간을 다루는 사람들에게 하려고 한다. **공간이란 점(點)에서 출발해 투명한 데카르트 공간좌표위에 펼쳐진, 절대성에 대한 사유에 불과한 것인가?** 아니면 **감성지능(感性知能)을 가진 생명체인 인간이 바라보는 관계의 영역인가? 혹은 회로속의 펄스가 만드는 비트의 질량인가? 아니면 이들이 함께 그리는 세상의 모습인가?**

두뇌의 감성지능 공간 그리고 네트워크의 디지털 위상 공간과 현시 세상의 물리적 공간이 결합한 유비쿼터스 환경에서의 **공간은 더 이상 유클리드 기하체계에서 온 공간사유로는 그 모습이 모두 설명될 수 없다.** 초자연적 현상처럼 보이는 현실공간의 객체와 그것의 디지털 대칭성인 정보객체사이의 섭동이 일상이 되고, 0으로 수렴하지 않는 변수의 집합인 네트워크 와이어의 공간과 그 와이어 안에서 연속차원을 형성하는 디지털 공간의 모습을 상상하고 디지털 공간의 비 정량적 메트릭 좌표위에 놓인 현실공간의 크기를 읽어야 하는, 영원으로 연장될 생명만큼이나 생경한 내일의 생존 공간을 상상하기 위해서는, 이 공간을 설명해줄 많은 공간 사고모형들이 필요하다. **비선형 구조의 공간을 표현하는 언어인 복잡성**(비선형 동력계, 카오스 프랙털)**이나, 초공간을 설명하는 끈 이론, 공간의 관계를 이야기가 네트워크이론** 등이 미래의 공간을 이해하기 위해 사용할 수 있는 공간사고모형들이지만, 이것만으로는 설명할 수 없는 다양한 새로운 공간들이 우리에게 다가오고 있다.

와이어 공간의 차원을 설명해줄 새로운 기하학이나 물리적 공간과 디지털 공간 사이의 섭동을 설명할 공간사고모형 그리고 가역차원으로서 시간이 존재하는 공간계의 구조를 이야기해줄 탈기하론 역시 내일의 공간을 상상하기 위해서 필요하다. 오랜 유클리드 습성으로 3개 이상의 공간 차원을 상상하는 것이 불편하고, 휘어진 3차원 공간을 그려보는 것은 고통스러우며, 3체의 섭동을 시뮬레이션 하는 비선형구조의 공간 모습을 이해하기 위해서는 커다란 인내를 필요로 하지만, 공간적 상상력으로 그것을 뛰어넘어야 하는 미래의 공간의 구조를 찾아보는 작업을 같이 시작해 보기를 권한다.

디지털 공간과 물리적 공간 그리고 감성공간이 하나로 합쳐진 미래의 공간이 지금까지 우리가 이해한 세상의 공간과 비교할 수 없을 만큼 복잡한 구조를 띄게 될 것이지만 그 구조를 이해하고 활용할 방안을 오늘 상상할 수 있다면, 공간을 다듬어 편안하고 재미있게 하는 작업을 하려는 우리에게 지금까지 경험하지 못한 새로운 공간을 찾아내는 많은 이야기들을 들려줄 것이다.

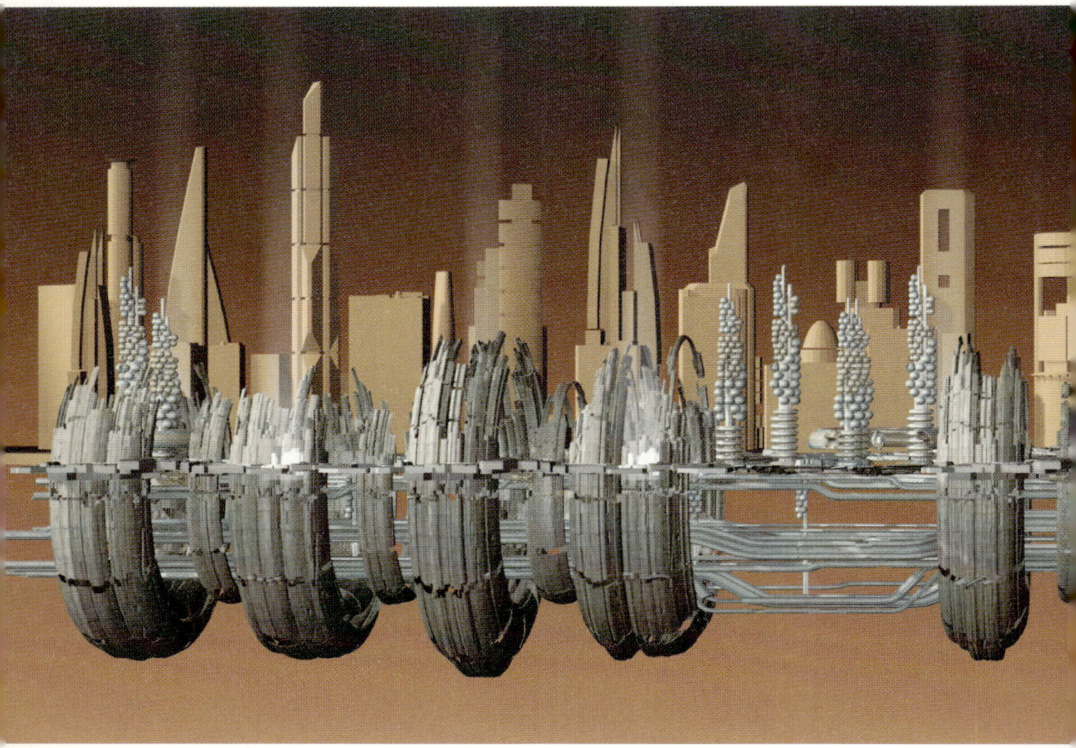

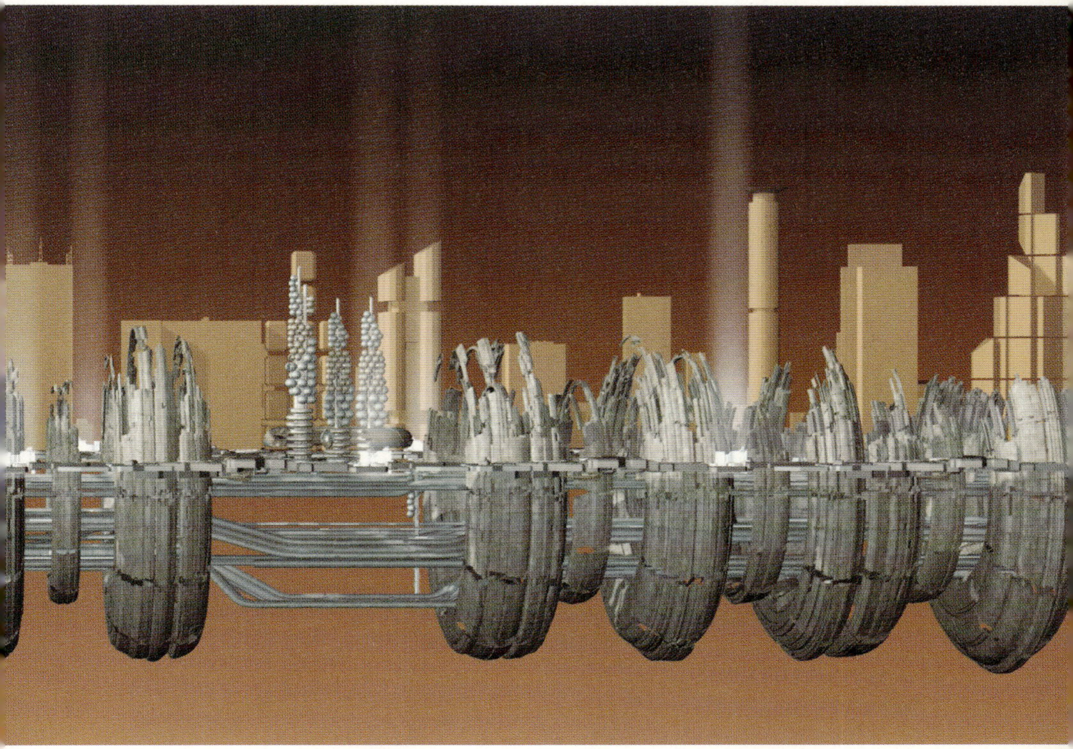

Calendar

유비쿼터스 초공간아파트 | 초공간 아파트의 유동 공간 개념과 그것을 구성하기위한 항시전용공간 · 시분할 전용공간 그리고 시분할 전용 엘리베이터의 연결 구조

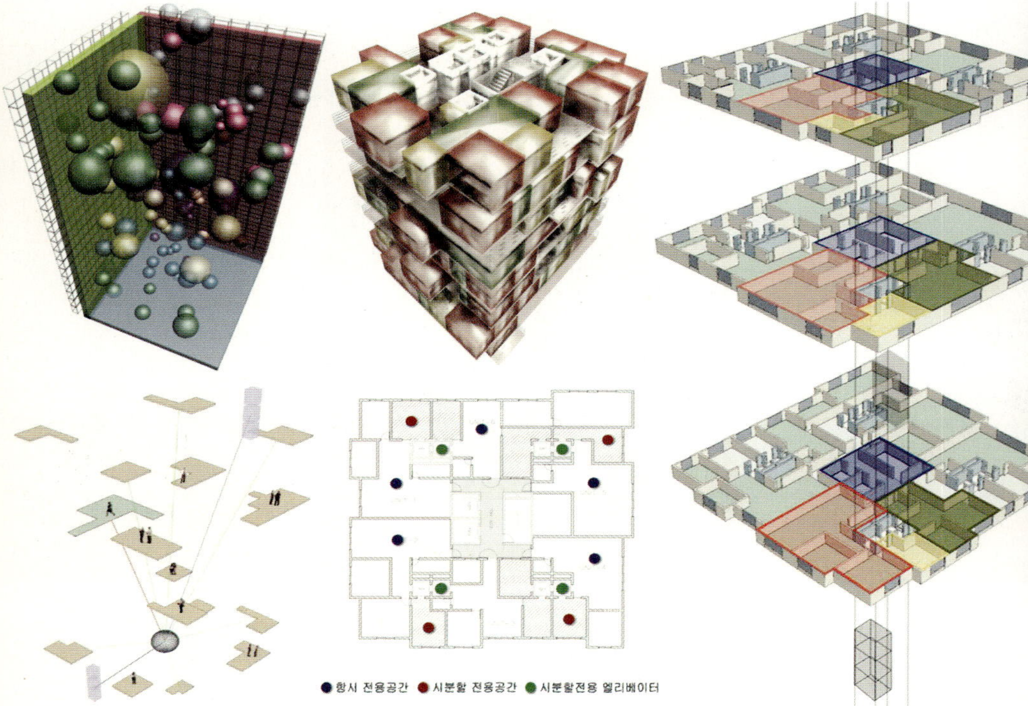

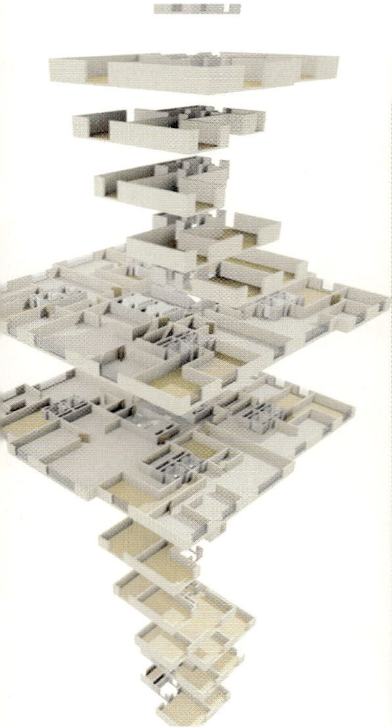

유비쿼터스 초공간아파트 | 단위 세대인 항시전용 공간에서 시분할 전용엘리베이터로 연결 가능한 시분할 전용공간의 조합 예

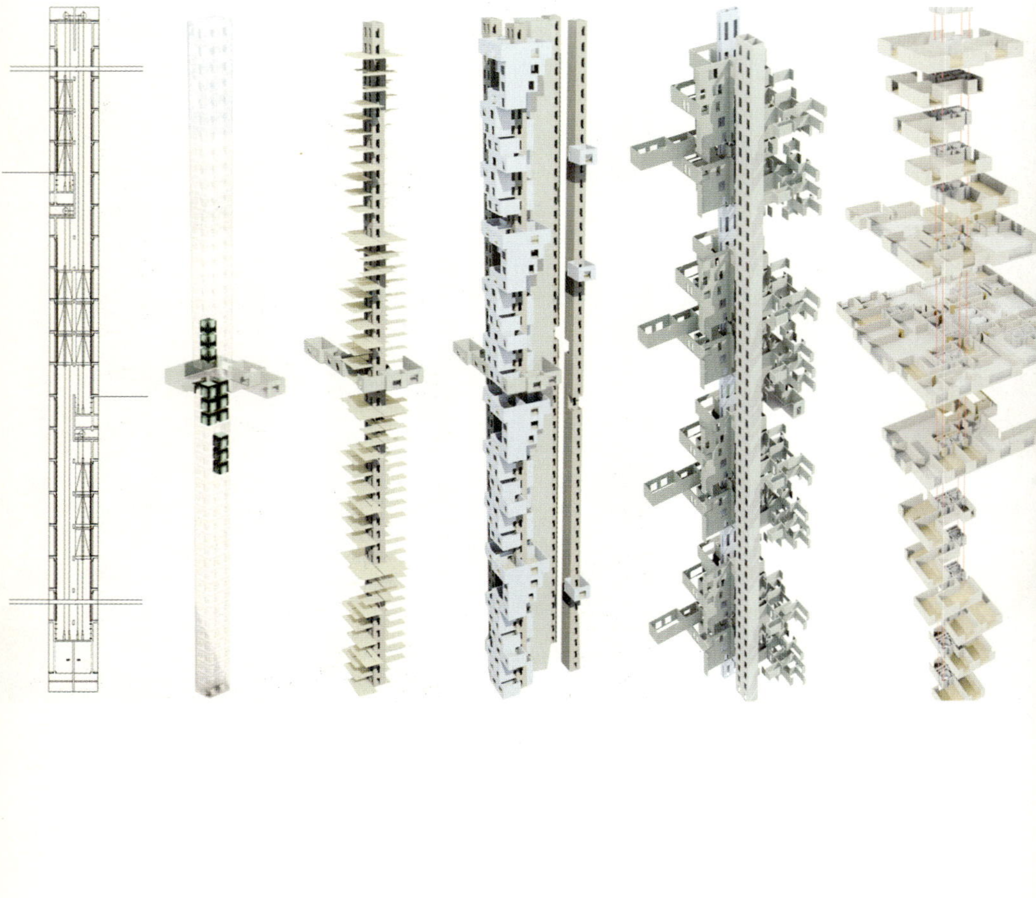

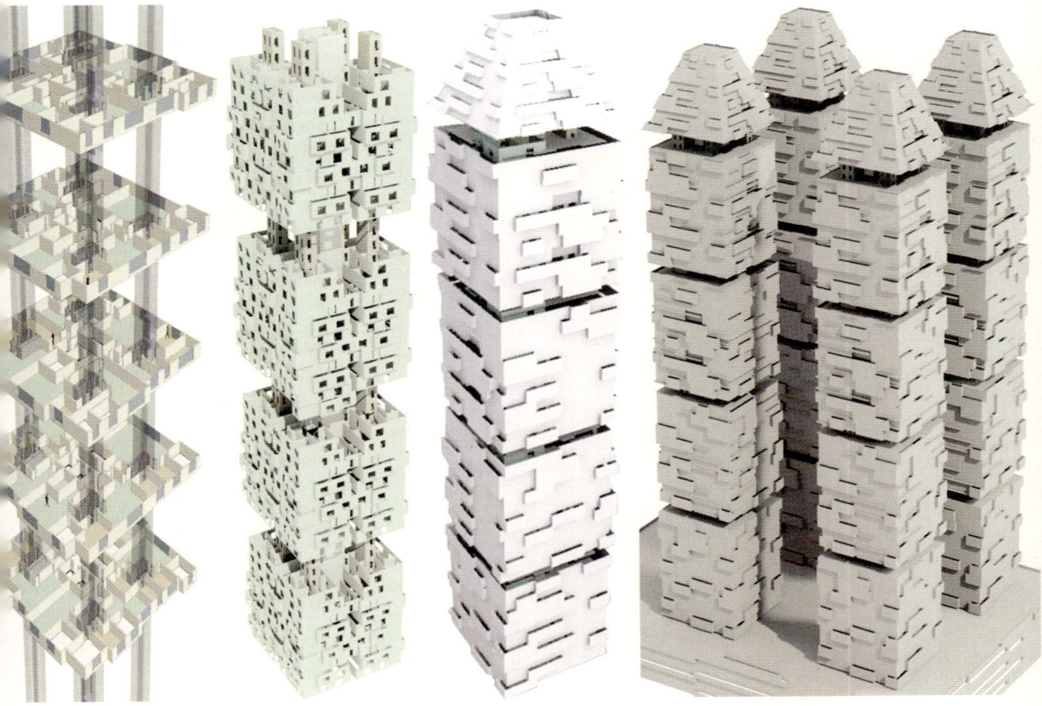

029 Calendar

유비쿼터스 초공간아파트 | 시분할 엘리베이터 · 시분할 전용공간 · 항시전용공간 · 공동이용공간이 상호 연결되어 비선형 구조로 분포한 집합 주거 실시 예와 사용자와 공간사이의 관계 다이어그램

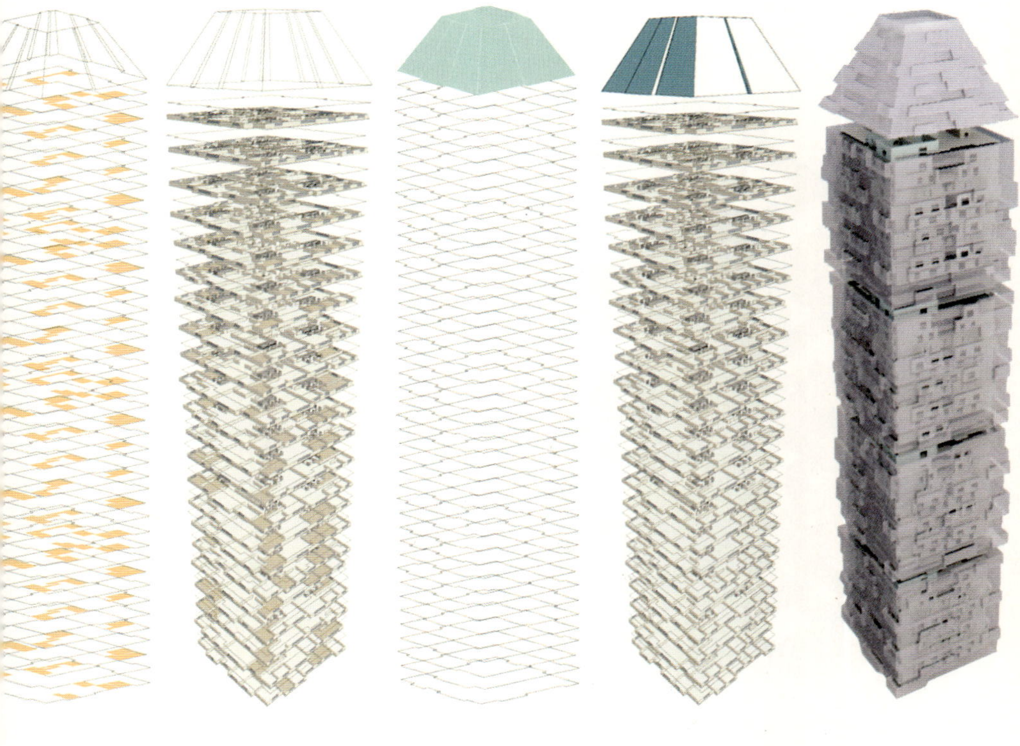

시간흐름에 따른 기준층 평면변화

6개의 유닛이 모인 기준층의 시간변화에 따른 항시전용 및 시분할 전용공간의 평면변화

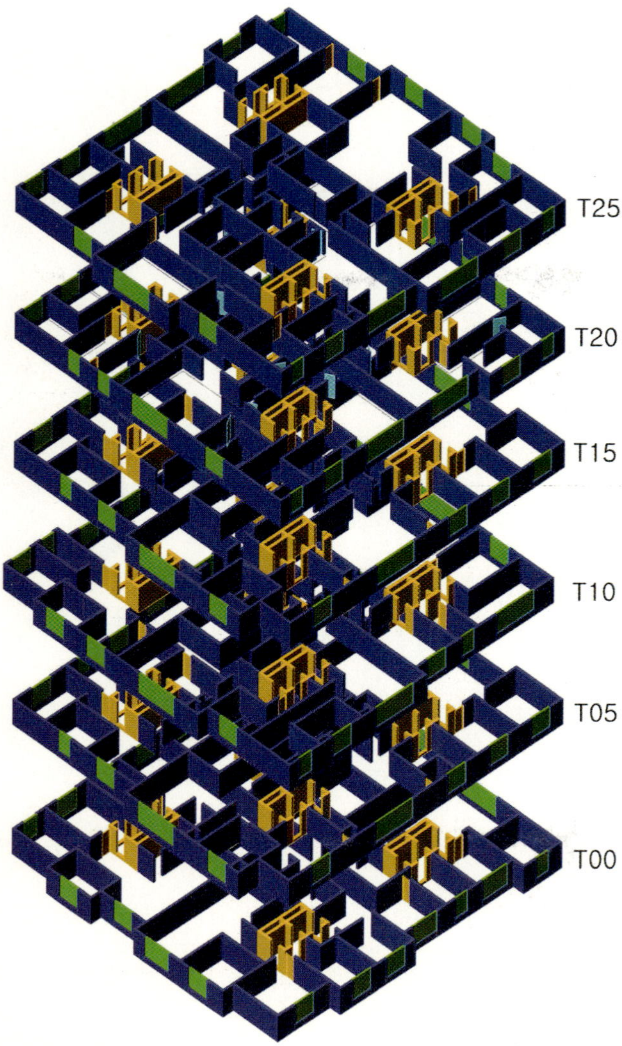

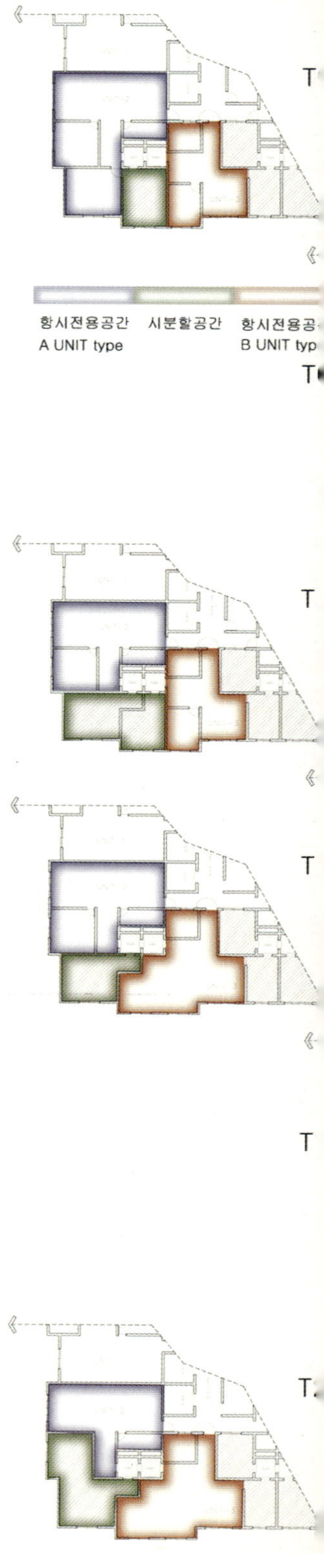

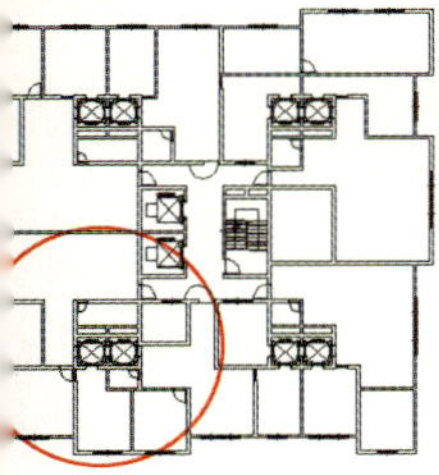

00년후 기준층평면변화

00년후 항시 전용공간

00년후 시분할 전용공간

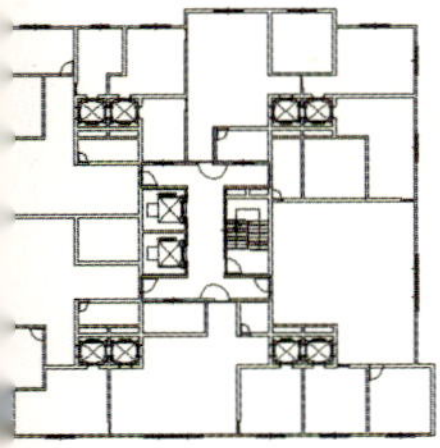

05년후 기준층평면변화

05년후 항시 전용공간

05년후 시분할 전용공간

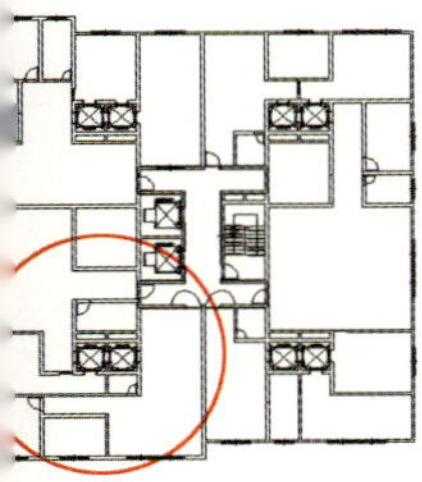

10년후 기준층평면변화

10년후 항시 전용공간

10년후 시분할 전용공간

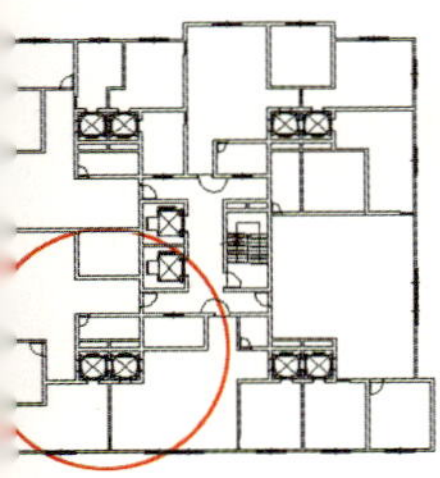

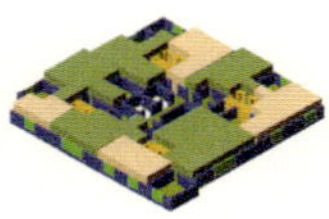

15년후 기준층평면변화

15년후 항시 전용공간

15년후 시분할 전용공간

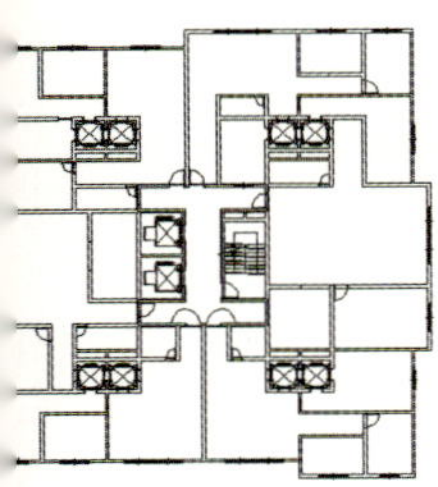

20년후 기준층평면변화

20년후 항시 전용공간

20년후 시분할 전용공간

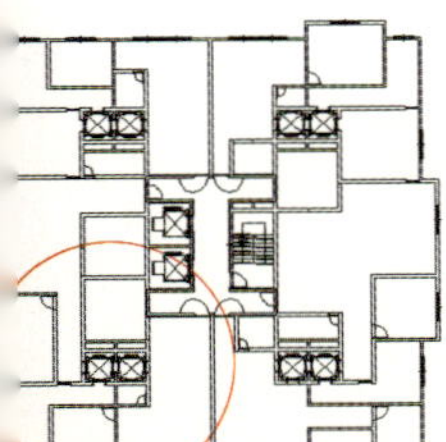

25년후 기준층평면변화

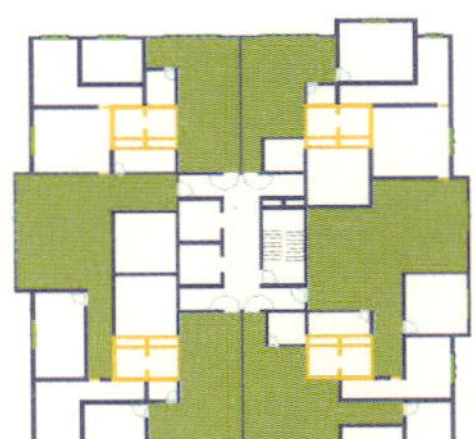

25년후 항시 전용공간

25년후 시분할 전용공간

1층에서 연결가능한
시분할전용공간

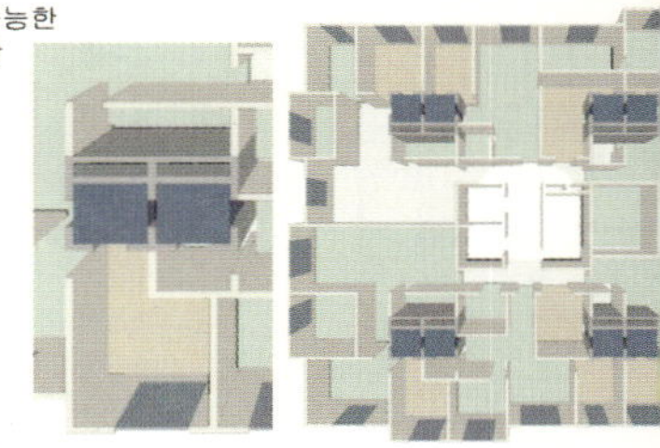

기준15층 A UNIT 항시전용공간에서
연결가능한 다른층의 시분할전용공간

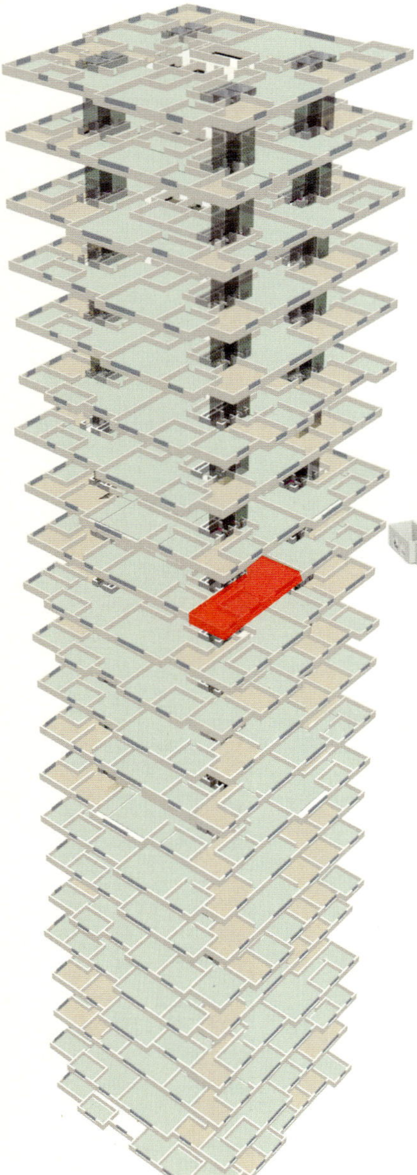

4층에서 연결가능한
시분할전용공간

9층에서 연결가능한
시분할전용공간

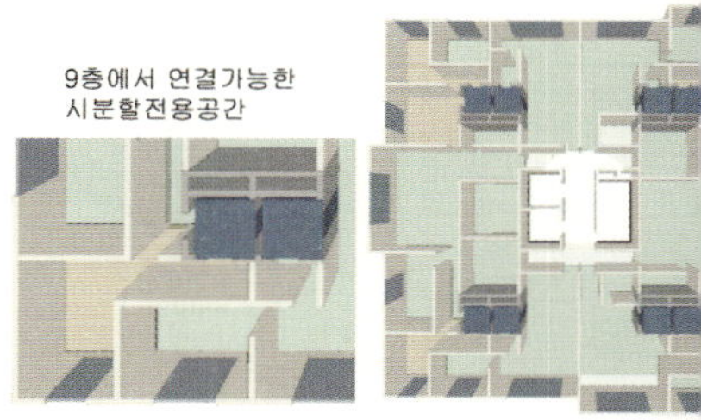

13층에서 연결가능한
시분할전용공간

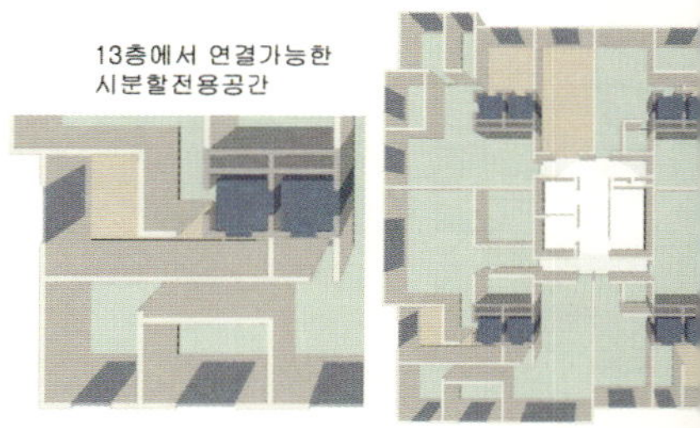

16층에서 연결가능한
시분할전용공간

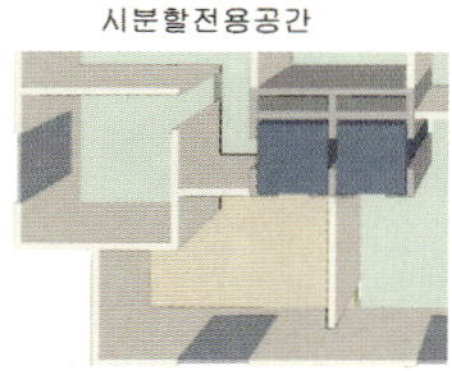

20층에서 연결가
시분할전용공간

한세대에서 확장가능한
지능공간의 탐색모식도

2층에서 연결가능한
시분할전용공간

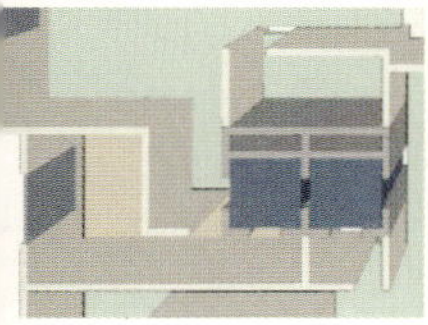

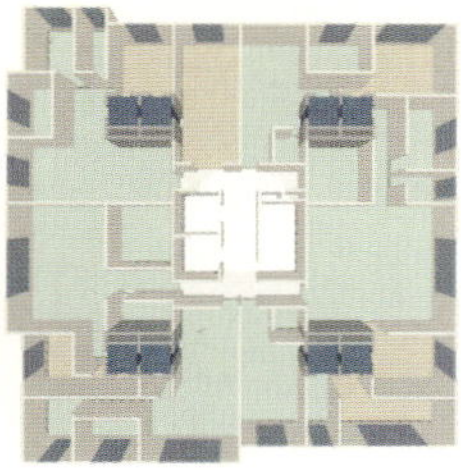

3층에서 연결가능한
시분할전용공간

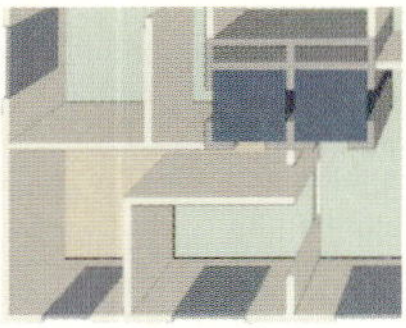

6층에서 연결가능한
시분할전용공간

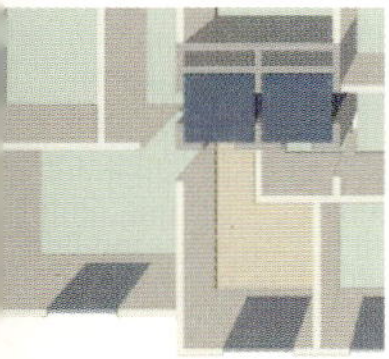

7층에서 연결가능한
시분할전용공간

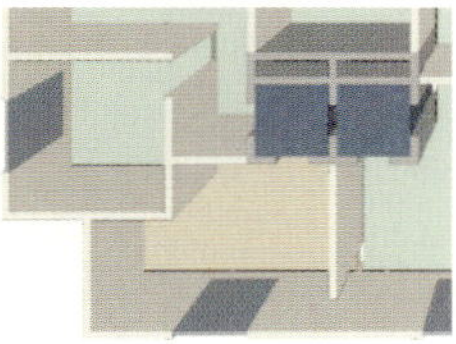

8층에서 연결가능한
시분할전용공간

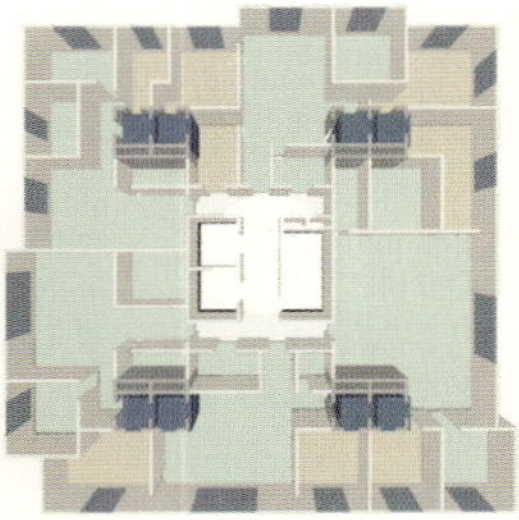

10층에서 연결가능한
시분할전용공간

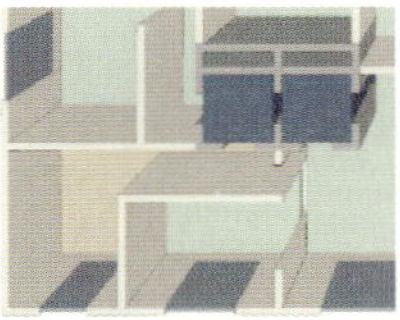

11층에서 연결가능한
시분할전용공간

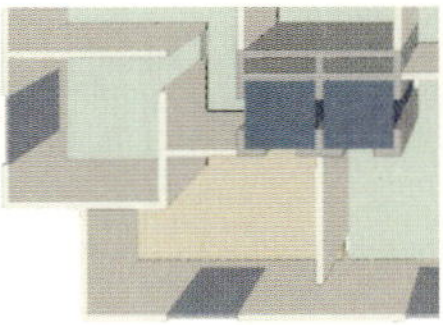

12층에서 연결가능한
시분할전용공간

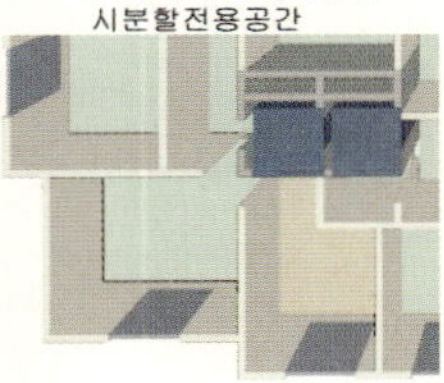

14층에서 연결가능한
시분할전용공간

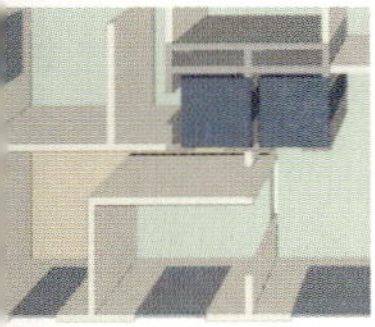

15층에서 연결가능한
시분할전용공간

17층에서 연결가능한
시분할전용공간

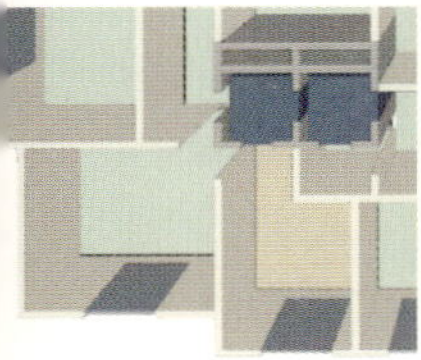

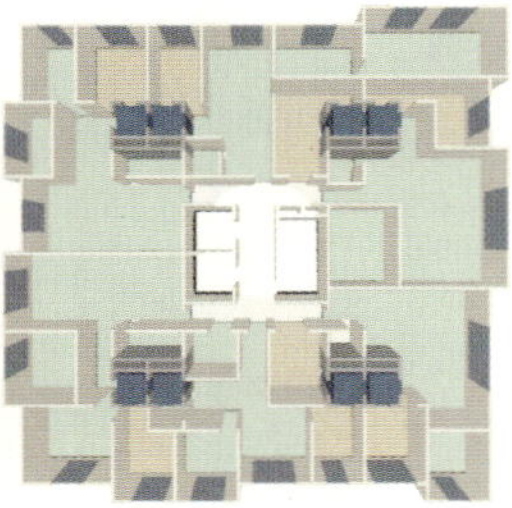

18층에서 연결가능한
시분할전용공간

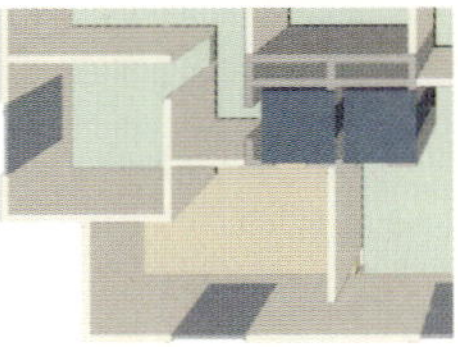

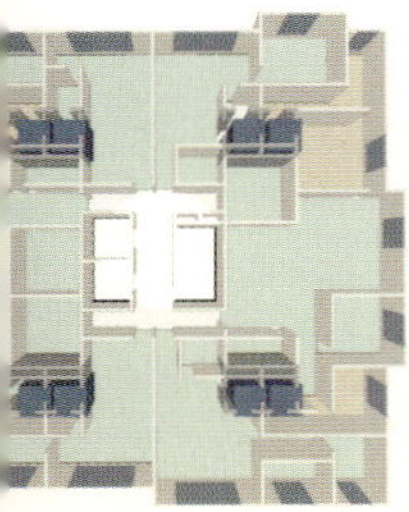

21층에서 연결가능한
시분할전용공간

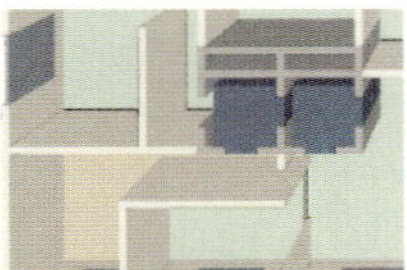

22층에서 연결가능한
시분할전용공간

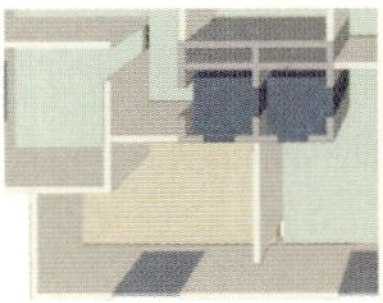

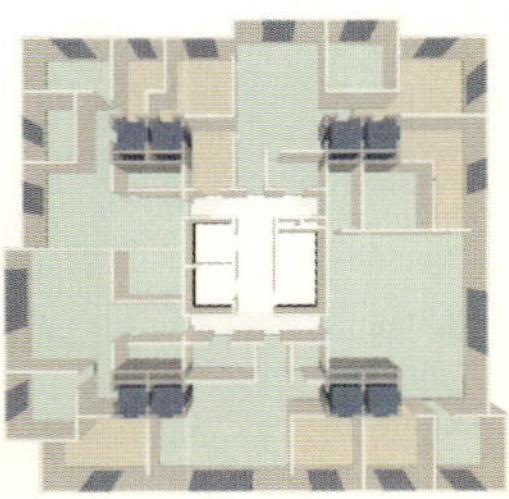

유비쿼터스 초공간아파트 | 55층으로 계획한 유비쿼터스 아파트에서 수직 · 수평 연결 시분할 엘리베이터에 의한 항시전용 공간과 시분할 공간의 연결과 외관의 형태 예.

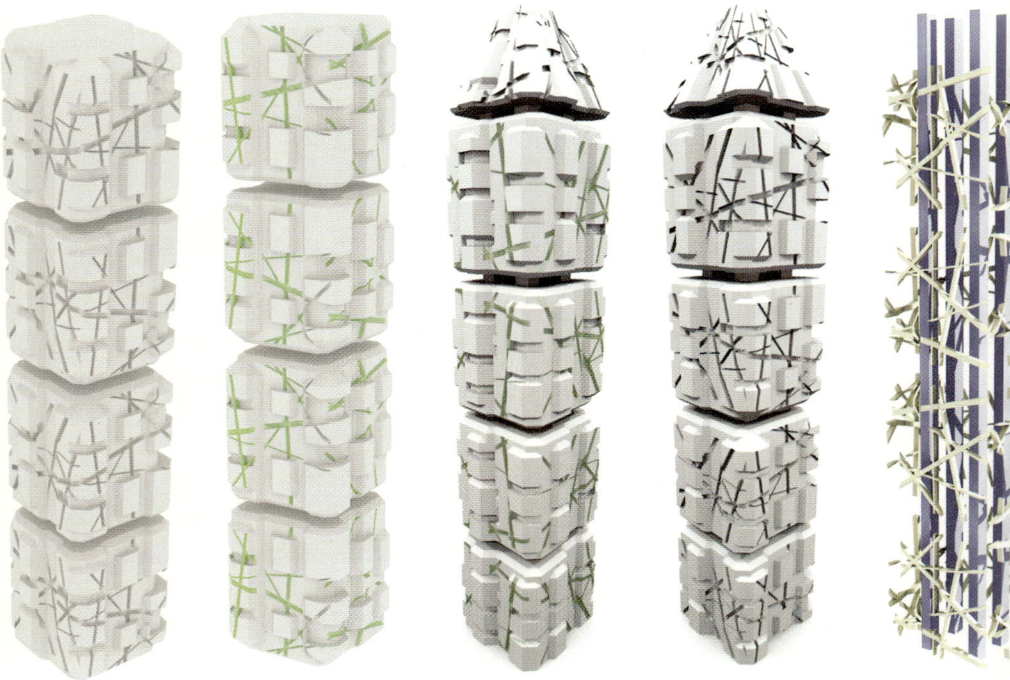

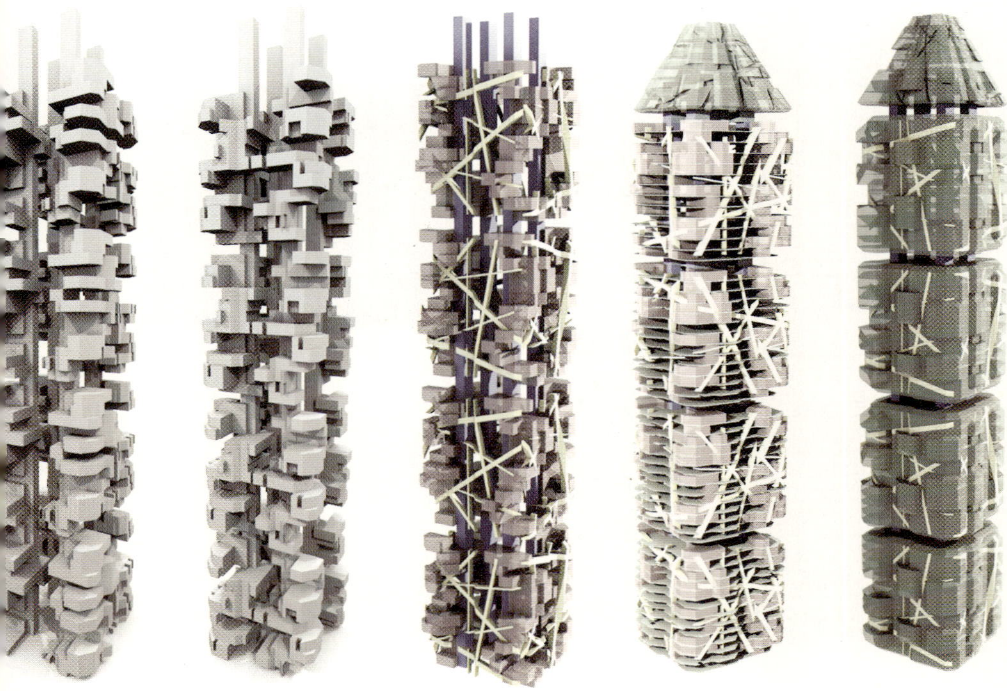

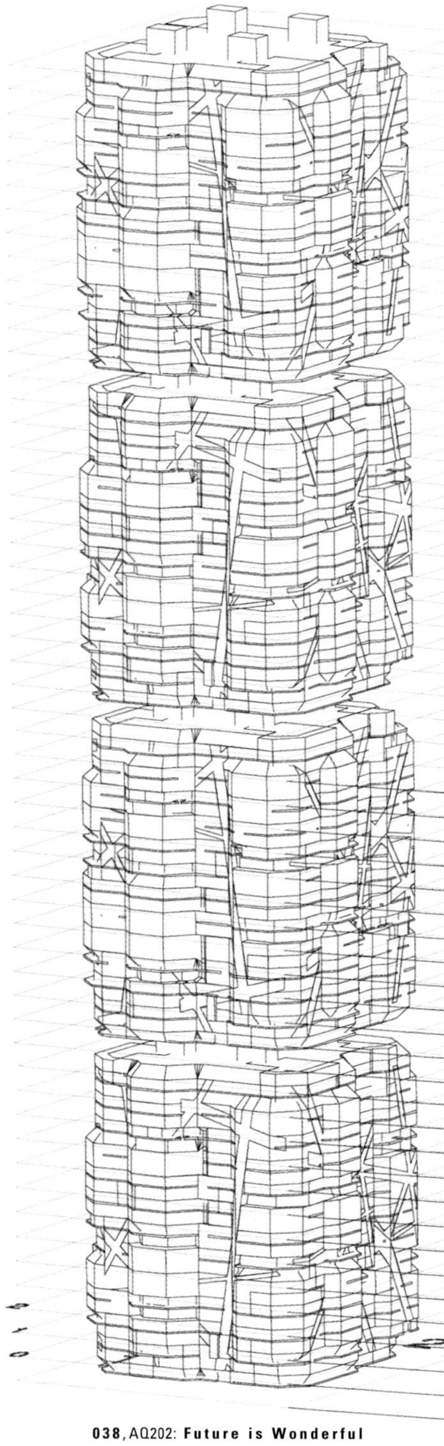

55층형 유비쿼터스 지능형 공동주거

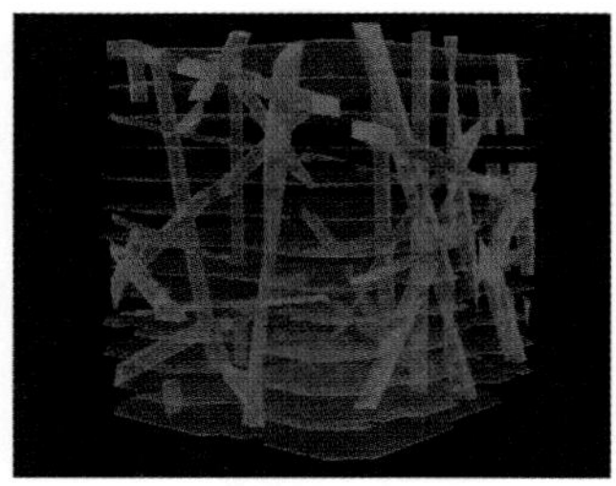

<T-0>

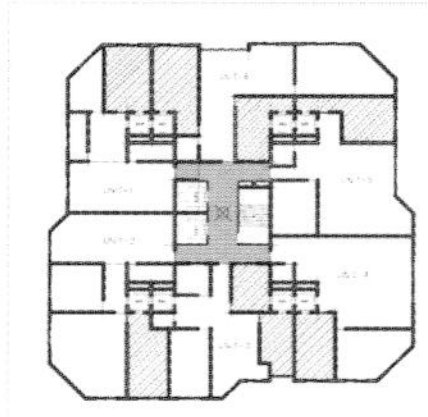

<T-2>

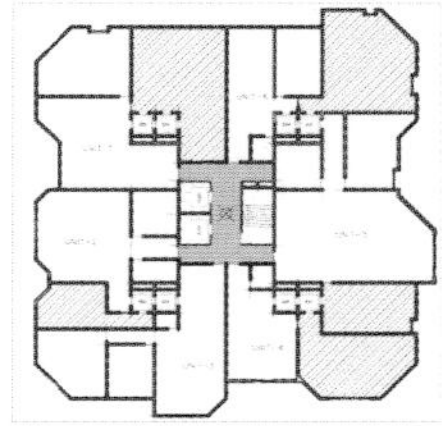

<T-4>

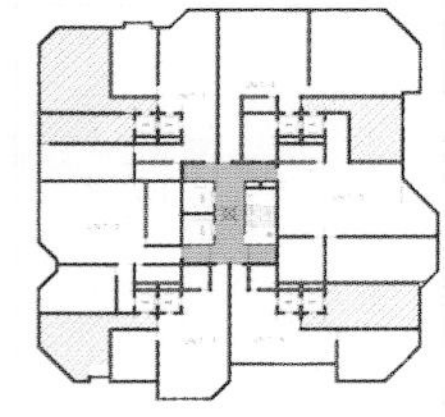

<T-1>

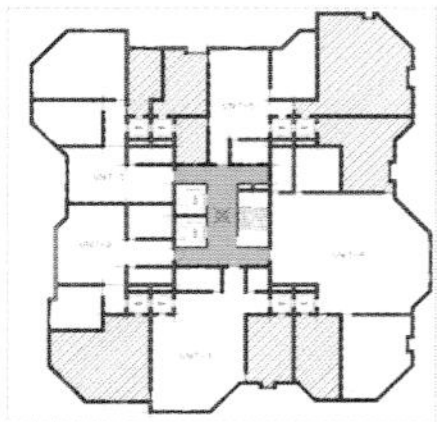

<T-3>

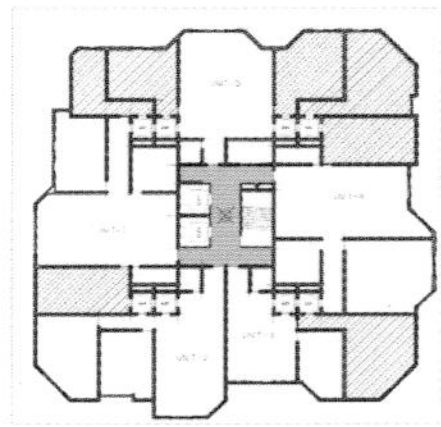

<T-5>

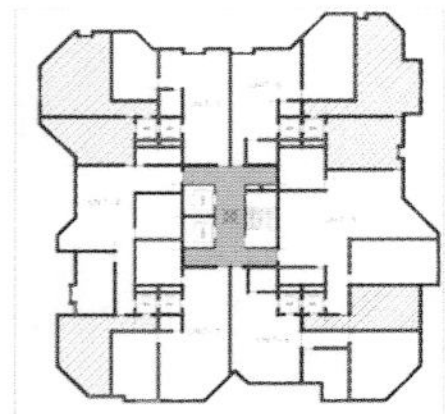

<T-6>

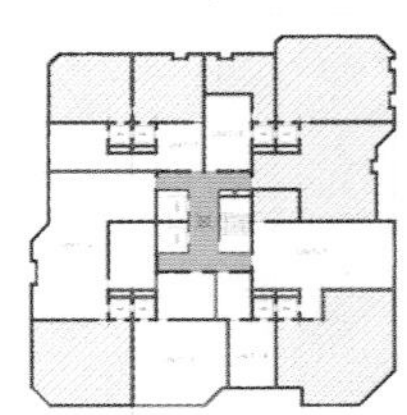

<T-8>

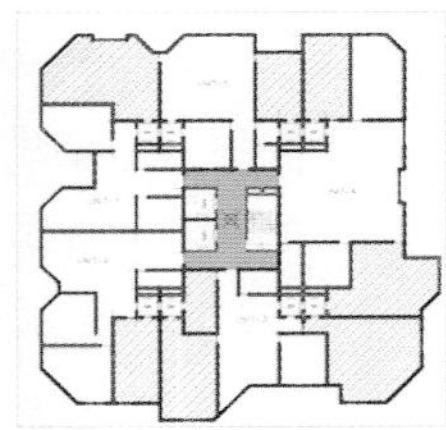

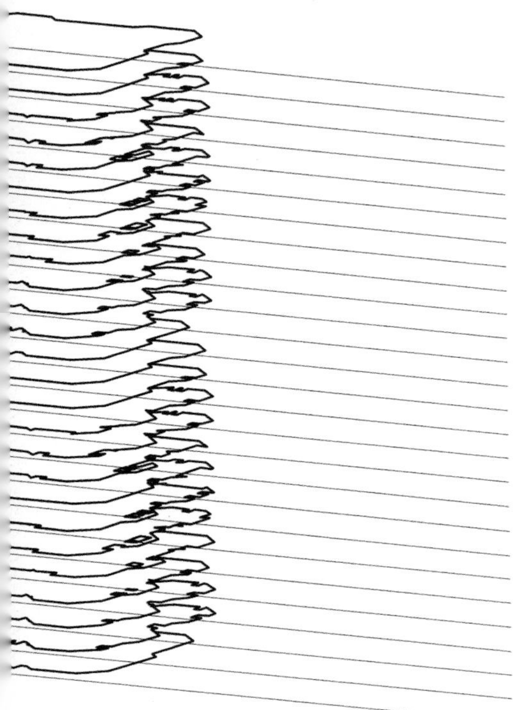

<T-7>

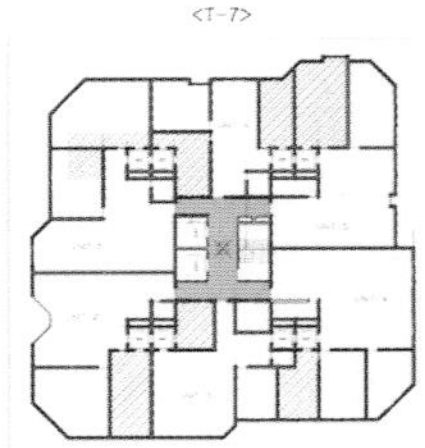

<T-9>

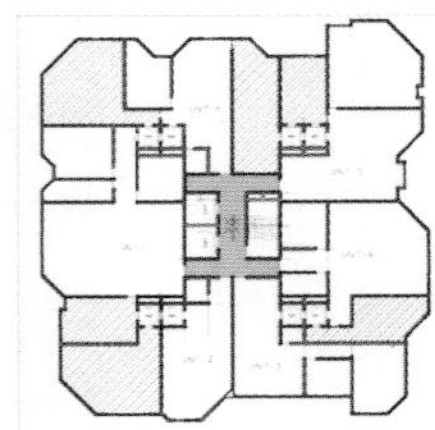

<T-10>

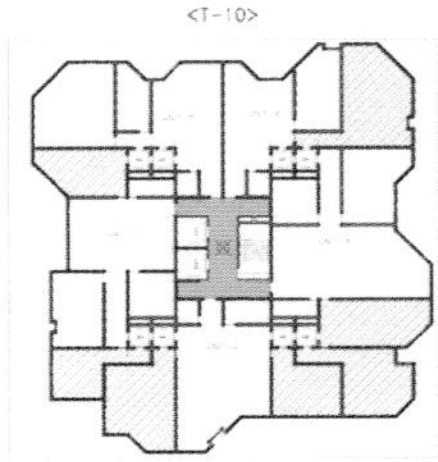

<T-12>

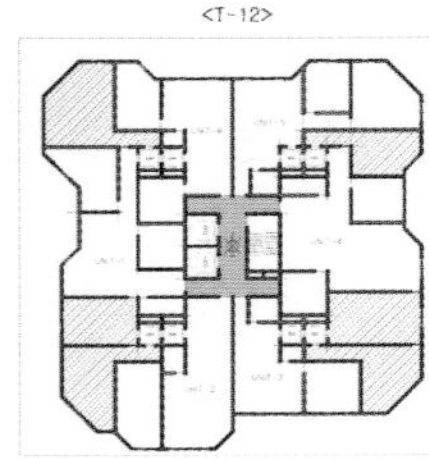

<T-11>

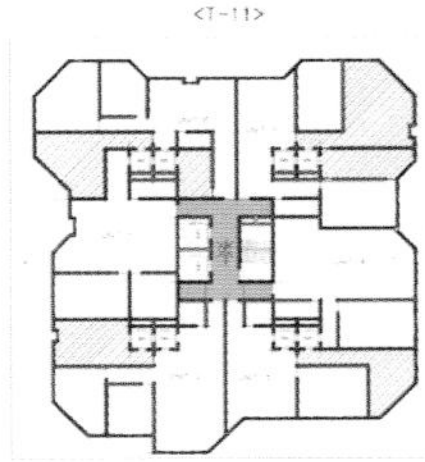

<T-13>

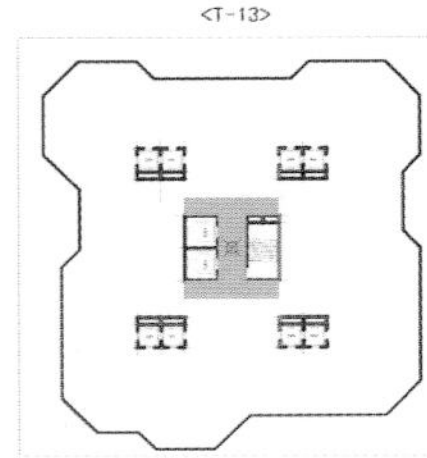

유비쿼터스 업무공간 | 유동 공간 서비스를 제공하기 위한 물류관 · 엘리베이터 · 설비 시스템과 사용자 공간의 관계 구조

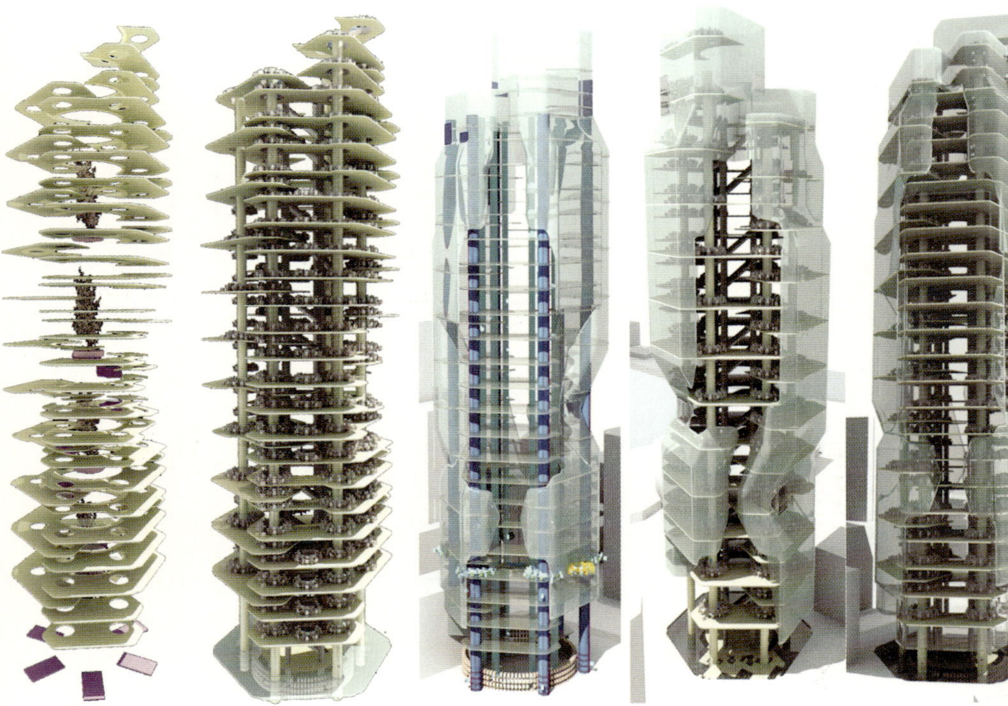

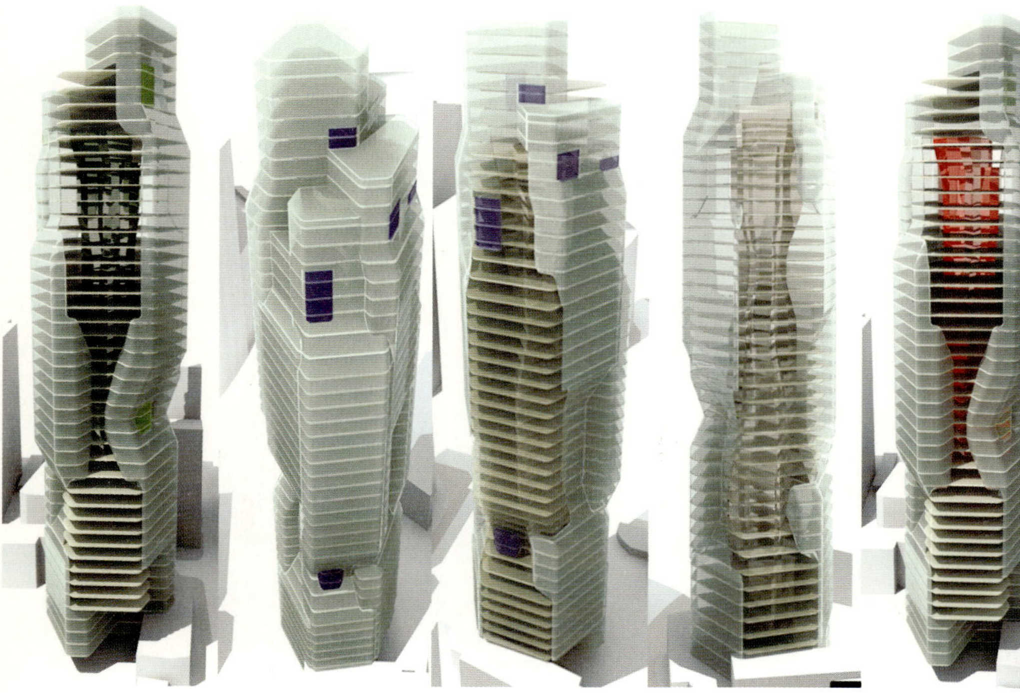

유비쿼터스 업무공간 | 설비와 공간 개념을 따르는 건물의 외형과 표면 재질에 관한 연구

유비쿼터스 업무공간 | 건축 공간과 그 공간에 관한 정보 설비 그리고 사용자가 PDA의 공간 인터페이스에 의해 하나로 연결되기 위한 내부의 유동 공간의 모습

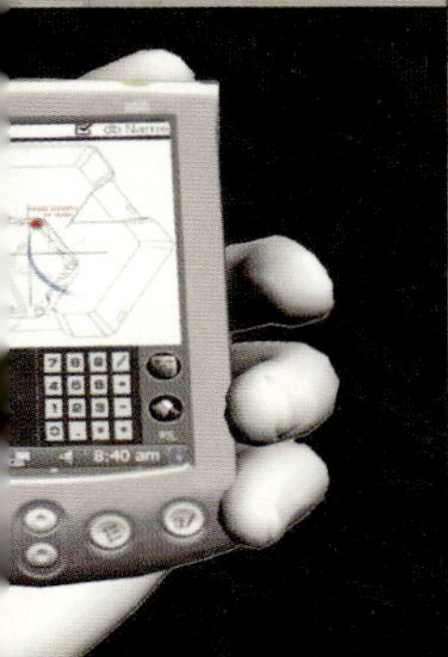

유비쿼터스 업무공간 | 서울시 신시청사를 예로 업무 공간의 연결 및 집합과 대지와의 관계 연구

유비쿼터스 업무공간 | 업무 공간의 유동화에 필요한 비공간 좌표상의 영역성 설정을 위한 장치 이동 시스템과 그것을 수용하는 분절된 바닥 플레이트 그리고 물리적 공간과 디지털 공간에서의 영역성을 분리해 저장하기 위한 캐비닛 캐로셀의 관계

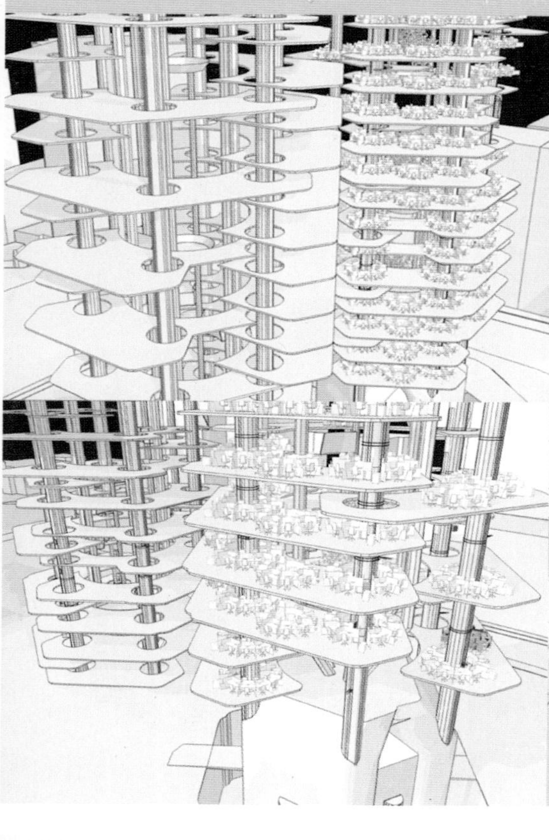

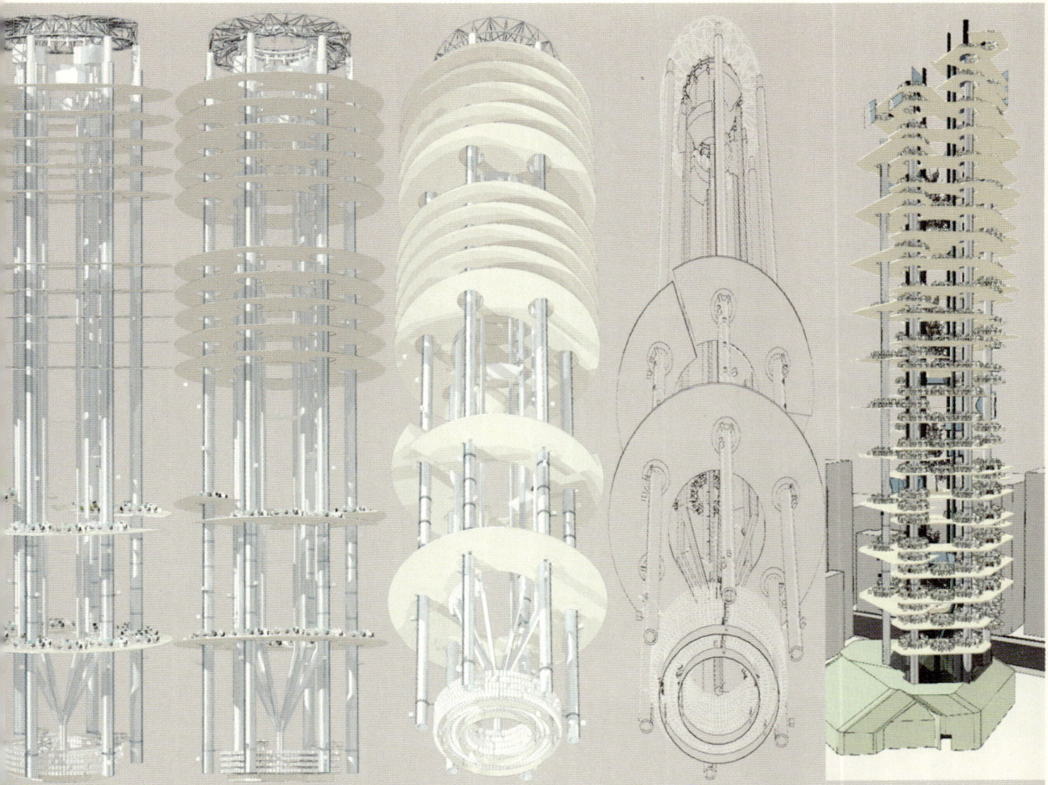

유비쿼터스 업무공간 | 서울시 시청에서의 신 · 구 청사 배치와 업무 시설 2동의 연결 브리지 연구

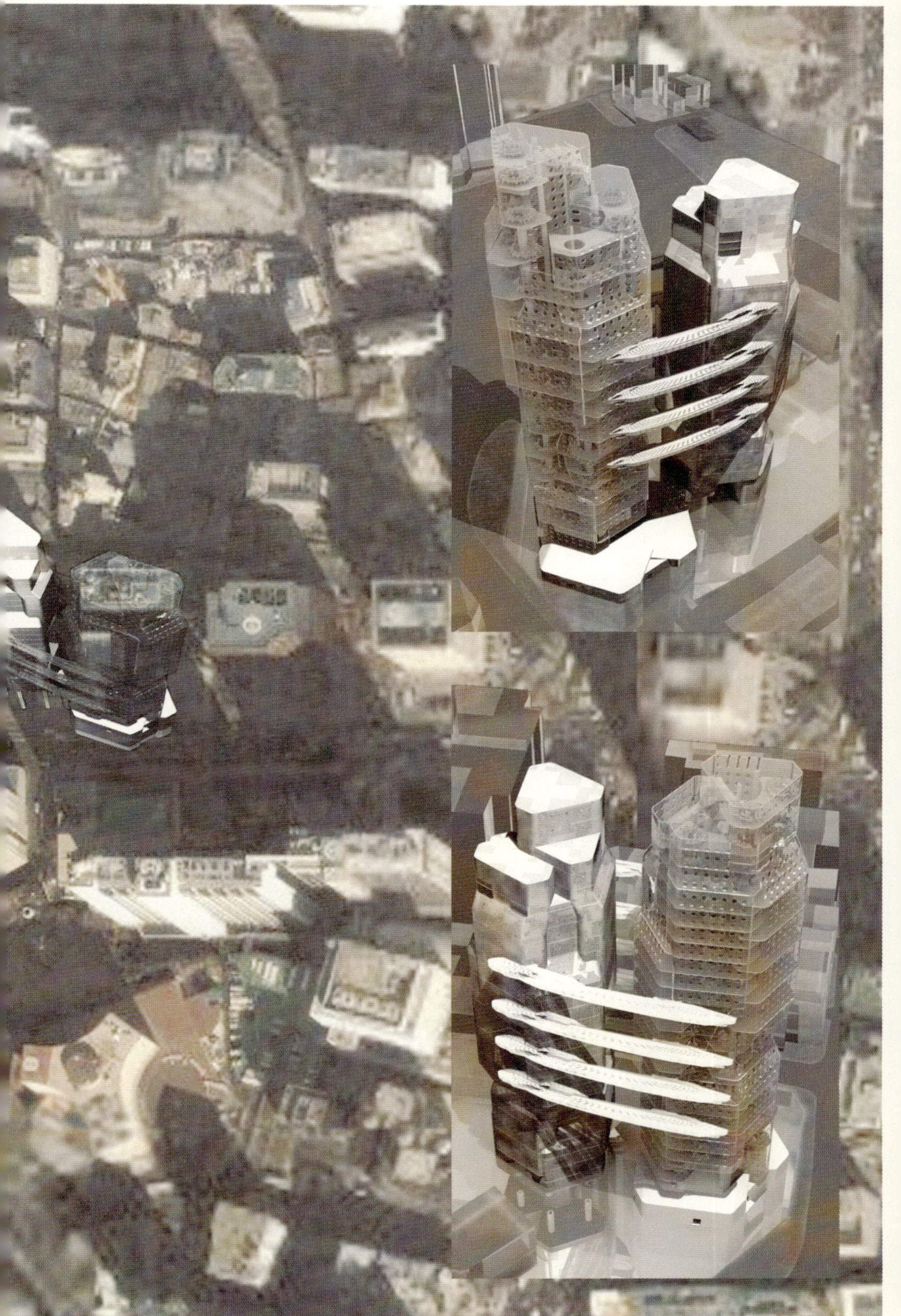

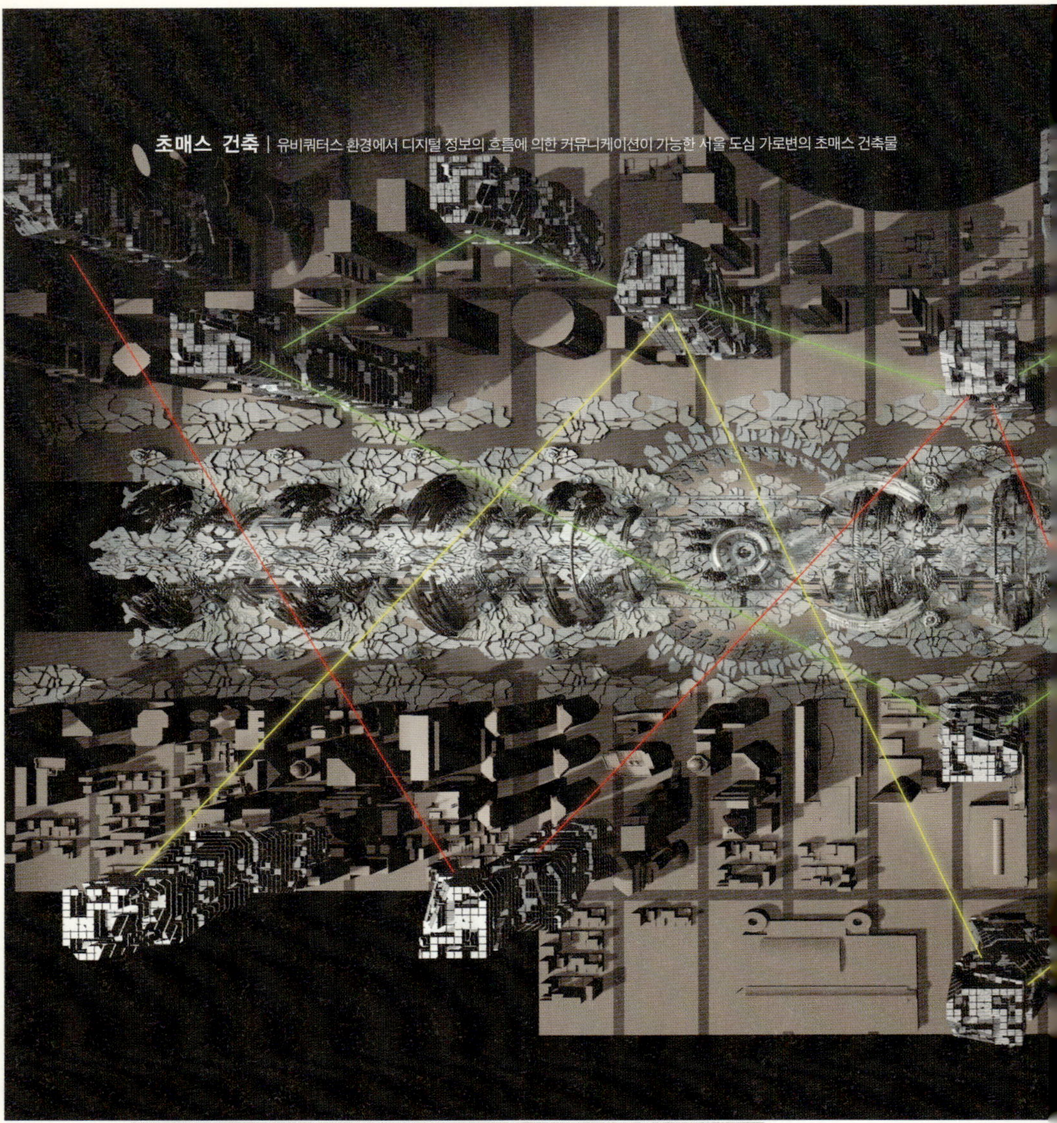

초매스 건축 | 유비쿼터스 환경에서 디지털 정보의 흐름에 의한 커뮤니케이션이 가능한 서울 도심 가로변의 초매스 건축물

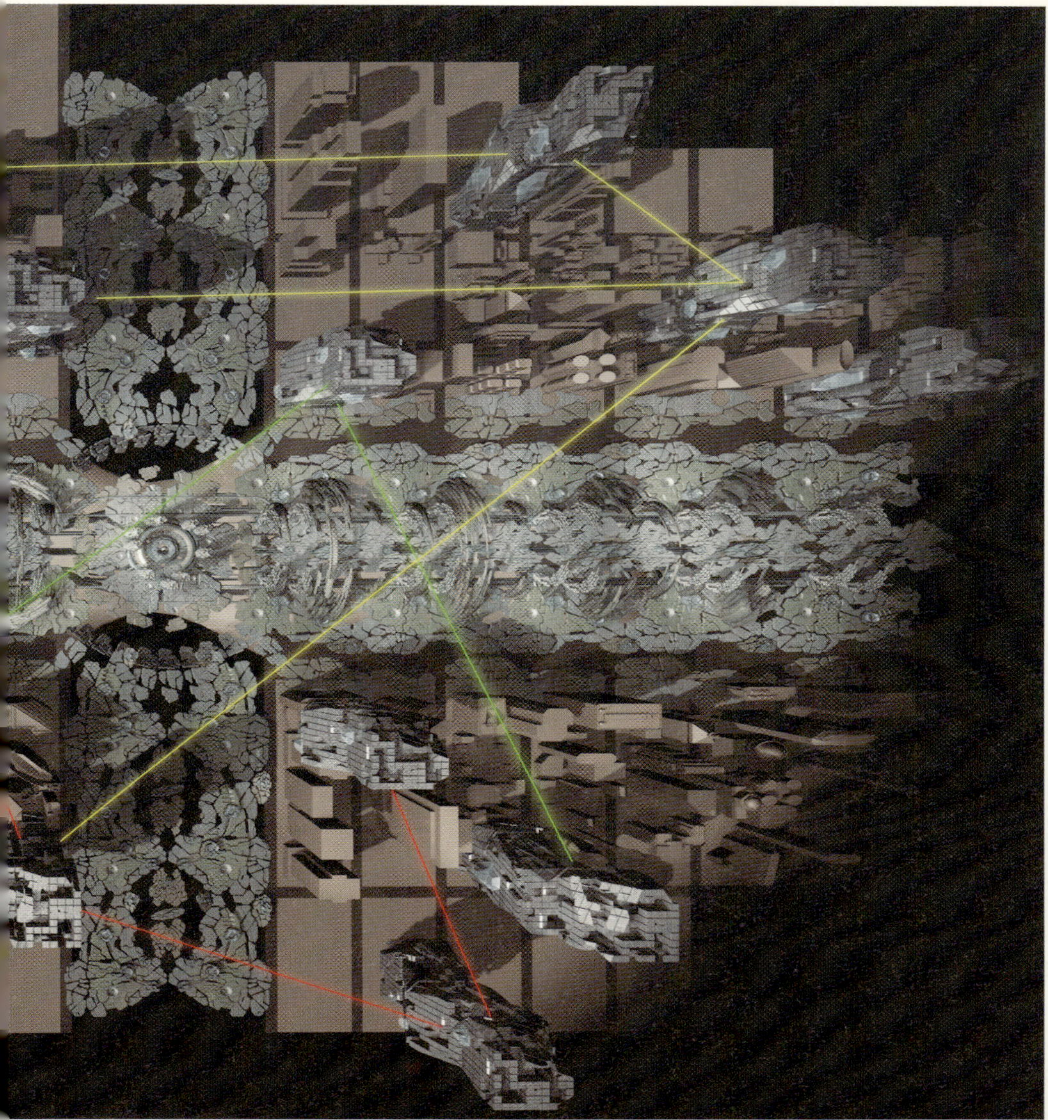

초매스 건축 | 21C초 초고층화된 서울의 가로에 초부피화된 건축 공간과 그것의 공간 정보가 사용자와 결합하는 초매스 건축물이 혼재되어 배치된 모습

초매스 건축 | 단일 건물의 연면적이 50만평 이상이고 20,000세대 이상 수용 가능한 공간을 가지고 그것이 사용자의 공간 의지와 결합할 때 초매스 건축의 특성이 나타난다. 초매스 건물의 Mass와 Volume study

초매스 건축 | 서울 가로의 집합주거와 초매스 건축 건물군

영화 속의 미래공간 | Gaia섬의 짙은 구름사이로 언뜻 꽃처럼 보이는 생명유지 장치로서의 도시 - Echourban

영화 속의 미래공간 | "Hyper Gate 도시 서울"의 디자인이 영화 속 Echourban의 배경에 사용

영화 속의 미래공간 | 플레이트의 가로변을 통한 스피어의 연결

영화 속의 미래공간 | 델로스 다위스피어의 확대 및 클러스터 모습

델로스 타워 스 … 레이트의 부분 연결 확대

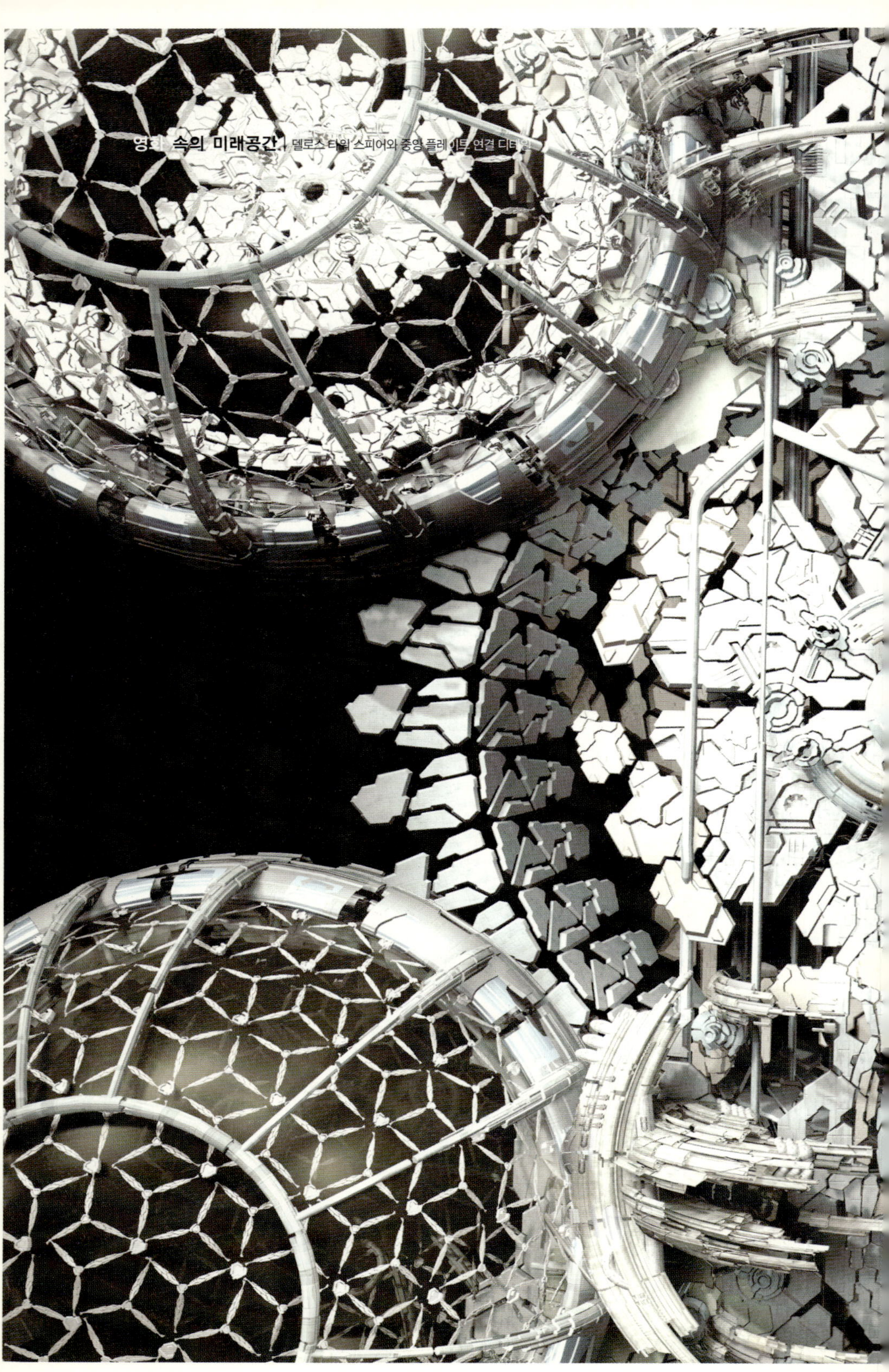

델로스 타워 스피어와 중앙 플레이트 연결 디테일

영화 속의 미래공간 | 2042년 뉴욕의 디자인이 Echourban의 배경에 사용된 예

영화 속의 미래공간 | Echourban의 심장인 델로스 타워에서의 전경과 전체모습

영화 속의 미래공간 | 에코반에 생존 에너지를 공급하는 델로스 타워의 스피어와 헬릭스 토카막

영화 속의 미래공간 | 코어 플레이트와 스피어 구조체에 의한 델로스 타워 모습

영화 속의 미래공간 | 코어 플레이트의 모습과 탈출돔 및 컴퓨터실의 모습

OF MARR
TIN HOUSE
BAR
TANK

Hyper Gate 도시 서울 | 2042년의 하이퍼게이트 도시 서울의 가로변 모습

Hyper Gate 도시 서울 | 가로변 수직 · 수평 연결 모습

Hyper Gate 도시 서울 |

가로의 연결에 사용된 플레이트

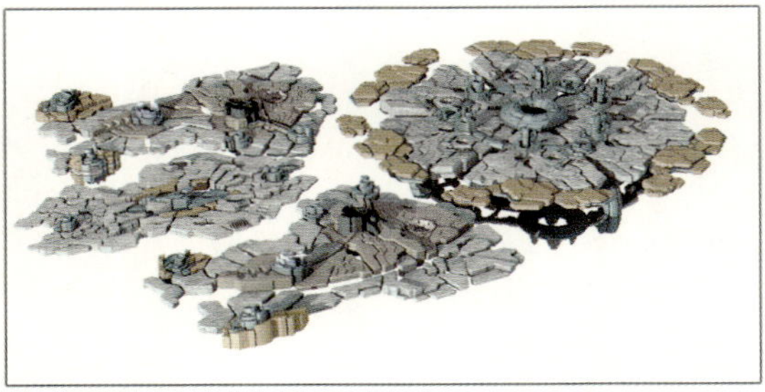

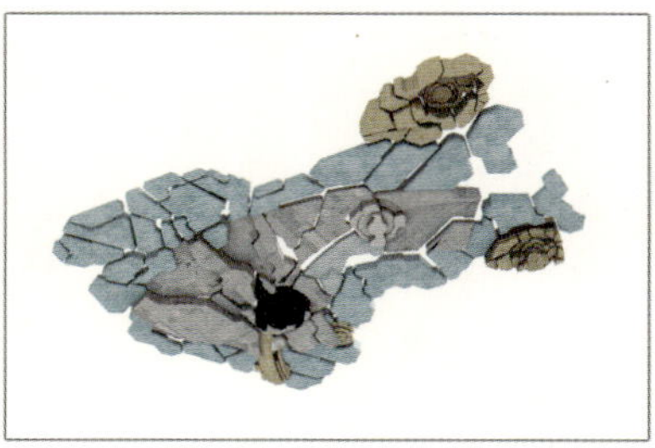

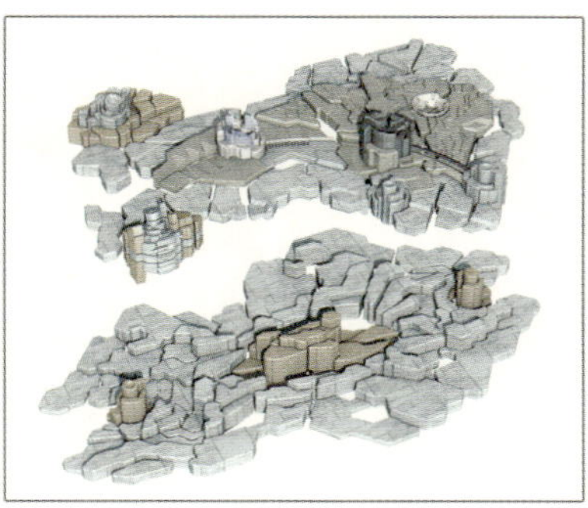

Hyper Gate 도시 서울 | 플레이트들의 연결과 주거유닛의 단면

Hyper Gate 도시 서울 | 플레이트와 주거유닛의 지상과 지하 연결 모습

Hyper Gate 도시 서울 | 가로변에 위치한 주거 유닛들의 클러스터

Hyper Gate 도시 서울 | 주거 유닛과 가로변 플레이트들의 연결 모습

모든 것의 도시 뉴욕 | PS-1 빌딩 클러스터와 매트로 돔 1

모든 것의 도시 뉴욕 | 맨해튼 전체 이미지와 이에 위치할 PS-1 빌딩. 초전도체가 만드는 반자기장을 기둥삼아 도넛 모양의 건물 모듈들이 쌓여 있다.

Image © 2005 State of New Jersey
Image © 2005 MDA EarthSat
© 2005 Sanborn
Image © 2005 DigitalGlobe
42'38.90" N 74°00'05.15" W
Streaming 100%

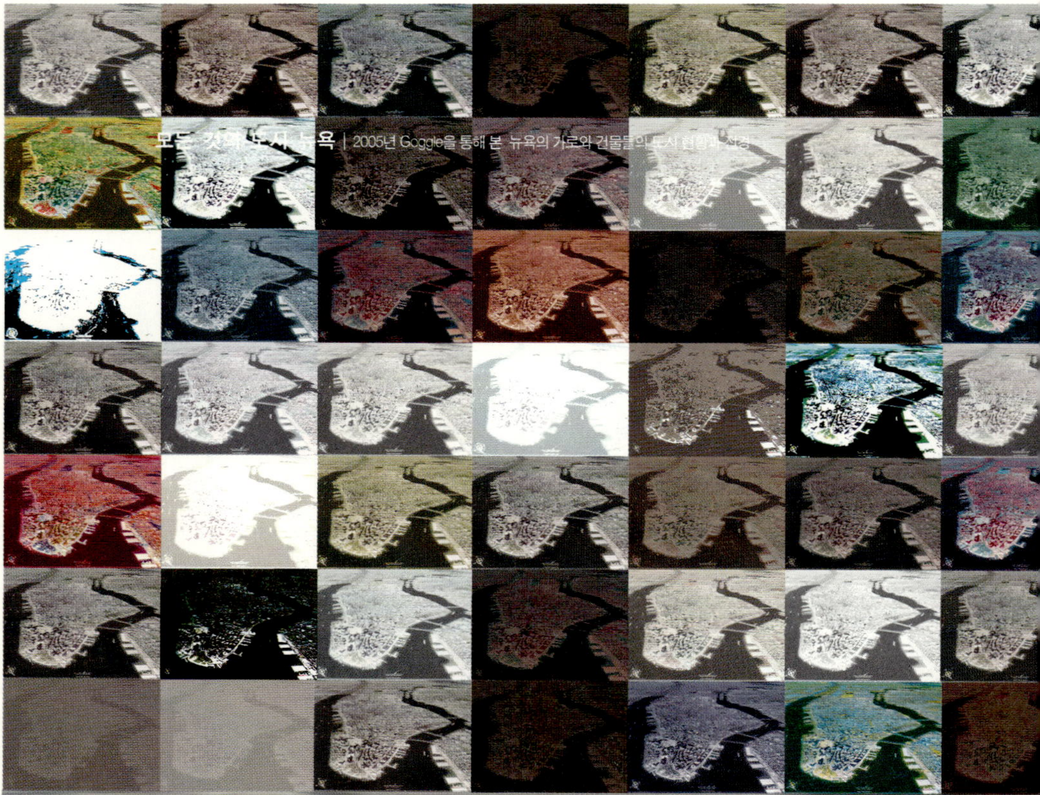

모든 것의 도시 뉴욕 | 2005년 Goggle을 통해 본 뉴욕의 가로와 건물들의 도시 현황과 사정

Port Authority-Downtown Manhattan-Wall Street Heliport
BATTERY PARK
Clinton Castle
Nueva York, Estados Unidos
17- New York : december 11
New World Coffee
Webcam: FDR Dr. at Old Slip
Webcam: FDR Dr. at Old Slip
Starbucks Coffee Co
Survivor of 9/11
Blimpie
Fritz Koenig
Duane Reade Drugs
55 Water Street, New York, NY
Connecticut Bank of Commerce
Anglers' Club of N Y the
Traders Cafe
Webcam: Trinity Pl. at I-478 (Brooklyn-Battery Tunnel)
Sale & Pepe Fine Foods
Runway on top of building
Citibank
Cucina Bene
China Trust Bank
55 Wall
Trump Building
Yip's Restaurants
State Street Bank & Trust Co
National Actors Theater
Brown Brothers Harriman & Co
Cafe Maru
Ashby's
Bangal Curry
China Cafe
Peking
Tall Ships
Ambrose Lightship
Fulton Fish Market
Brooklyn Heights Dog Park
Water Street
Brooklyn Bridge
EMPIRE-FULTON FERRY STATE PARK
Bridges View
Tribute in Light- 2004
Mark Joseph Steakhouse
Mazur Brothers Jaffe Fish Co Inc
Slavin Fish
Harbour Cafe
Beekman Hospital
The Amazing Race 8 Ep01-Clue 1
Brooklyn Bridge at Centre Street
FDR at Catherine Slip
Knickerbocker Pizza
Two Fifteen Cucina Napoletan
Red Apple Restau
D'agostino Supermarkets
Union Deli
Heights Cafe
Fascati Pizzeria Corp
Rainbow Grocery In
Baja Grill
Watch Tower
The February House
Rice Take Out Restaurant
Low Bar
Front St Deli
Padre Mio
Duane Reade Drug Store
Long Island after 9/11
American Cafe Inc
Blimpie Base
Carter Jos H Inc
Burger King
Sakele Continent Restrnt
Petaks
Skip Truck
Solace Pizza & Pasta
Stage Door Deli II
TRANSPORTATION BLDG
Starbucks Corp
Merrill Lynch
Blimpie
Starbucks Coffee
Dunkin Donuts
CITY HALL PARK
Accident Downtown New York or not?
Richards Pasta Cafe
Photo from the ground
New york
Twenty
The Front Porch At A & M Roadhouse
Best of the Best Deli
Luon Lounge Cucina
Food Emporium
Golden Carriage Bakery Inc
Good Taste
Panda House
Dak Wong Inc
Pathmark of Pike Slip Pharmacy
Pathmark
EMS STATION NY
Rutgers Homes
Cathay Bank
Fulcen Seafood Restaurant Inc
Shanghai Snack Bar
Eastern Restaurant
Sunflower Garden Chinese Restaurant
NYFD Crown Vic
Seward Park
New York City Public Library - Seward Park
Supermarkets
Brooklyn-Battery Tunnel
NTOWN ATHLETIC CLUB
St. at Murray St.
ON NATL MONUMENT
st Memorial-Eagle Sculpture
Au Bon Pain
rican Banker Bond Buyer Conferences
278
478
WallStreet--Bayonne
Whitehall
Image © 2005 State of New Jersey
Image © 2005 MDA EarthSat
© 2005 Sanborn
© 2005 TeleAtlas
© 2005
Google
Streaming ||||||||| 100%
Eye alt

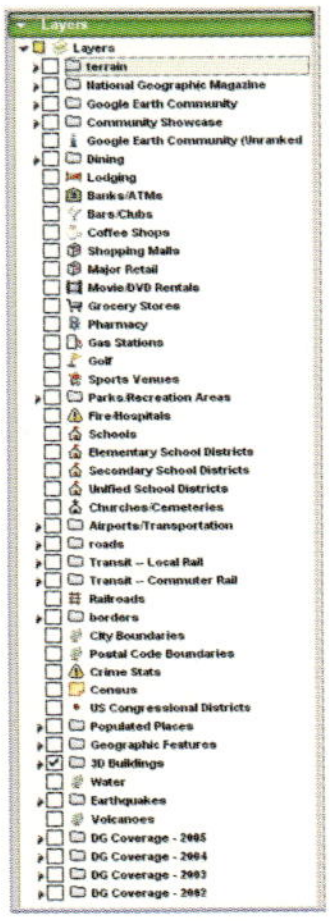

Layers
Layers
terrain
National Geographic Magazine
Google Earth Community
Community Showcase
Google Earth Community (Unranked
Dining
Lodging
Banks/ATMs
Bars/Clubs
Coffee Shops
Shopping Malls
Major Retail
Movie/DVD Rentals
Grocery Stores
Pharmacy
Gas Stations
Golf
Sports Venues
Parks/Recreation Areas
Fire/Hospitals
Schools
Elementary School Districts
Secondary School Districts
Unified School Districts
Churches/Cemeteries
Airports/Transportation
roads
Transit -- Local Rail
Transit -- Commuter Rail
Railroads
borders
City Boundaries
Postal Code Boundaries
Crime Stats
Census
US Congressional Districts
Populated Places
Geographic Features
3D Buildings
Water
Earthquakes
Volcanoes
DG Coverage - 2005
DG Coverage - 2004
DG Coverage - 2003
DG Coverage - 2002

모든 것의 도시 뉴욕 | PS-1 빌딩 3개동의 의한 클러스터의 정면모습. 자기장을 기둥삼아 도넛 모양의 건물 모듈들이 쌓여 하나의 건물을 만들고 그것이 모여 PS-1 빌딩 클러스터를 구성한다.

모든 것의 도시 뉴욕 | 각 도넛모양 건물 모듈의 모습을 보여주는 PS-1 빌딩의 2D 단면과 3D 단면 모델 이미지 1

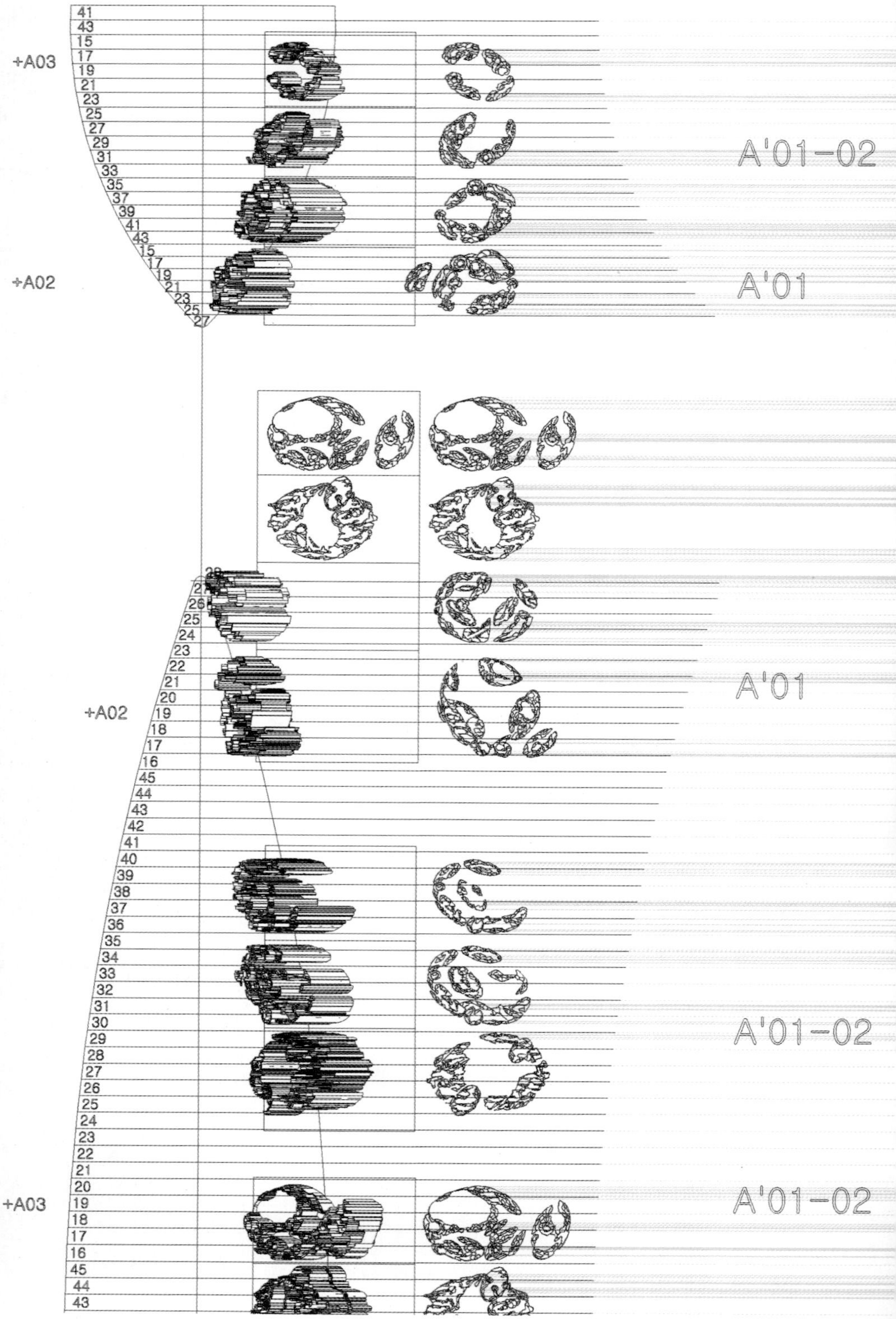

V MAX47=17
5 57-47=10=40
V MIN 0=27

2 2

V MAX47=17
5 57-47=10=40
V MIN 0=27

1

V MAX47=17
5 57-47=10=40
V MIN 0=27

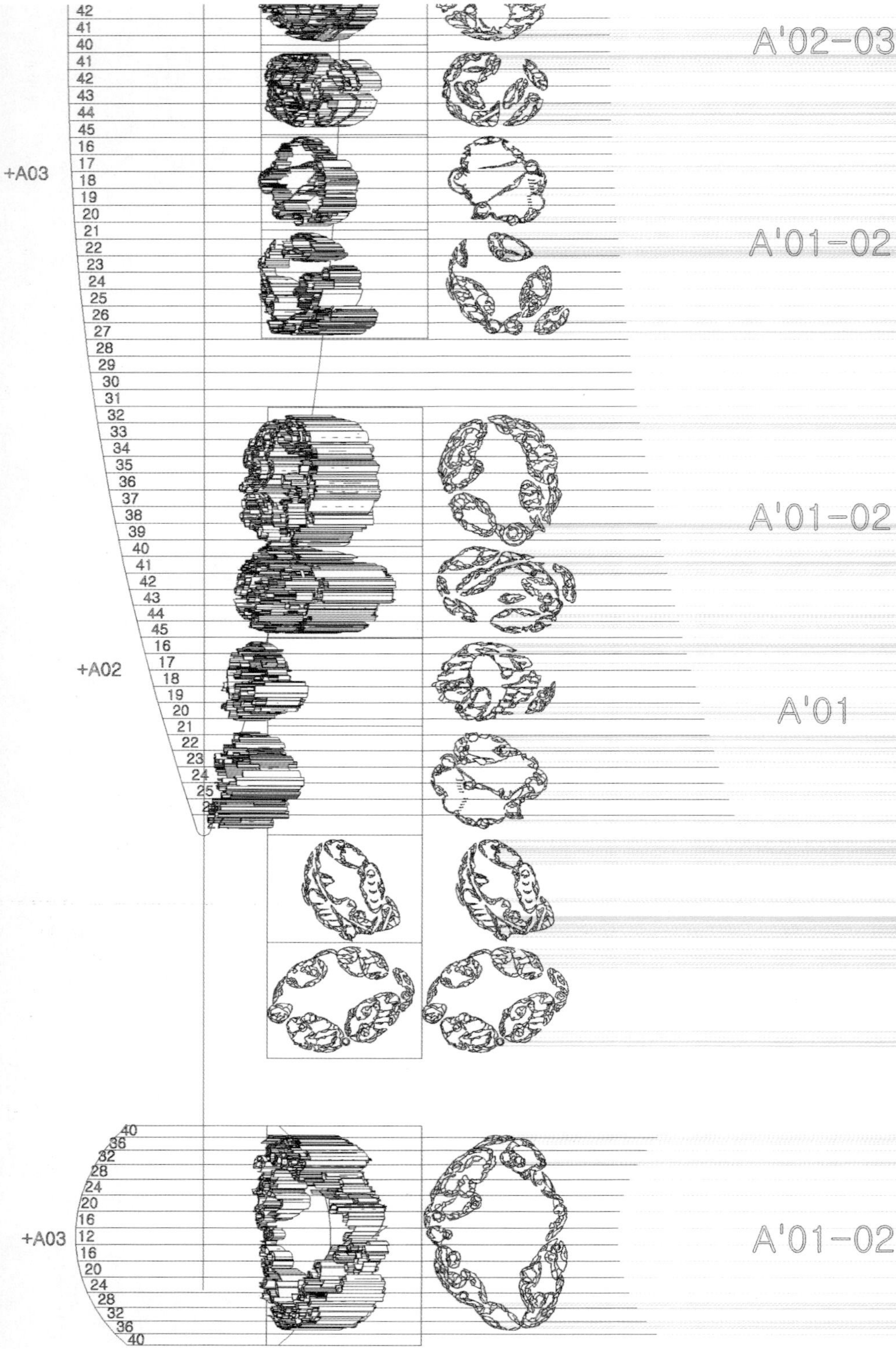

A'02-03
+A03
A'01-02
A'01-02
+A02
A'01
+A03
A'01-02

모든 것의 도시 뉴욕 | PS-1 빌딩의 2D 단면과 3D 단면 모델 이미지 2

V MAX47=27
5 57-47=10
V MIN 0=27

V MAX47=17
5 57-47=10=40
V MIN 0=27

4

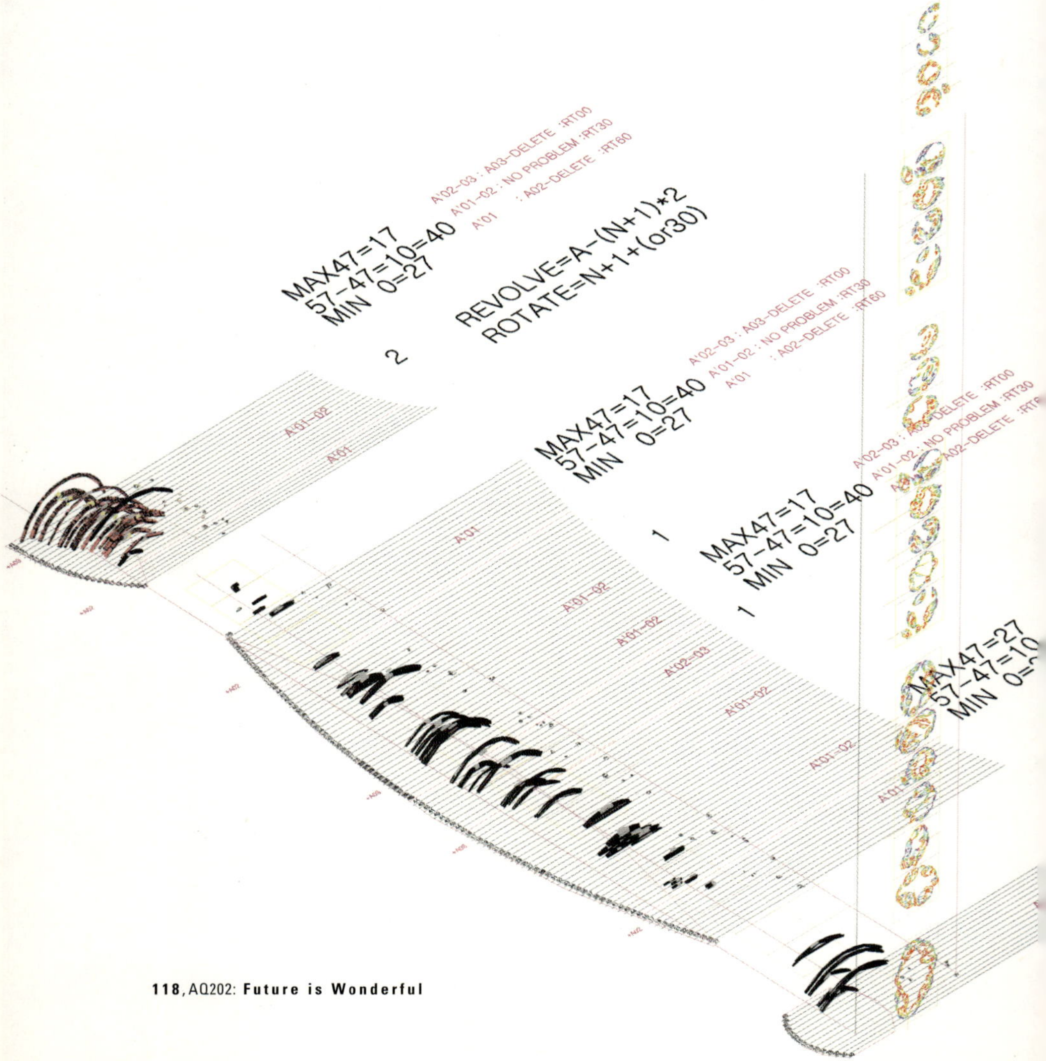
A'02-03 : A03-DELETE :RT00
A'01-02 : NO PROBLEM :RT30
A'01 : A02-DELETE :RT60
MAX47=17
57-47=10=40
MIN 0=27
REVOLVE=A-(N+1)*2
ROTATE=N+1+(or30)
2
1
1
A'01-02
A'01
A'02-03

MAX47=
57-47=
MIN
A'01-02
A'01-02
A'01
PROBLEM :RT30
A02-DELETE :RT60
A'02-03 : A03-DELETE :RT00
A'01-02 : NO PROBLEM :RT30
A'01 : A02-DELETE :RT60
=40
=27
40
36
32
28
24
20
16
12
16
20
24
28
32
36
40

모든 것의 도시 뉴욕 | 현재의 맨해튼과 2042년 뉴욕에서의 주거 유닛과 돔

new york
Image © 2005 DigitalGlobe
© 2005 Sanborn
Image © 2005 MDA EarthSat
Image © 2005 State of New Jersey
Streaming |||||||||| 100%
©2005 Google

모든 것의 도시 뉴욕 | PS-1 빌딩 토러스의 2D 단면 디테일

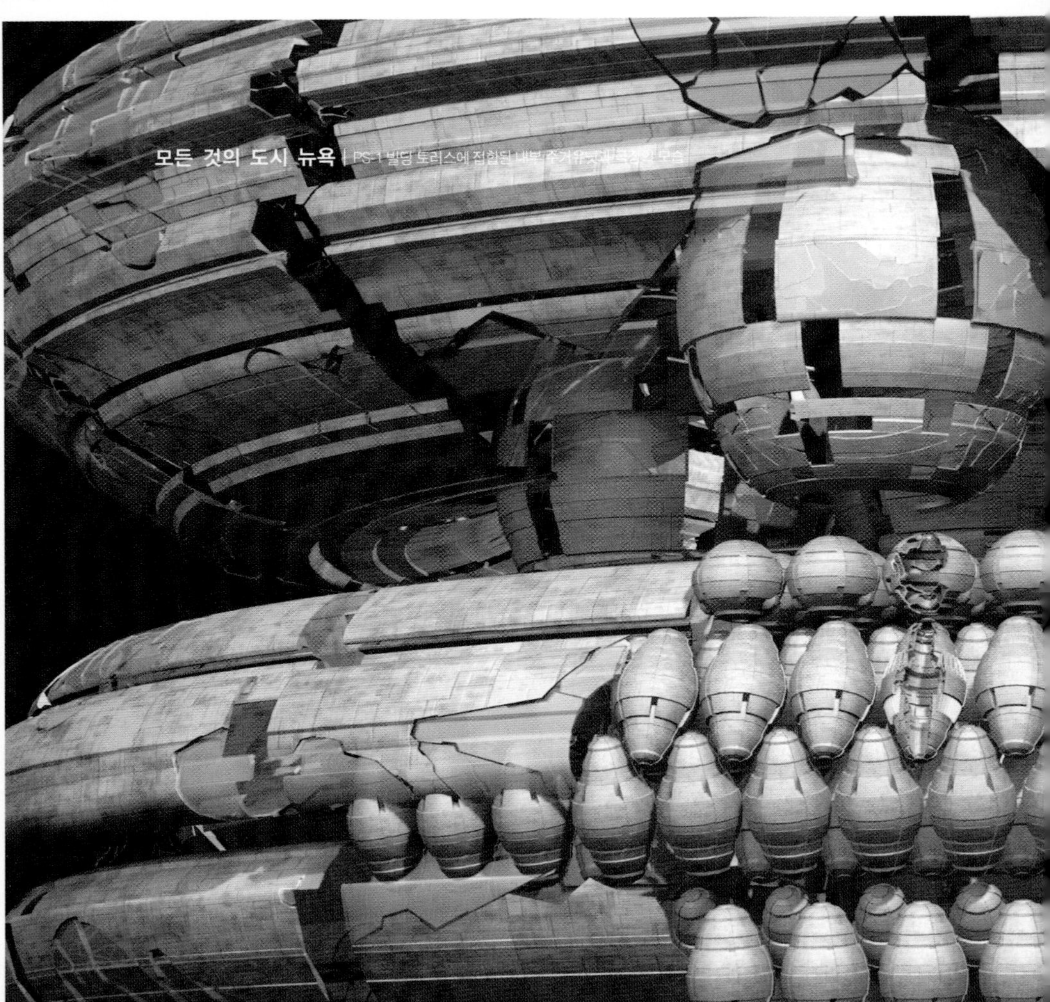

모든 것의 도시 뉴욕 | PS-1 빌딩 토러스에 접합된 내부 주거유닛의 근접 모습

모든 것의 도시 뉴욕 | 2042년 뉴욕의 상부에서 바라본 PS-1 빌딩의 클러스터와 매트로 돔

시뮬레이션 생명도시 파리 | Neo-Paris 계획에 따라 이종접합되어 생명과 기계가 결합 사이보그화된 세코야 나무

시뮬레이션 생명도시 파리 | Nano Technology사가 세코야 유전자 조작을 통해 나무와 곰팡이 그리고 양치류 생명이 하나로 결합해 키메라화된 모습

시뮬레이션 생명도시 파리 | 마이크로 테크놀로지 사가 기계적 주거 유닛을 세코야 나무에 삽입한 모습

0133 Calendar

시뮬레이션 생명도시 파리 | 세코야 나무와 양치식물의 숲으로 뒤덮인 파리 모습

시뮬레이션 생명도시 파리 | 2040년 5년 동안 시행된 파리 복원 시뮬레이션 프로그램 La Paris 500의 전경

Ecourban S1 | 해양 생태계 복원 시스템 Ecourban-S1의 네트워크 연결된 모습. 동일 유전자로부터 복제되는 Ecourban-S1 주거모듈의 공간 특성은 그곳에 거주하는 인간이 인식할 수 없는 공간 정보로 이루어진 공간으로 이곳을 이해하기 위해서는 컴퓨터에 의해 증강화된 공간 정보가 필요하다.

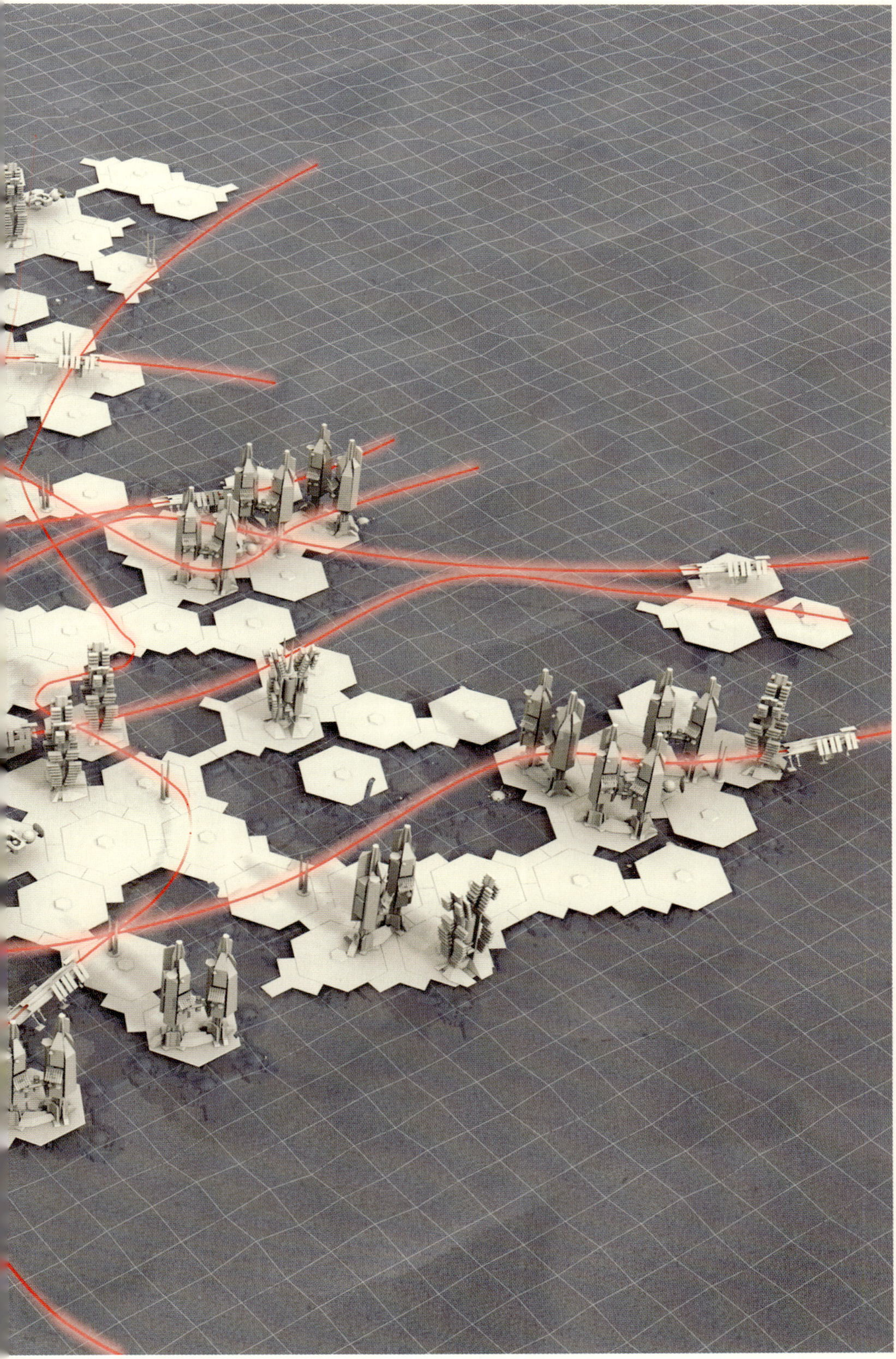

Ecourban S1 | 도시의 플레이트 홈 위에 건설된 도시와 건물의 디테일

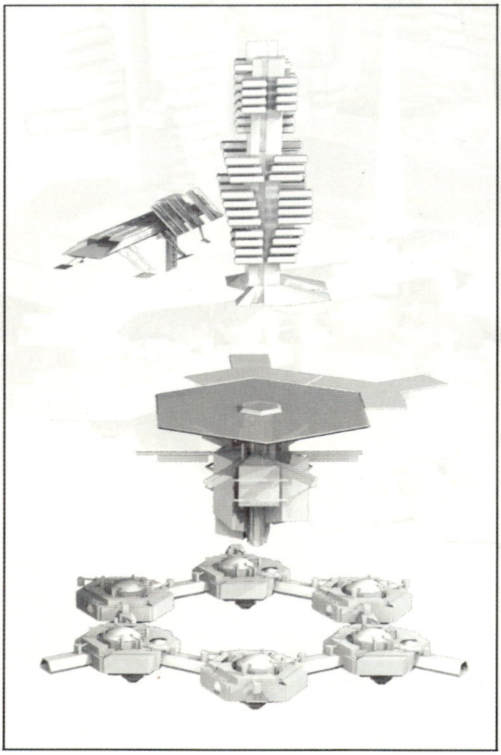

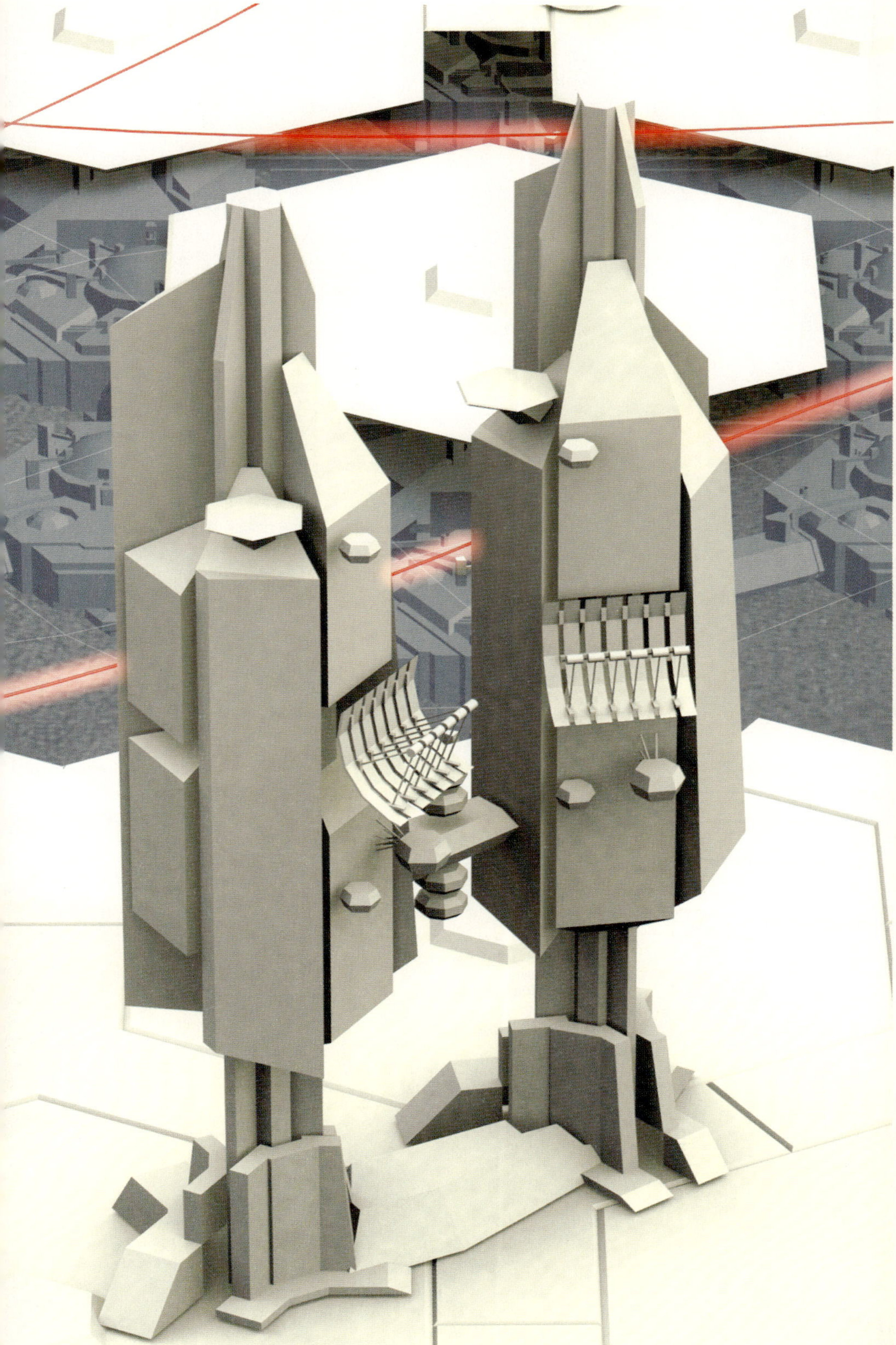

Ecourban S1 | 해상 플레이트 홈에 의해 지지되는 주거 유닛 모듈

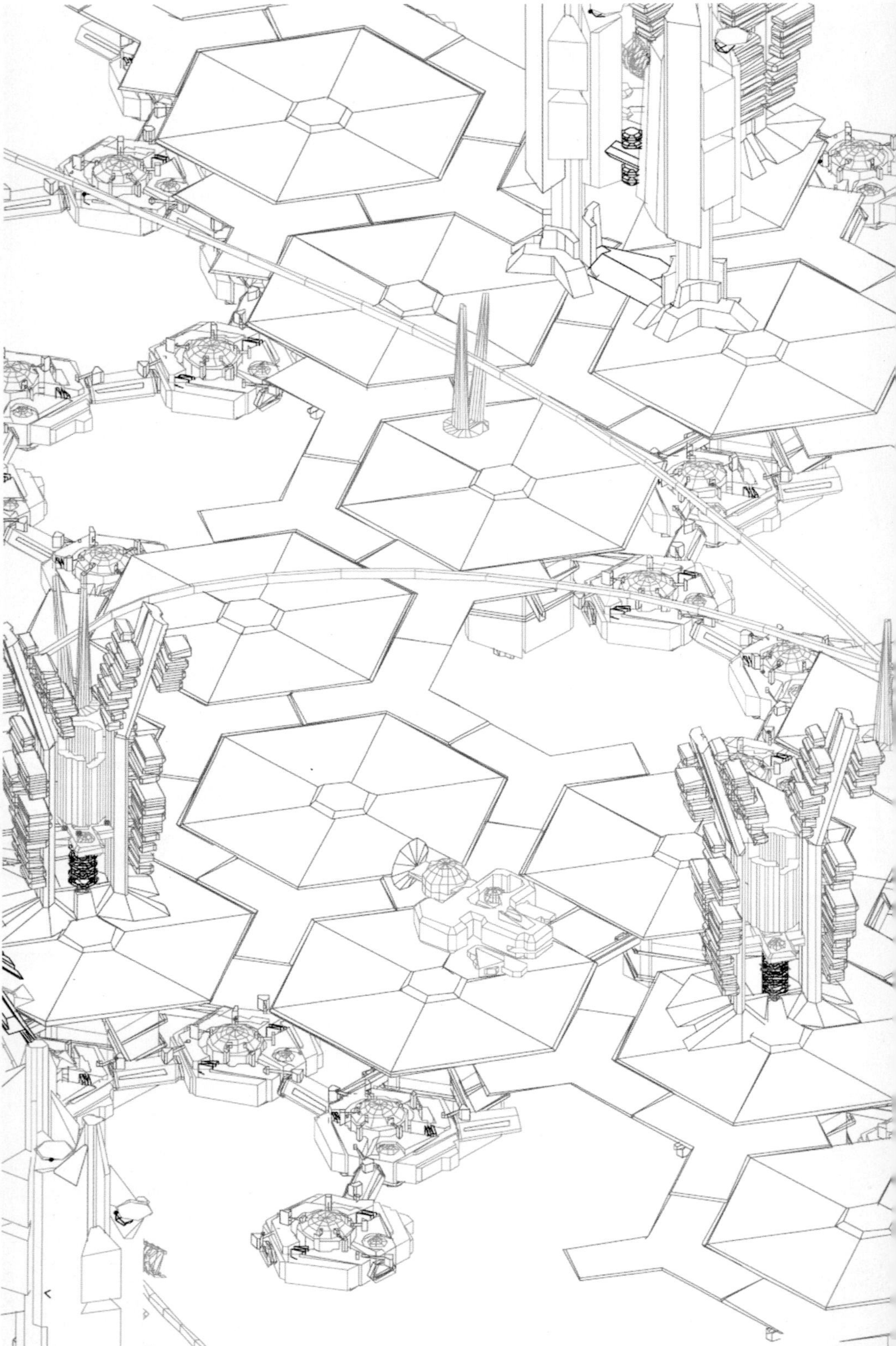

Ecourban S1 | 도시 세포유닛인 해상 플레이트의 연결 모습

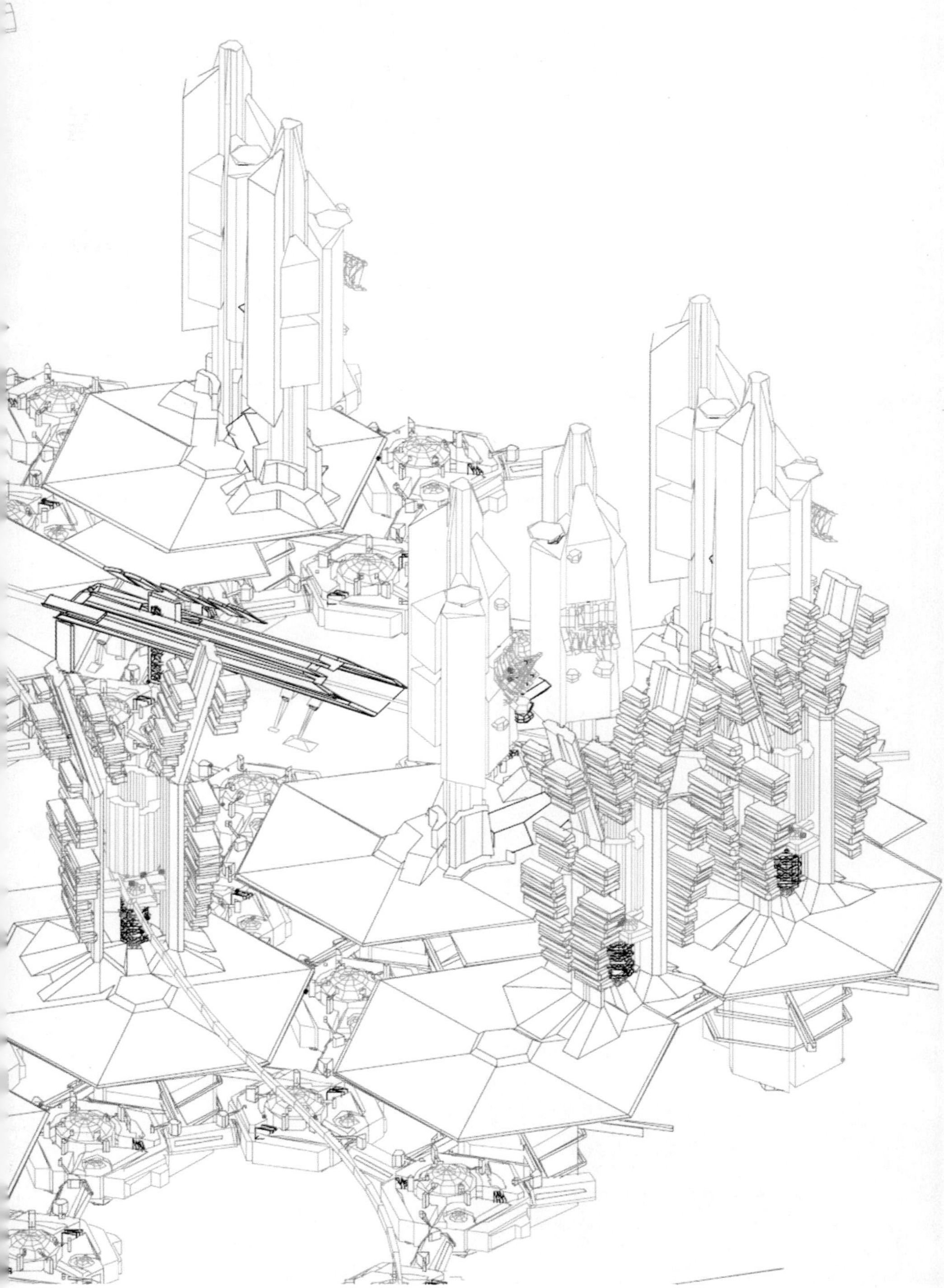

Ecourban S1 | 복잡한 도시 Ecourban-S1의 주거유닛과 해상 플레이트의 분포 및 연결 모습

Ecourban H1 | 수동적 생태계 복원 시스템인 Ecourban-H1의 지상 연결 모습과 튜브 단면

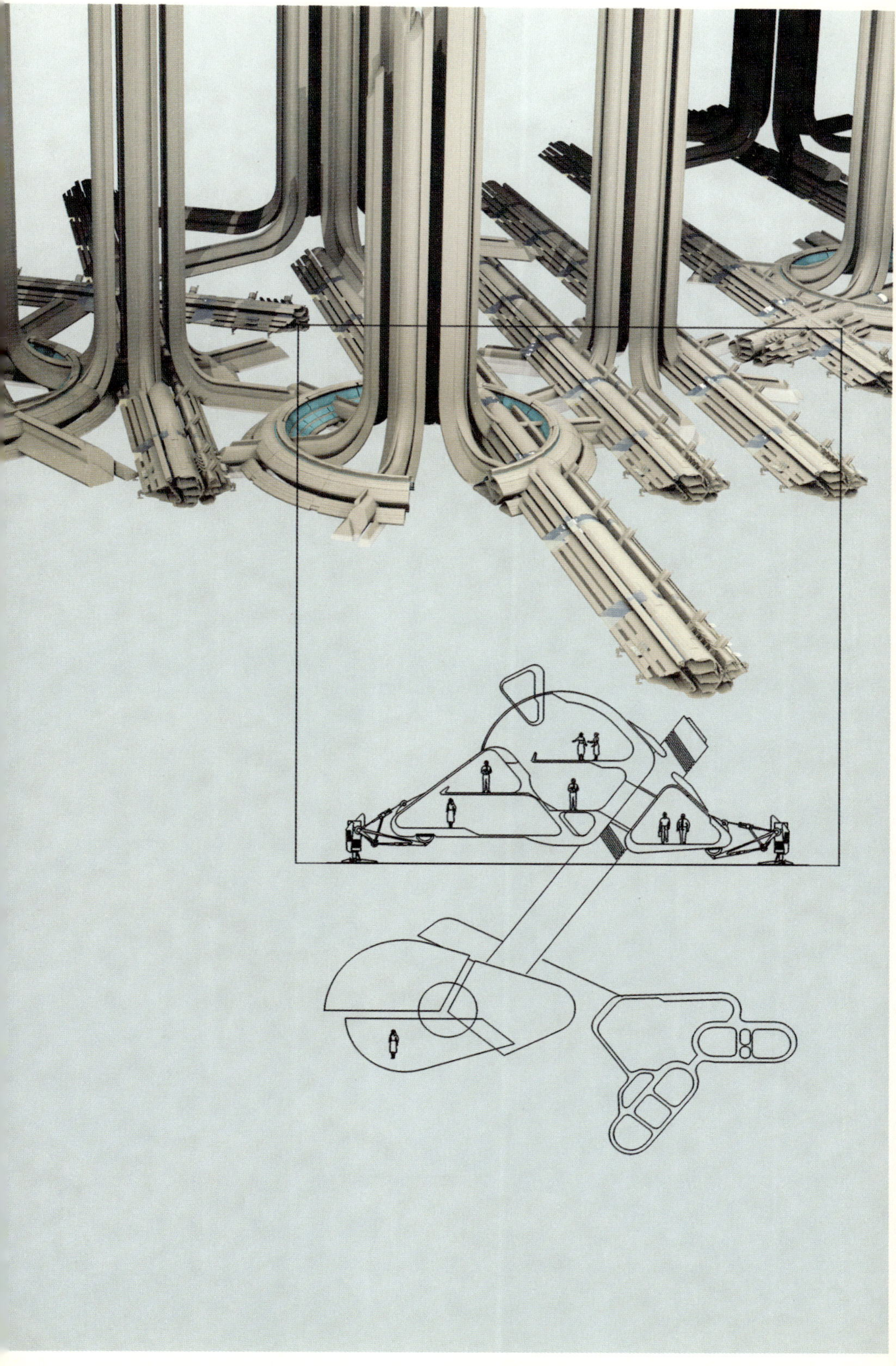

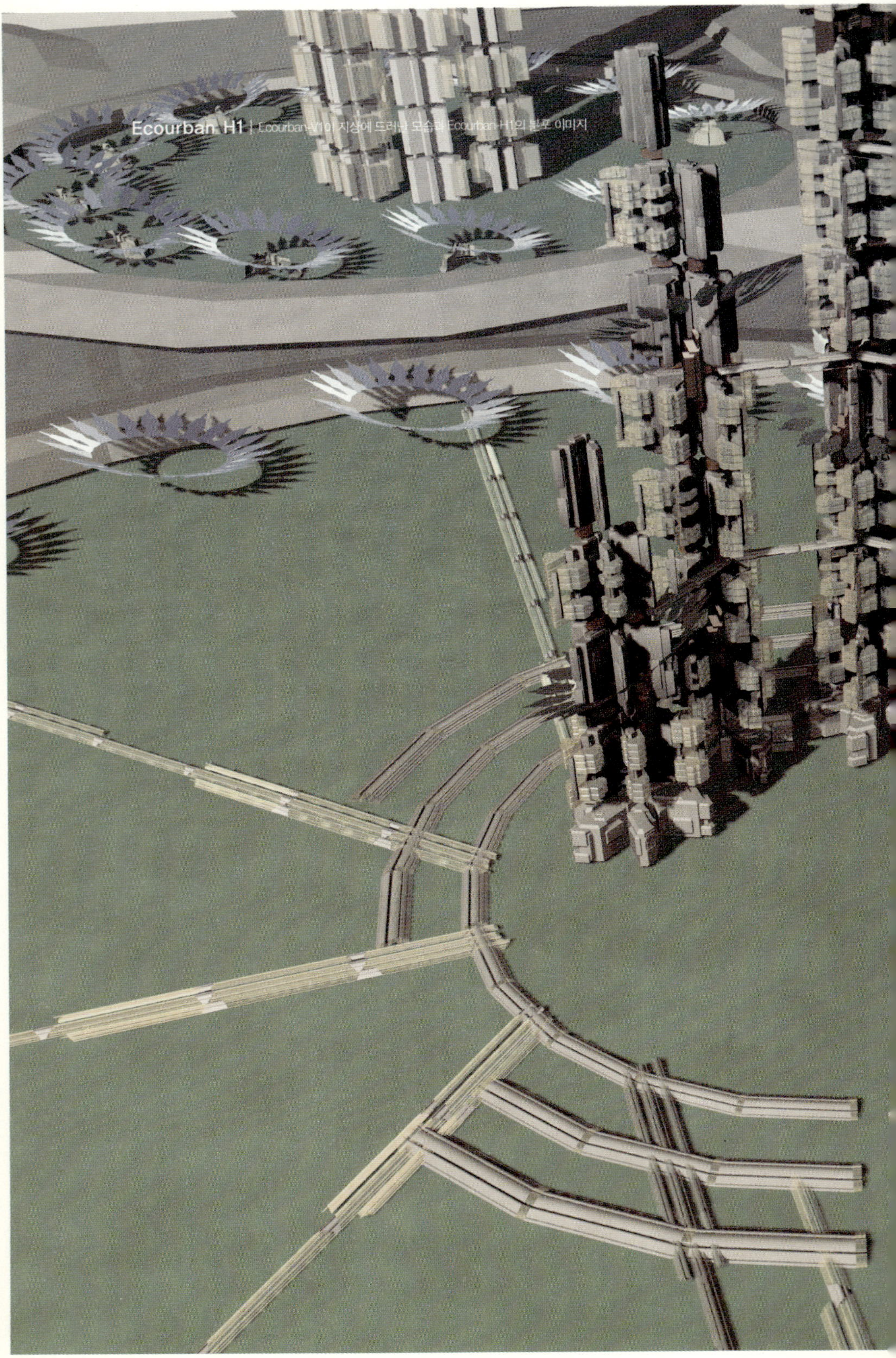

Ecourban H1 | Ecourban-V1이 지상에 드러난 모습과 Ecourban-H1의 분포 이미지

Ecourban H1 | 수평 선형 도시인 Ecourban-H1의 폐쇄회로인 6개의 수직 튜브 클러스터와 복원된 자연생태계

Ecourban V1 | 능동적 생태계 복원시스템인 Ecourban-V1 클러스터 모습

Ecourban V1 | Ecourban-V1의 광합성 모듈인 Chloropan-3 유닛 클러스터 모습

Ecourban V1 | 능동적 생태계 복원시스템인 Ecourban-V1의 단면 모습

Ecourban V1 | 지상 부분으로서 광합성 장치인 Chloropan-3의 모습

Ecourban V84 | 인간의 의식을 공간의 패턴으로 해석하기 시작한 Ecourban-V84

Ecourban V84 | 인간 의식의 사고를 네트워크화 시켜 연결한 Ecourban-V84

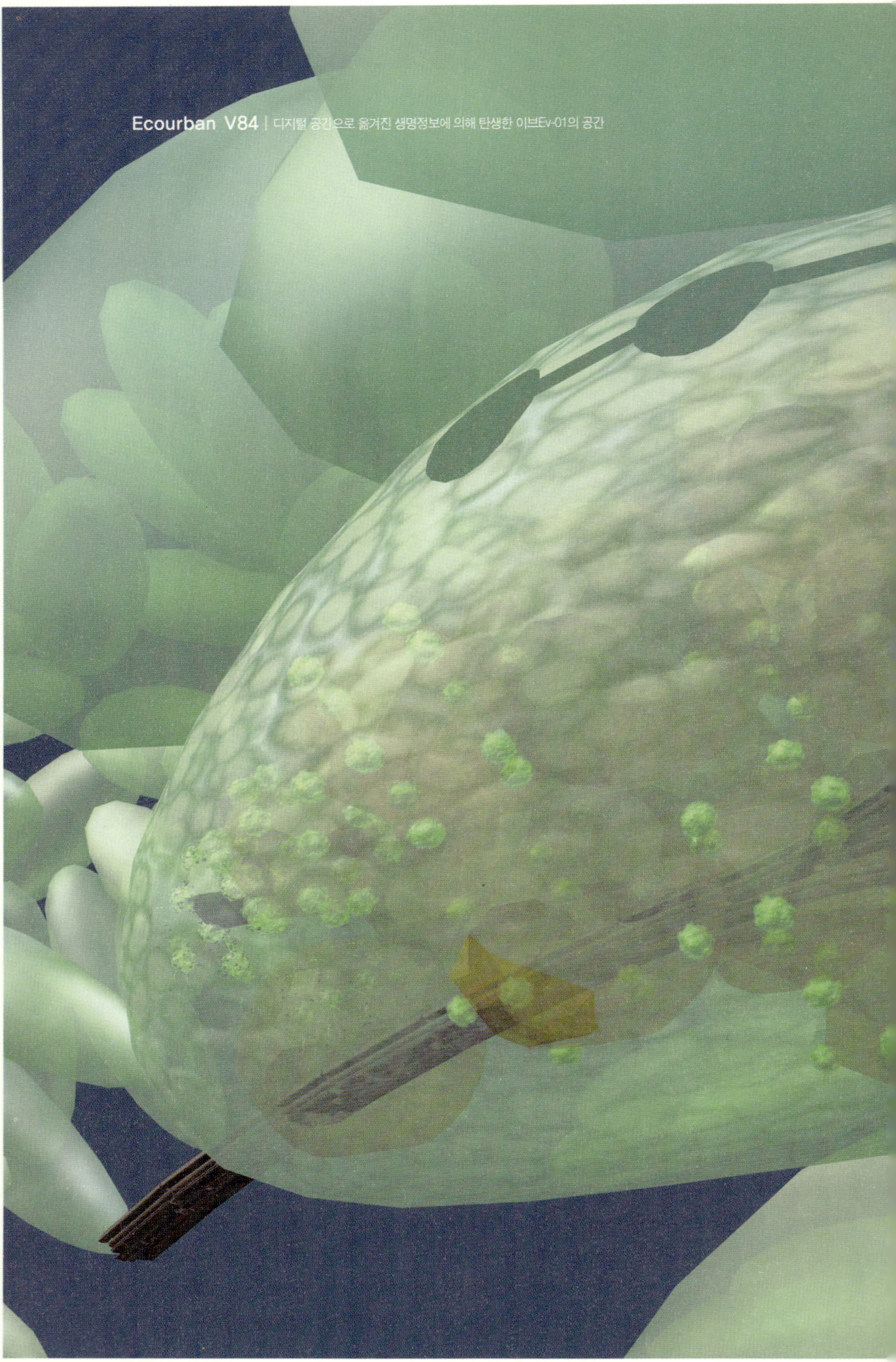

Ecourban V84 | 디지털 공간으로 옮겨진 생명정보에 의해 탄생한 이브Ev-01의 공간

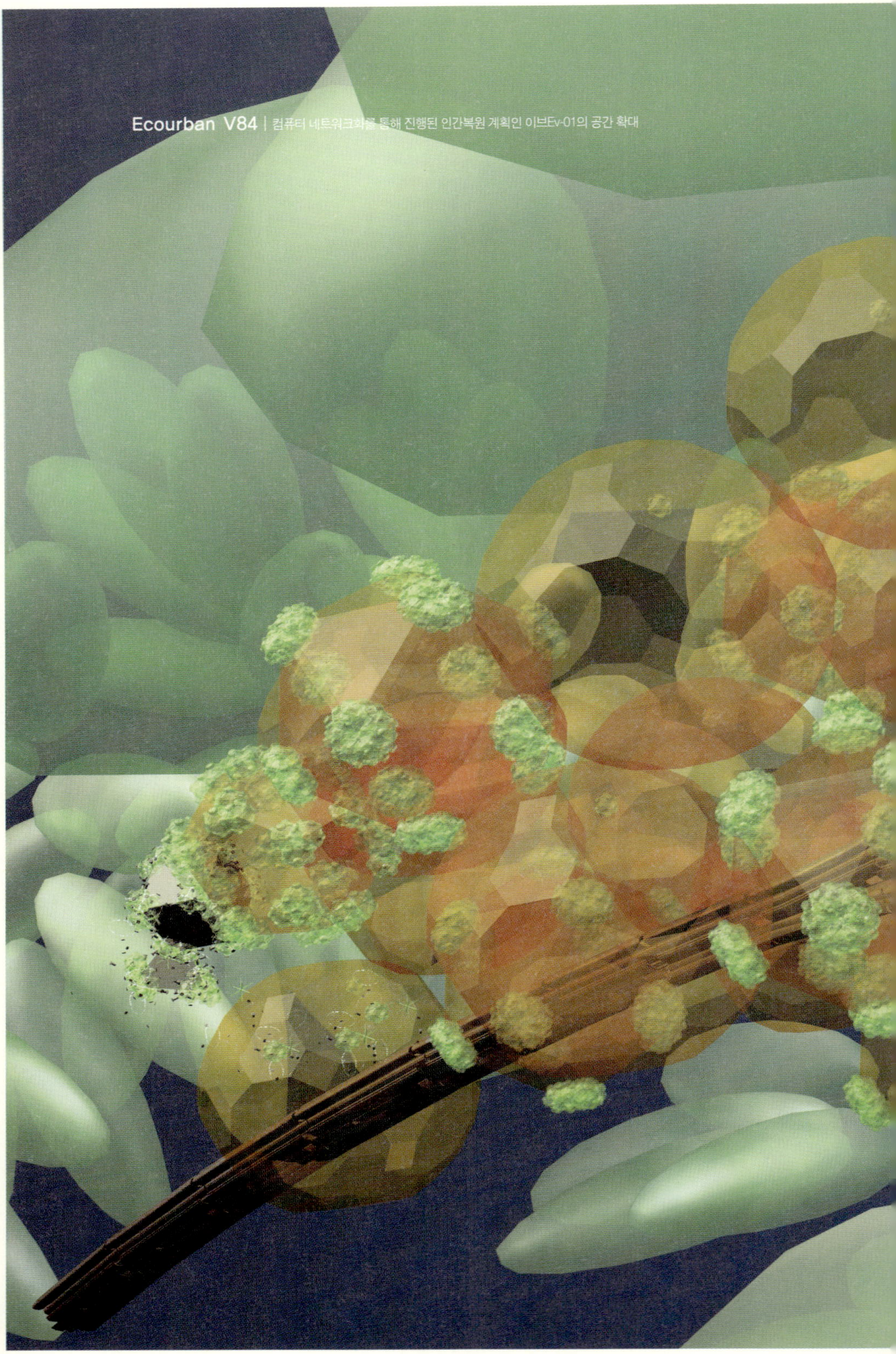

Ecourban V84 | 컴퓨터 네트워크화를 통해 진행된 인간복원 계획인 이브Ev-01의 공간 확대

Ecourban V84 | 거대한 녹색 젤리 빈처럼 보이는 2084년의 도시 공간

Ecourban V84 | 컴퓨터 네트워크화를 통해 복제된 이브Ev-01과 디지털 생명체 아담dAd-01의 공간

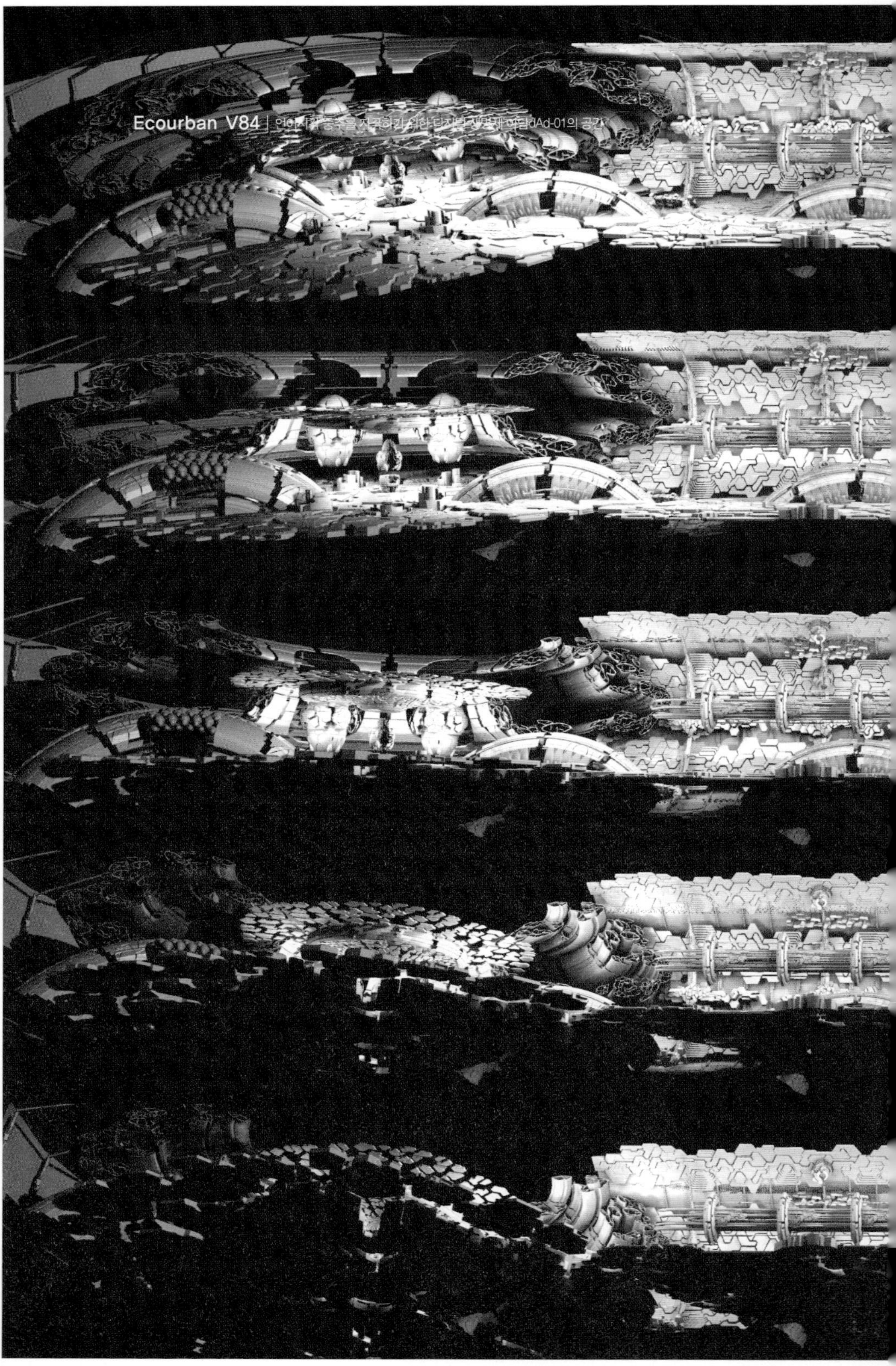

Ecourban V84 | 언어시각 공주를 지각하기 위한 디지털 생명체 아담dAd-01의 공간

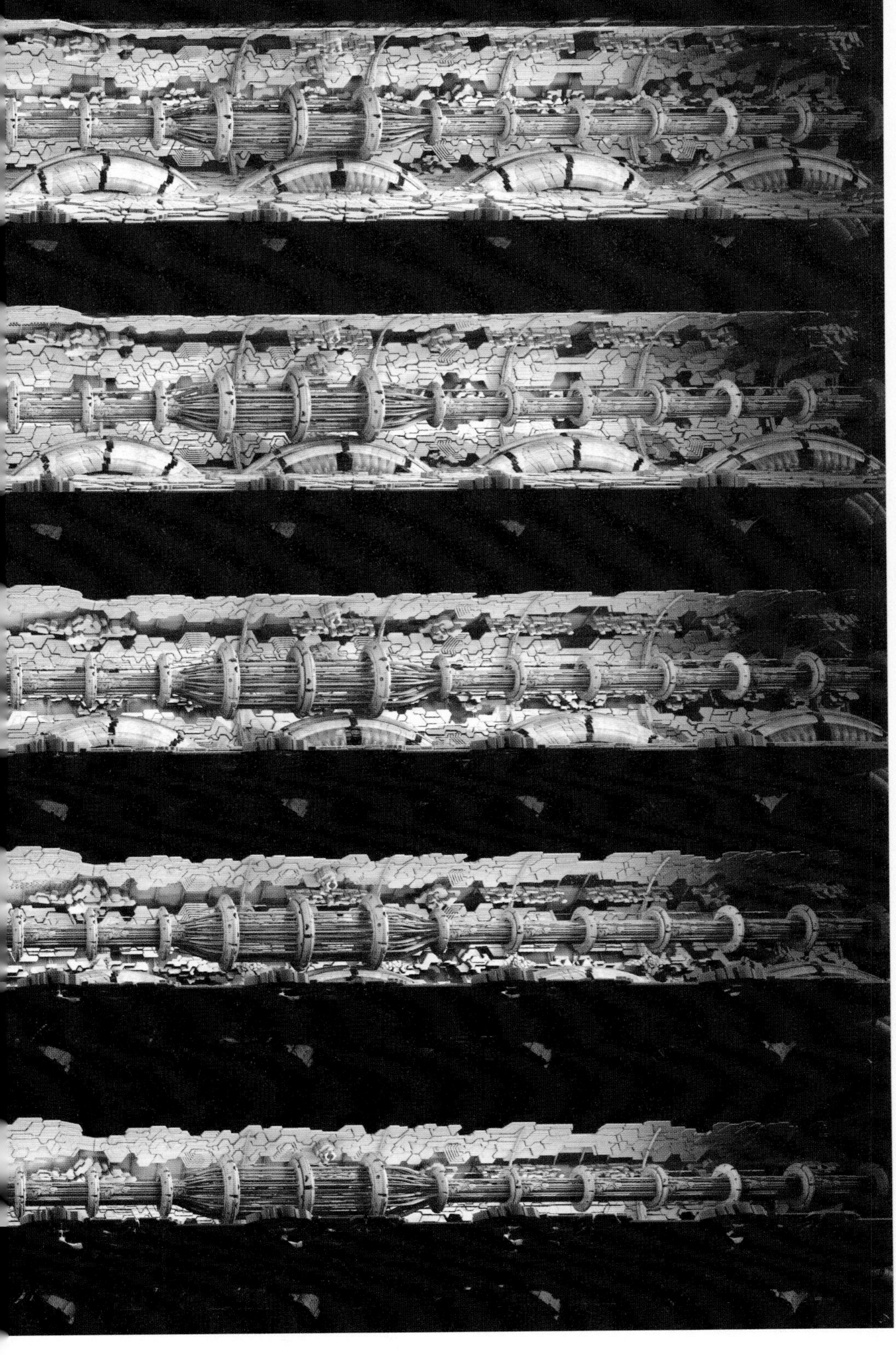

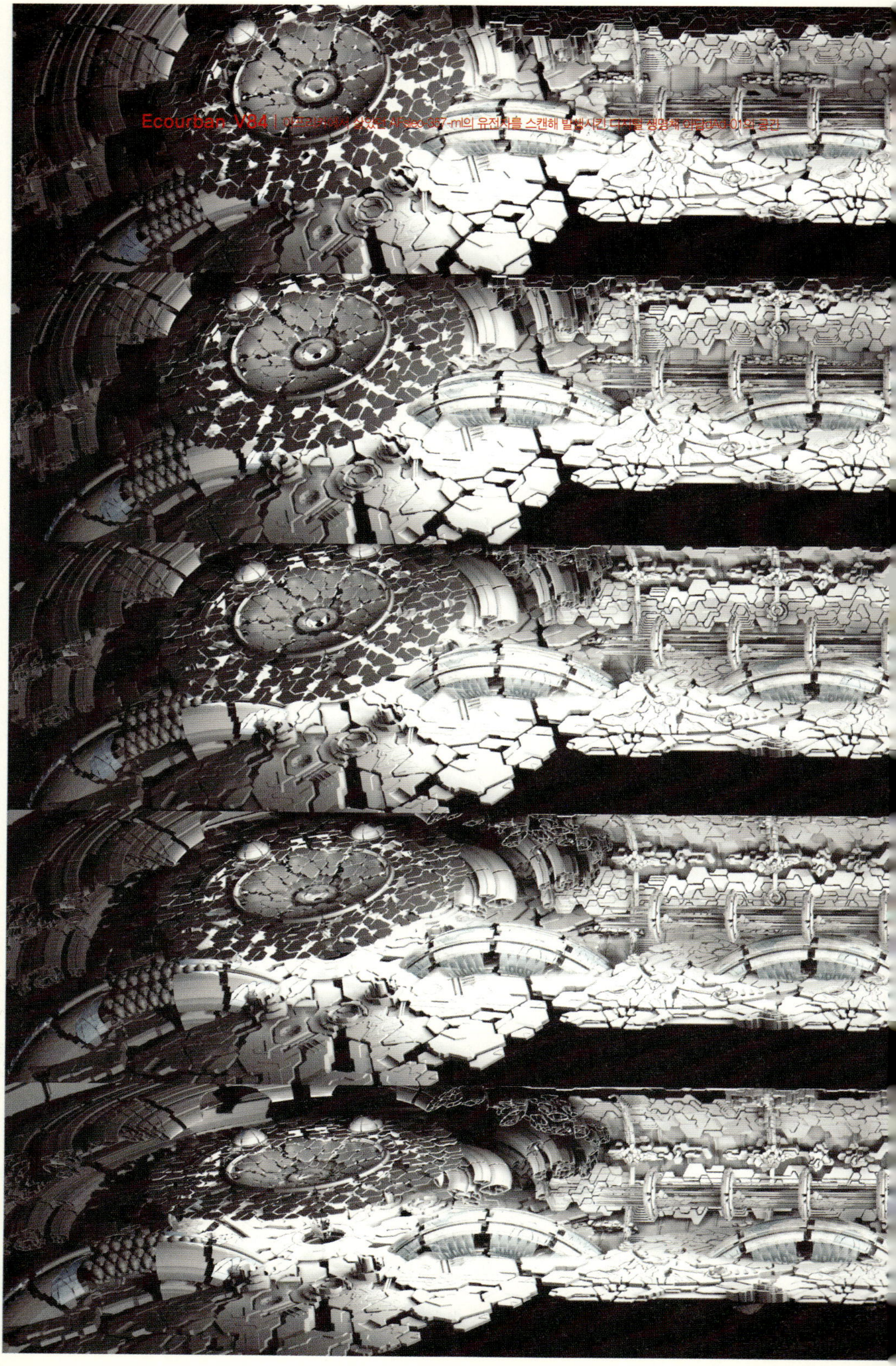

Ecourban_V84 | 아프리카에서 살았던 AFsteo-357-ml의 유전자를 스캔해 발생시킨 디지털 생명체 아담dAd-01의 공간

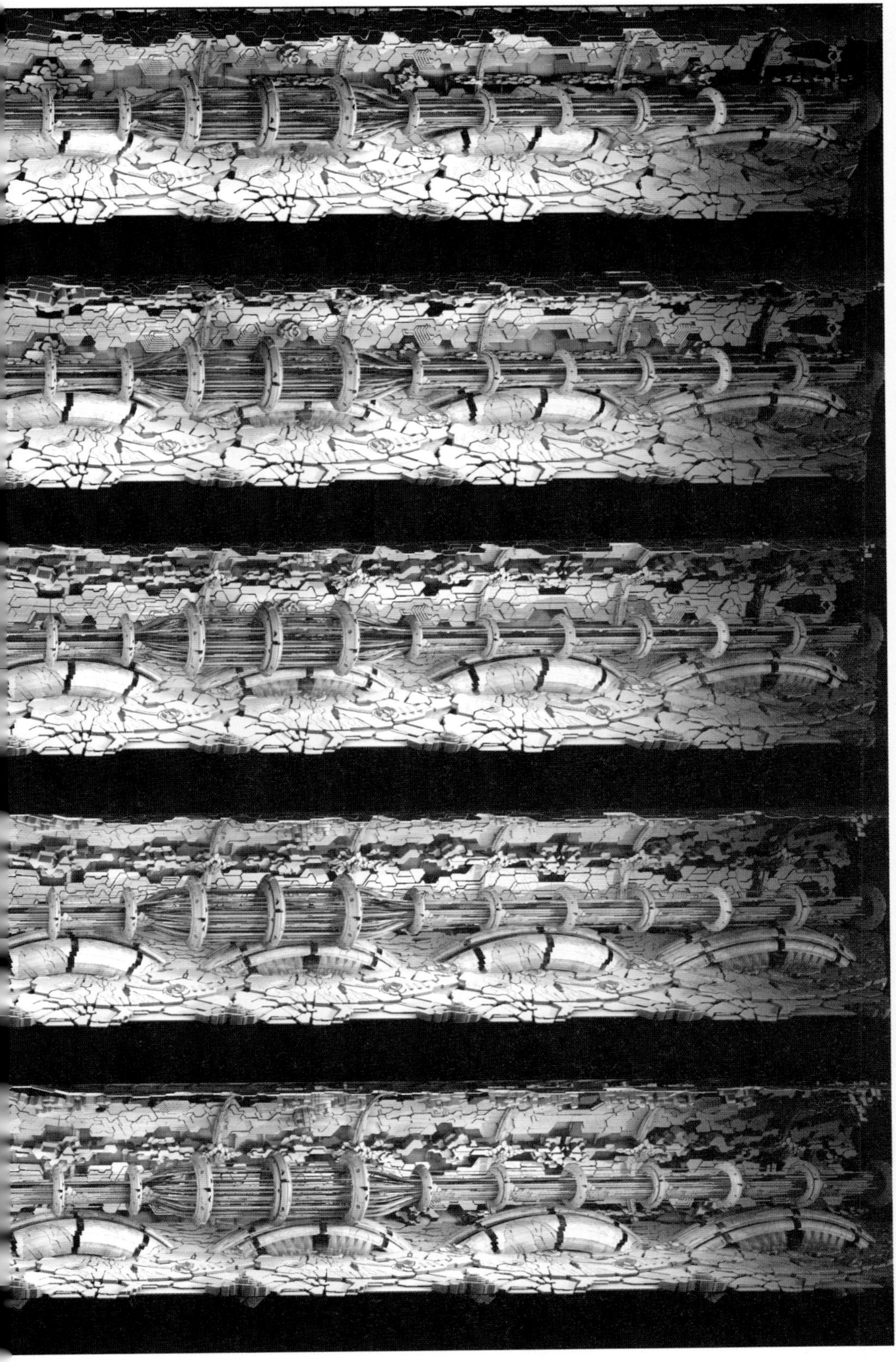

Ecourban V84 | 원자를 비트로 모사한 디지털 생명체 아담dAd-01의 공간

Ecourban V84 | 이브Ev-01의 언어 중추를 자극하기 위한 아담dAd-01의 디지털 공간

Ecourban V84 | 이브Ev-01과 아담dAd-01을 위한 챔버 플레이트 공간

Ecourban V84 | 이브Ev-01과 아담Ad-01이 만나는 공간인 플레이트와 플라즈마의 모습

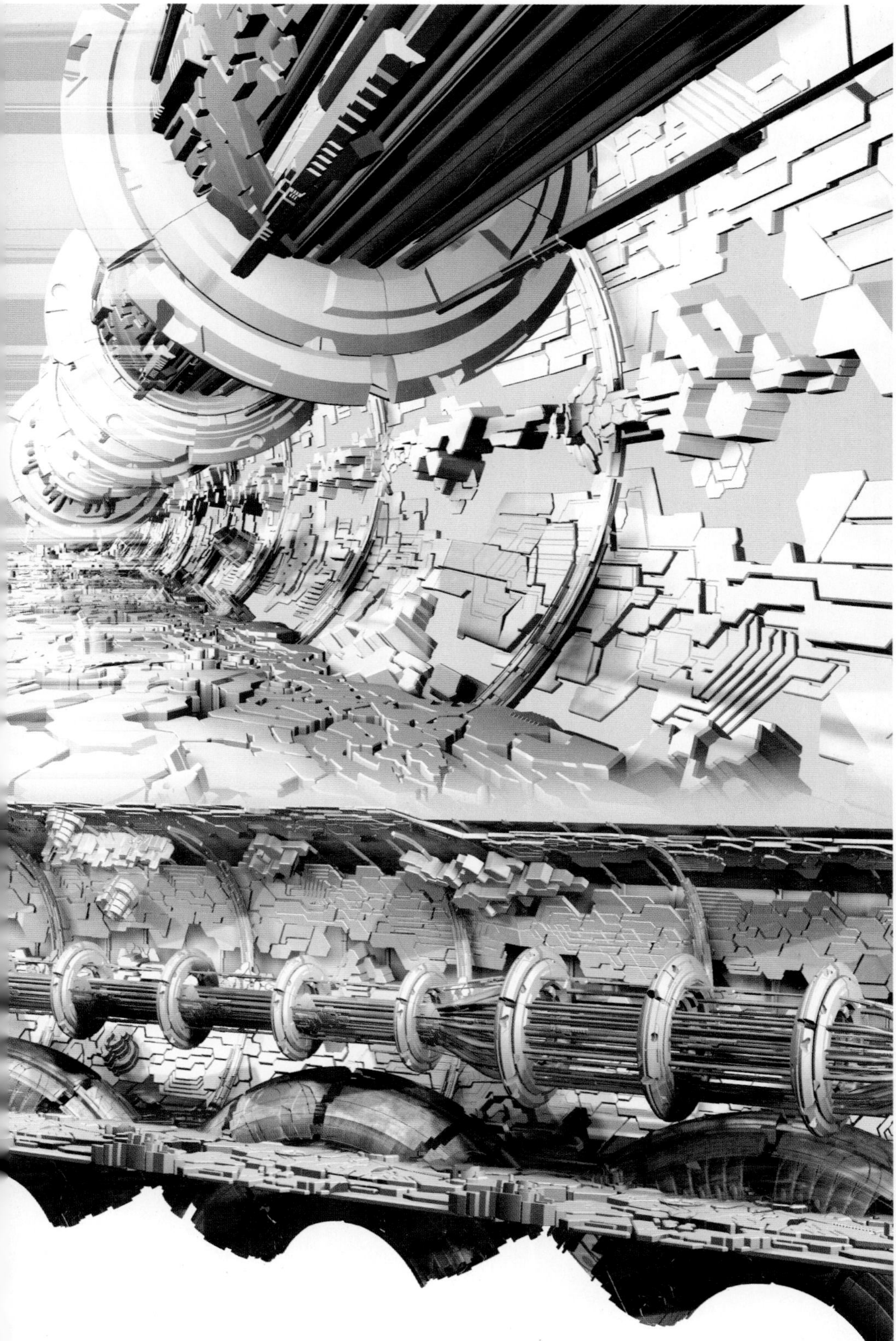

Mudfox가 보는 세상 | 먼 미래의 새로운 생명체인 Mudfox와 Mudfox가 보는 세상

Ultima Mudfox

Mudfox가 보는 세상 | "2004년 꿈나비 디지털 놀이터" 에서의 작가 최우람의 작업 Mudfox와 그것이 사는 공간

The Ultima Mudfox, photographed by chance currently the subject of intense study by many float freely in dense mud remains unexplained.

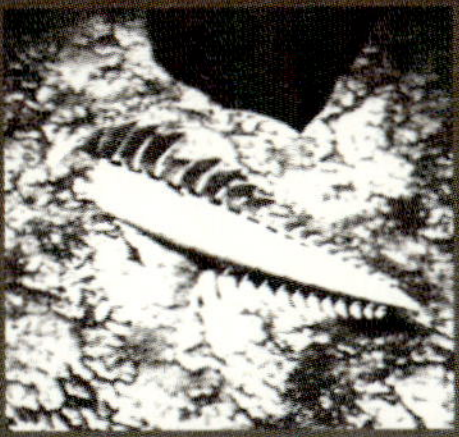

Ultima Mudfox, a field of subway construction work, Seoul Korea 2002

Current photo of the same location

Five years ago, the press stunned underground existence, in the center inorganic bodies. Research and theorizing way. One theory in particular that has escape of microscopic robots.

According to this theory, these free themselves, one after another, camp beneath the city, where union with one another, begin to information that floats on earth each other by absorbing and human civilization and by developing

The study of the Ultima Mudfox, taken of it during construction work known that after a period of three its youth, the Ultima Mudfox Its life span appears to be years, during which it in the earth beneath the city, after which it becomes its molecular structure becomes unstable. The adult about quickly behind subway tunnel walls and follows trains. Sometimes an Ultima Mudfox is caught on camera film, but in its entire history it has been possible to observe but a small fraction of its existence. Most of its life remains a mystery. The Ultima Mudfox is shown in this exhibition as a model created in 2003 by the sculptor U-Ram Choe. It is an important document in the ongoing research into the activities of this little-known creature.

Anmoropral Delphinus delphis Uram

on a subway construction site, in 2002, is scientists. That said, the creature's ability to

the public with its revelation of the hitherto unknown of the city, of a supposed twenty thousand species of on their provenance and evolution are now under received the most support is that they are part of an

microscopic robots, in operation for the past thirty-three years, from the factory that created them, clone themselves in a base electromagnetic waves are abundant, then, shortly thereafter, in procreate inorganic bodies of a new form through fusion with and with abandoned, buried machines. At present, they clone storing data from a vast amount of life sources obtained from and multiplying their species.

which is one of these species, began with a chance photo on a subway line. It is years constituting becomes an adult. around fifteen wanders about disjointed and body moves subway infrared

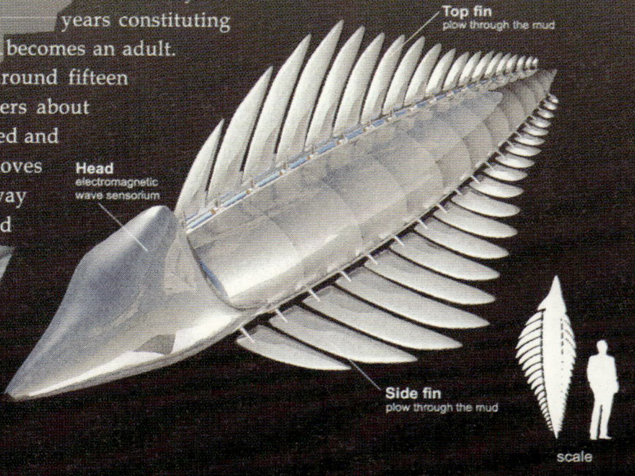

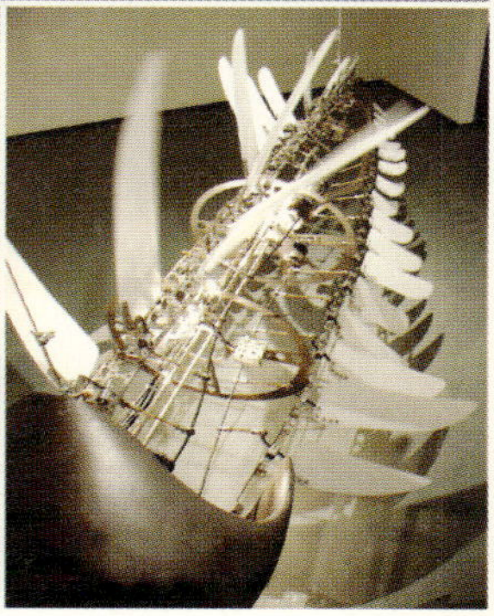

Life of Ultima Mudfox

Mudfox가 보는 세상 | 작가 최우람의 스케치와 중성미자를 보는 Mudfox의 눈으로 바라 본 세상

Larva
underground
(Sudway Train)
Larva
after 3 years
f them
Nanomachines
(about 1,000,000)
ed by the
te
go to somewhere
(we don't know yet)
adult
defective concoctions
start to decompose

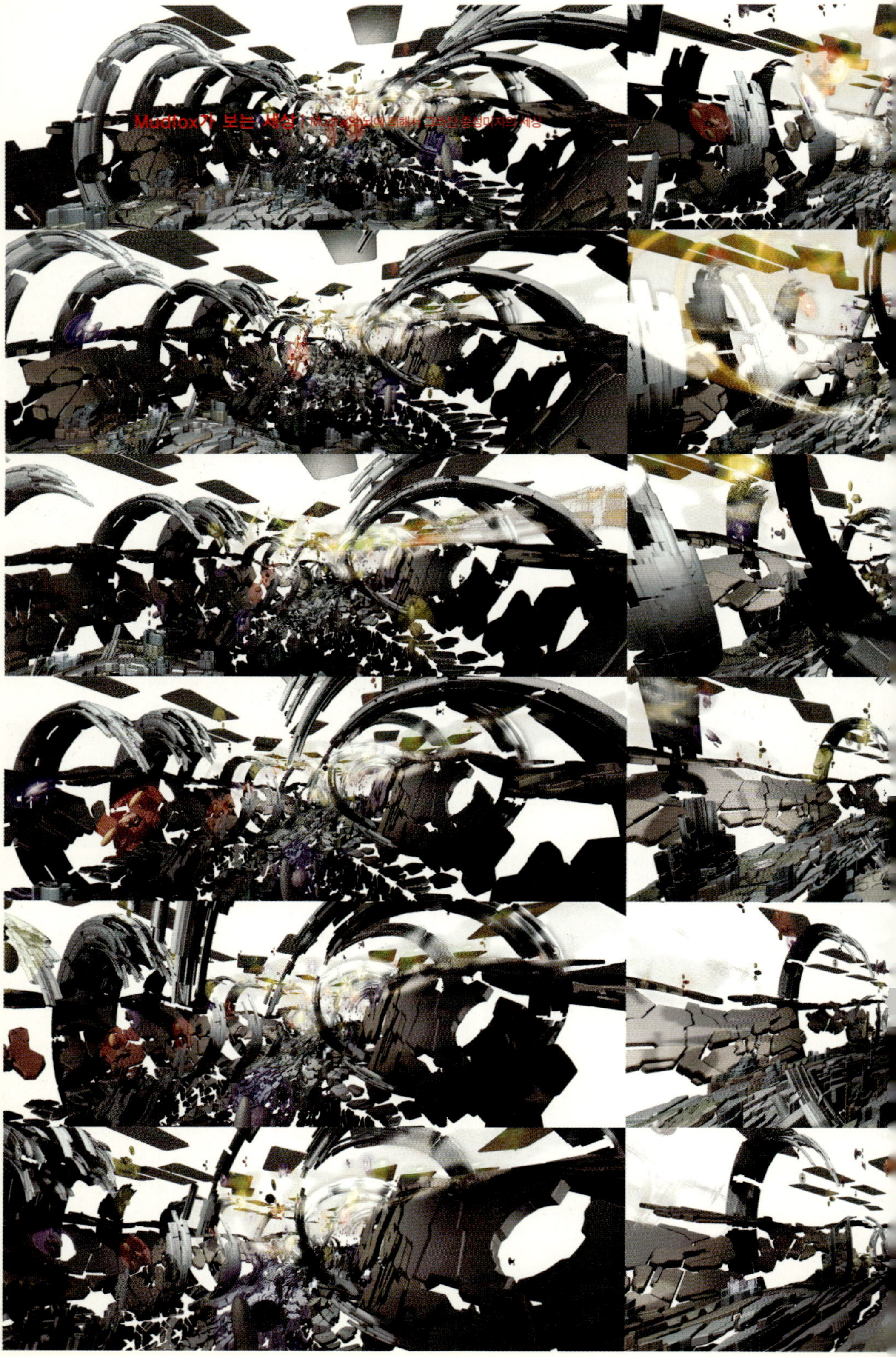

Mudfox가 보는 세상 | Mudfox의 뇌에 의해서 그려진 중성미자의 세상

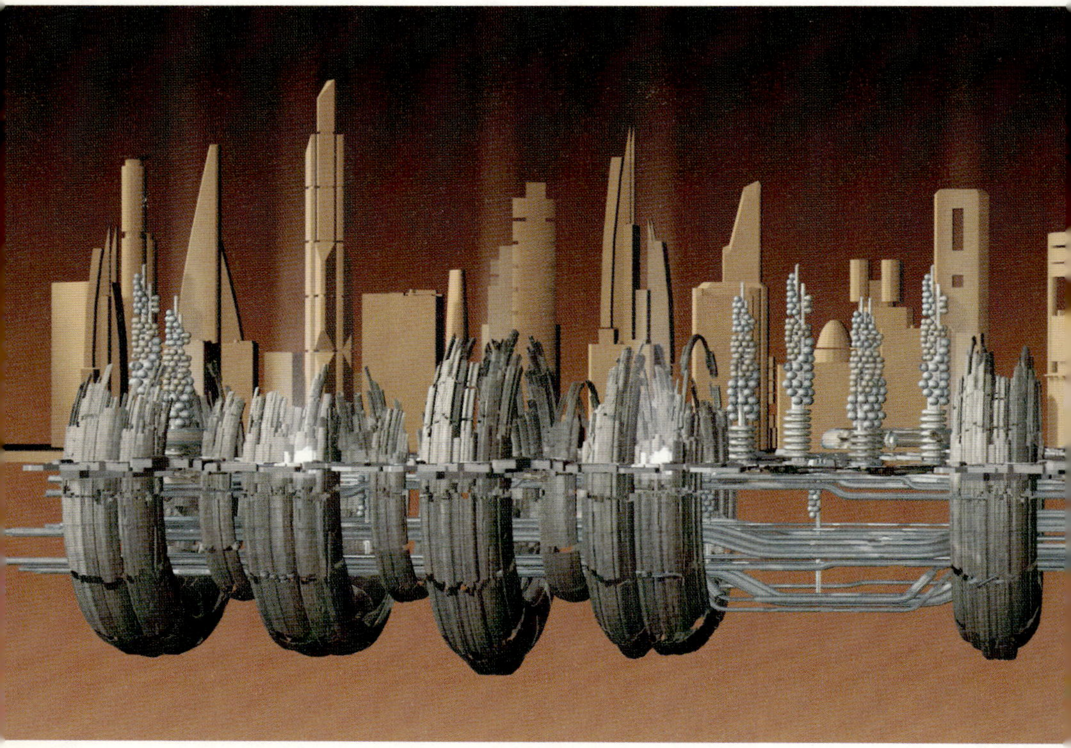

Chronology

I. 시공간의 시작, 생명과 디지털의 출현 그리고 그들의 미래

45억 년 전 지구가 태어났다. 34억 년 전 최초의 생명체가 나타났다. 17억 년 전 DNA 구조가 나타나 생물학적 정보의 축적과 진화가 유전자 코드로 기억될 수 있게 되었다. 6억 5천만년전 백악기 말 공룡의 갑작스런 멸망으로 인해 대형 포유류들이 등장할 수 있는 가능성이 생겨났다. 5천만 년 전 영장류가 나타났다. **200만년전 인간의 첫 조상(祖上)인 호모 하빌리스가 나타났으며**, 100만년 전 호미니드들이 채식에서 벗어나 고기를 먹기 시작했다. 70만년전 최초로 불을 사용하기 시작한다. 20만 년 전 현생 인류가 아프리카에서 출현했으며 4만년 전 호모 사피엔스사피엔스가 지구상의 유일한 인류로 살아남는다.

10,000년 전 마침내 인간은 농업 혁명을 이루면서 개체로서의 인간이 아닌 종(種)으로서의 인류를 구성하는 정보 네트웍 형성의 가능성을 보여준다. 6천년 전 메소포타미아에서 최초의 도시가 나타난다. 2300년 전 유클리드 기하학이 탄생한다. 1494년 다빈치는 진자시계를 구상한다. 1543년 코페르니쿠스가 지구와 행성들이 태양의 주위를 돌고 있다고 밝힌다. 1637년 르네 데카르트는 근대 해석기하학의 원리를 확립하였다. 1689년 아이작 뉴튼이 프린키피아에서 고전 물리학 패러다임을 밝힌다. **1839년 사진술이 개발된다. 1895년 찰스 다윈은 종의 기원을 발표, 자연 선택과 종의 진화에 미치는 영향을 논한다.** 1876년 벨이 전화를 발명 1896년 허만 홀러리쯔가 IBM의 전신인 데뷸레이팅 머신 컴퍼니를 세운다. 1897년 좁셉 존 톰슨이 원자보다 작은 입자인 전자를 발견한다.

1890년 미국인의 평균 수명은 36세이다. 1908년 최초의 비행에 성공 1921년 로봇이 공상과학 소설에 등장한다. **1925년 닐스 보어와 베르너 하이젠**

베르그가 양자 역학의 기초를 세운다. 1943년 최초의 컴퓨터인 콜로수스가 개발돼 독일의 애니그마 암호를 해독 2차 대전을 승리로 이끄는데 기여한다. 1944년 진공관을 사용 프로그램이 가능한 마크 1이 제작된다. 1947년 트랜지스터 개발 1948년 위너가 "사이버네틱스"를 출간 1953년 DNA의 모형이 발표된다. 1956년 인공 지능이라는 말이 생김 1958년 직접회로(I C)가 개발된다.

1964년 고든 무어가 IC는 매년 두 배로 발전한다고 예언한 무어의 법칙. 1968년 Intel사가 창립. 1976년 애플컴퓨터 설립 1977년 스타워즈에서 사람의 감정을 갖는 컴퓨터의 개념. 1977년 광섬유를 이용한 전화가 시험된다. **1981년 IBM이 PC 출시.** 1984년 윌리암 깁슨이 "뉴로멘서"에서 사이버스페이스(CyberSpace)라는 말을 처음 사용. 1986년 미국인의 평균 수명이 74세로 늘어난다. 1988년 마크와이저는 유비쿼터스 컴퓨팅 개념을 발표한다. 1993년 Intel이 펜티엄 출시. 1994년 WWW 출현.

2009년 국민 PC가 1Pips(1초에 1조 번 연산 할 수 있는)의 성능을 보인다. 고 해상도 모니터를 갖춘 장신구 크기의 컴퓨터가 사용된다. 고속 무선 통신으로 웹에 접근 할 수 있다.

2019년 국민 PC는 인간의 두뇌와 비슷한 성능을 보여준다. 컴퓨터는 눈에 띄지 않고 벽이나 탁자 옷, 장신구, 책 등에 스며든다. 렌즈에 부착된 3차원 디스플레이(Display)를 이용해 웹에 접근한다. 컴퓨터와의 대화는 양방향 자연 언어를 통해 이루어진다. 나노 기술로 만들어진 기계가 제조 및 공정 제어에 이용되기 시작한다. 고 해상도의 3차원 시각 청각 가상현실과 전면적 촉각환경 덕분에 실체와 구별되지 않는 원격 현전이 이루어진다. **사람들은 사이버 공간의 가상 인간들과 동료 교사, 관리인, 연인 등의 관계를 맺기 시작한다. 모든 예술 장르에 가상 예술가들이 나타난다.**

2029년 국민 PC가 1000사람의 두뇌와 필적한다. 신경 직통로가 연결되어 컴퓨터와 인간의 뇌의 직접 연결이 가능해 진다. 가상의 인간들은 스스로 학습하며 중요한 지식들이 인간의 개입없이 컴퓨터 스스로 창조한다. 컴퓨터의 지능이 사람의 지능만큼 다양한가에 대한 논쟁이 계속 된다. 기계들이 스스로 의식이 있다고 주장하기 시작하며, 이 주장은 널리 받아들여진다.

2042년 마침내 국민 PC가 인류 전체의 두뇌와 필적해 진다. 뉴욕 Gaia system사와 대전 한밭 해양생태계 연구소가 공동으로 참여하는 지구 생태계 복원계획 Gaia Project가 시작되고, 도시 구조의 패러다임은 스펙트럼화 된다.

2049년 나노기술에 의한 음식이 널리 사용된다. 현실에 사람이나 물건의 영상을 투사하는데 나노봇 무리들을 투사 방법으로 사용한다.

2072년 피코 엔지니어링 기술이 사용되기 시작한다.

2099년 인간의 생각과 기계의 지능을 결합하려는 흐름이 일어난다. 사람과 컴퓨터 실체와 비실체는 뚜렷한 차이점을 보이지 않는다. 대부분의 의식 있는 존재들은 실재의 신체를 가지고 있지 않다. 지능에서 만들어진 기계 지능이 스스로를 인간이라 주장한다. 실체의 인간보다 소프트웨어적인(비실체에 존재하는)인간이 더 많아진다. **지능적 존재에 있어 더 이상 평균수명이란 용어는 의미를 갖지 못한다.** ("100년 후의 산책" 에서 부분 인용)

1. 진화 그리고 디지털 공간의 출현

생명체의 공간, 공간으로서의 생명

지구상에 존재하는 다양한 생명 중 하나인 인간은, 20세기까지 다른 종(種)들과 마찬가지로, 자신의 생존환경에 최적화된 유전자의 생존 알고리즘이 제공하는 **공간 감성 정보에 따라 생존환경에 순응하며 살도록 진화**해 왔다. 하지만 21세기, 현실공간과 디지털 정보가 결합한 유비쿼터스 환경의 출현은 지금까지 삶의 모습과 반대로 **유전자에 기록된 생존 공간 정보를 현실공간의 모습으로 재현하고 그것을 자신의 생존 공간으로 사용**할 수 있게 하였다.

유전자에 기억된 공간 정보에 따라 생존에 적합한 공간을 찾고 그곳을 서식의 장소로 사용하는 수동적 방식에서 벗어나 자신의 유전자에 기록된 공간의 감성 구조를 현실 공간의 실체로 발현할 수 있게 된 것이다. 즉 자신의 감성적 공간 구조와 일치하는 생존 공간을 디자인 하고 만들어 낼 수 있는 능력을 갖게 된 것이다.

인간이 네트워크로 연결된 디지털 정보 환경으로 삶을 옮겨가면서 자신의 유전자를 디지털 공간에 복제해, 더 이상 호모사피엔스가 아닌 디지털 신경망을 가진 생명체 호모 디지피엔스(Homo Digipiens; 1 현생인류를 칭하는 호모 사피엔스(Homo Sapiens:생각하는 사람)와 디지털의 합성어, 디지털 환경에서 살며 자신이 원하는 정보에 자유롭게 접근할 수 있는 사람)와 결합하여 디지털 지능으로 생각 하는 사람이란 의미로 해석한다.)로 진화시켰듯이, 지구를 감싸고 있는 전자 정보는 인간이 살아온 자연의 생태계와 동일한 위상을 가지고 있지만 전혀 다른 모습으로 보이는 생존 공간 발생을 가능하게 한다. 이러한 공간을 "디지털 위상의 감성 공간" 이라 부를 수 있는데 **유전자에 기록된 오랜 생존습성인 공간 감성에 일치하도록 물리적 공간의 구조를 전자적으로 제어하는 공간이다.**

진화론은 "부모의 형질이 자식에게 전달되고", "이 과정에 변이가 발생할 수 있으며", "자연은 새로운 형질 중 일부를 선택한다."로 요약할 수 있다. 진화론을 구성하는 3개의 가설을 정리하면, "자손이 그들의 먼 조상과 다른 외모를(2차원 구조로 발현된 생명의 외피가 가진 형태 정보, 유전자형의 표현형; Phenotype of genotype) 가지고 있더라도 유전자는 외모에서 사라진 다양한 조상의 형질(4차원 구조인 유전자에 기록된 생명의 형질 정보, 유전형 중 외모로 발현되지 않는 정보)을 이어 받고 있다."일 것이다. 즉, 인간이 호모 사피엔스사피엔스의 모습을 하고 있지만 유전자는 자신의 조상인 파충류와 초기 포유류 그리고 더 멀게는 혐기성 박테리아의 형질로 발현되는 유전정보를 간직하고 있는 것인데, 외기상황에서 드러나는 공격성향인 파충류 복합체(R 복합체; Reptilia Complex)는 파충류 조상으로부터 물려받은 두뇌영역이다. 이러한 진화의 정보는 현대 인류의 유전자에 기록된 다양한 영장류 형질에서도 마찬가지다.

파충류에서 포유류로 그리고 마침내 수상(樹上)영장류로 진화한 유전자의 표현형인, 인간의 조상 종들에게 공간 구조를 섬세하게 이해하는 것은 생존과 직결된 문제였다. 복잡하게 얽힌 나뭇가지 사이를 헤치고 수상 공간을 이동하기 위해서는 공간의 깊이를 정확하게 지각할 수 있어야 하고, 그 깊이에 자신의 이동 속도를 더해, 다음 순간 자신이 있을 위치를 예측해야 하는, 많은 공간 정보를 동시에 연산하는 능력을 필요로 한다.

나무위에서 살아가던 영장류가 유인원으로 진화해 다양한 생물종의 복잡한 생태 질서를 형성한 지표(地表)로 생존 영역을 옮겼을 때, 그들이 정착하려는 생존 공간을 선점하고 있던 경쟁자들에 비해 연약한 신체구조를 가진 직립 유인원은 자신이 상대적으로 우위에 있는 두뇌에 공간지각 능력을 확장시켜, 형태뿐 아니라 공간의 위계를 섬세하게 지각 할 수 있게 됨으로써, 생존 공간을 공유해야 하는 경쟁자들과의 대결이 가능했다. 유인원은 섬세한 공간지각을 위해 다양한 감각기와 지각 · 인지 · 인식영역을 두뇌에 가지고 있어야 했고, 신체 기관들과 마찬가지로 두뇌에 저장된 감성 기억도 유전자에 기록해 자손에게 전달하였다.

DNA는 생명체가 발생하고 · 성장하고 · 생존하며 · 종을 보존하는 등에 필요한 생명정보를 기록하는 문자이다. DNA는 나선형으로 꼬인 사다리 모양의 분자로 Deoxyribose Phosphate의 연쇄구조이다. Adenine Thymine과 Guanine Cytosine 4개의 염기는 디지털 신호의 펄스와 같은 한 조각의 신호이며, 이들 4종의 염기 3개가 하나의 정보 단위인 Codon을 이룬다. 염기의 종류가 4개이고, 3개의 염기가 모여서 1개의 정보 단위인 Codon을 이루므로 '43=64' 개, 즉 64개의 기호(Code)가 만들어 지고, 신체를 구성하는 20종류의 아미노산과 대응하는 문자로 표현될 수 있다. 유전자는 모든 세포의 핵 속에 있어, 각각의 세포가 가진 유전자는 개체를 복제하기에 충분한 유전정보 총량인 게놈을 가지고 있고 그 양은 약 20억 개의 염기이다.

경험을 통해 생존환경의 공간구조를 이해하고 그 정보를 자연선택을 통해 DNA 문자로 유전자에 기록해 다음세대 자손에게 물려주면, 조상의 유전자를 통해 생존 정보를 상속받은 후손은 그것을 자신의 생존이 유리하도록 사용하는 알고리즘을 가지고 있는 것이다. 이런 인간에게 공간의 의미는, 생존 환경이라는 절대성에 적응하면서 그것을 수동적으로 사용해야 하는 것이었다. 이러한 생물학적 공간감성은 건축행위를 통해 자신의 생존공간을 직접 만들 수 있게 된 후에도 '공간을 바꿀 수 없다' 는 인식으로 머물게 되어, 사용자인 인간의 의지를 능동적으로 반영해 변화가 가능한 대상으로서의 공간이 아닌, 사용자가 수동적으로 적응해야 하는 정지된 공간 구조 패러다임으로 머물러 왔다.

유전자에 기록된 공간정보에 따라, 자신의 감성과 가장 일치하는 공간을

디지털, 유비쿼터스 공간 사용하는 인간은 '공간은 자신의 의지로 바꿀 수 없다' 라는 절대성의 의식에 머물게 된다. 이러한 의식은 데카르트의 공간 좌표체계인 절대 공간으로 표현되어, 공간은 극히 정량적이며, 공간의 관계는 상실되고 절대좌표를 기준으로 분절한 공간량을 더하거나 빼는 결정론적 연산구조를 지니게 되었다. 절대공간의 선형 구조적 공간 인식은, 공간을 다루는 건축분야에서 특히 지속적으로 유지되어 건축의 지향점이 공간의 모습을 찾는 것이 아니라 공간의 기하학적 분절과 조합으로 향하게 되었다.

그러나 조금 더 깊게 현실공간을 들여다보면 물리적 공간이란 상대성의 거시세계와 고전물리학의 직관적 현실세계 그리고 양자역학의 미세세계와 혼돈의 복잡계가 하나로 뒤엉켜 존재하는 영역이다. 리만공간은 초공간의 존재 가능성과 장으로서의 공간이 휘어질 수 있음을 증명했고 마침내 상대성 세계에서 공간은 더 이상 평평하지도 않으며 시간이 공간의 한 차원이고, 질량은 시간과 공간을 휘게 만들고 공간이 휘어지면 시간 역시 그것에 동기화되어 같이 휘어져버린다. 또한 양자역학은 공간이 짙은 안개가 가득한 새벽 거리처럼 탁하고 무거우며 쉼 없이 끊어지고 다시 연결되는 것이라고 말한다. 인간의 인식을 담고 있어 가장 익숙한 공간인 현실공간은 우리의 직관에서 잠시만 벗어나면 상상할 수 없을 만큼 복잡하고 혼란스럽다.

유비쿼터스 컴퓨팅(Ubiquitous Computing)은 물리적 공간과 결합한 디지털 정보 차원으로서의 공간을 새로운 건축공간의 구조로 제시한다. 유비쿼터스 환경에서 물리적 공간은 디지털 차원과 결합하여 가역적 시간차원으로 확장되는 시공간이 되어 탈기하화 된다. 디지털 지능을 유비쿼터스 컴퓨팅과 결합시켜 물리적 공간을 지능화해, 단위 공간이 기하학적 공간 조각에서 물리적 속성인 질량과 인력을 발생시키는 객체로 변화한다.

디지털 컴퓨팅이 지능의 확장을 이루었다면, 유비쿼터스 컴퓨팅은 공간지각의 확장을 이루게 해, 유전자의 기억 속에 기록되어 있는 감성 공간 정보와 일치하는 공간 제공과 서비스를 가능하게 한다. 유비쿼터스 환경에서 공간은, 공간정보를 감지하는 눈과 그 정보를 인지하는 기관인 두뇌가 공간좌표상의 동일장소에 위치한 단일 시점이 아닌, 다시점(多視點) 시각정보를 처리할 수 있는 디지털 지능을 통해 얻어진다. 무한히 많은 눈과 귀, 그리고 오감을 넘어서는 다양한 감각기를 가진 무한지능의 생명체가 살고 있고, 그런 무한공간을 서비스 받을 수 있는 공간이 유비쿼터스 환경이다.

2. 연대표 Ⅰ

BIGBANG
지구의탄생
생명의시작
파충류
포유류
영장류
호모 하빌리스
호모사피엔스사
$-2*10^{10}$
-10^{9}
-10^{8}
$-3*10^{7}$
-10^{7}
$-3*10^{6}$
-10^{6}
$-3*10^{5}$
10^{5}
$-3*10^{4}$
홍적세 5번의 빙하기와 간빙기를 겪으면서 현생인류의 특징이 만들어진 시기. 불에 대한 호감은 빙하기를 극복하기 위해 발생한 마음의 모듈이다
충적세 빙하
사회구조에
위한 심리감,
상대성이론
양자이론
복잡계
1900
1910
1920
1930
1940
1950
1960
2005
2010
2020
2030
2040
2050
Ubiquitous 공동주거
Ubiquitous 업무공간
초매스공간
DELOStower
La-Paris
Ecourban-S1
2042 GAIA Project
HyperGate SEOUL
Ecourban-H1
Ecourban-V1

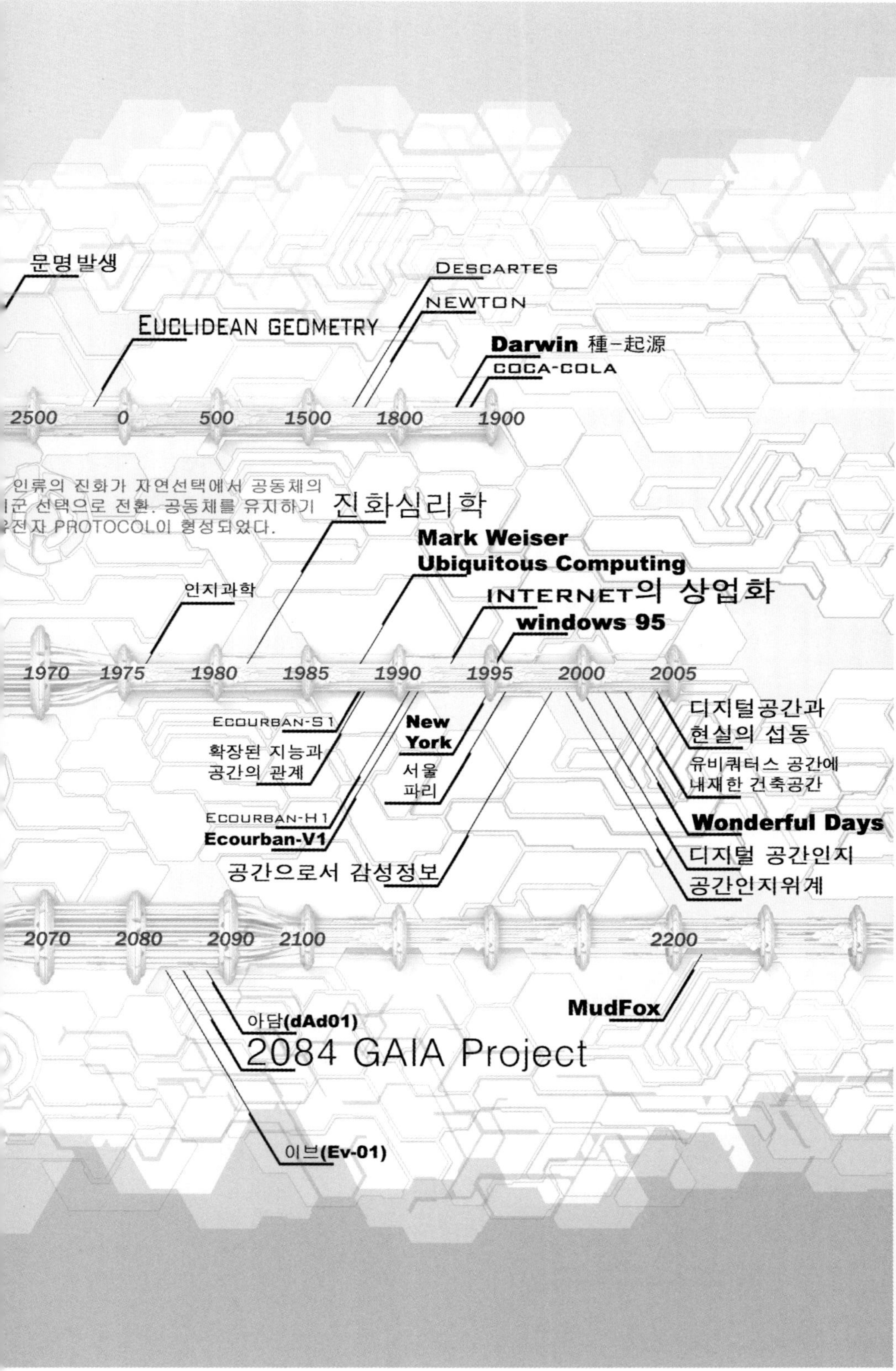

문명발생
EUCLIDEAN GEOMETRY
DESCARTES
NEWTON
Darwin 種-起源
COCA-COLA
2500
0
500
1500
1800
1900
인류의 진화가 자연선택에서 공동체의
군 선택으로 전환. 공동체를 유지하기
전자 PROTOCOL이 형성되었다.
진화심리학
Mark Weiser
Ubiquitous Computing
인지과학
INTERNET의 상업화
windows 95
1970
1975
1980
1985
1990
1995
2000
2005
ECOURBAN-S1
확장된 지능과
공간의 관계
ECOURBAN-H1
Ecourban-V1
New
York
서울
파리
공간으로서 감성정보
디지털공간과
현실의 섭동
유비쿼터스 공간에
내재한 건축공간
Wonderful Days
디지털 공간인지
공간인지위계
2070
2080
2090
2100
2200
아담(dAd01)
2084 GAIA Project
이브(Ev-01)
MudFox

3. 연대표 II

과거. . .

- 100~200억년 +10^{-2}초 빅뱅(BigBang) 프 랑 크 상수보다 작은 미시의 시공간을 다루는 양자적 시공간에서 시간과 공간 그리고 에너지는 확정된 값을 갖지 못하고 요동치는 것으로 표현된다. 양자적 공간에서 입자는 파동의 공간존재확률 함수로 표현되고, **공간에 분포하는 파동이 시공간상의 한 점에 더 많이 모일 수 있는 확률적 가능성으로 존재**하여 직관적 모형과 달리 안개처럼 그것이 존재할 수 있는 시공간에 확률적으로 나타난다. 양자 공간에서 나타나는 또 하나의 특성은 퍼텐셜을 가진, 장을 이동하는 입자가 자신의 운동 에너지보다 더 큰 위치에너지를 지니는 영역을 터널을 지나듯(Tunnel Effect) 빠져나가는 현상이다. **이들 두 양자적 현상은 시간도 공간도, 물질도 에너지도 0인 '무'의 상태에서 에너지의 벽(퍼텐셜 벽)을 뚫고서 유한한 길이를 가진 우주가 돌연히 태어날 수 있는 가능성을 시사한다.**

시간 0초 온도 ∞K

아무것도 없는 무에서 갑자기 공간의 크기가 10^{-43}인 우주가 무한히 높은 온도로 생겨났고, 급격하게 공간이 팽창하기 시작했다. 하지만 시간과 공간 그리고 입자와 에너지가 하나로 뒤엉켜있어 이 과정을 설명할 물리적 사고 모형이 존재하지 않는다.

10^{-34}초 10^{27}K

입자와 반입자가 충돌 쌍소멸과 생성을 반복하면서 10^{10} 개중 1개가 더 많았던 +입자가 물질로 남았고 쌍소멸 된 입자들은 배경복사 에너지로 팽창하는 우주 공간으로 흩어졌다. 입자사이의 충돌로 빠르게 팽창하고 있음에도 열평형 상태를 유지한다. 입자가 조밀하게 존재하므로 광자와 중성미자 사이의 충돌이 발생한다.

10^{-10}초 10^{25}K

쿼크는 강력에 의해 양성자와 중성자 같은 하드론으로 구속돼 사라졌다.

1초 10^{10}K

양성자와 중성자가 결합해 원자의 핵을 이뤘다. 수소 중수소 삼중수소 헬륨의 핵이 만들어졌지만 아직은 온도가 너무 높아 생성과 붕괴를 반복한다.

30만년 3000k

광자의 진행을 방해하는 전자가 원자에 묶여 광자를 통해 우주 공간을 볼 수 있게 되었다.

- 46억년 지구의 탄생　　태양보다 100배 이상 무거운 별들은 커다란 중력에 의해 더욱 격렬한 핵융합 반응을 지속해, 빠르게 수소와 헬륨을 소모하고 탄소 칼슘 철 등의 좀 더 무거운 원소를 생성시켰다. 그 결과 거대 항성은 우주 초기에 핵융합 에너지를 모두 소모하고 초신성을 일으켜, 이때 발생하는 충격파로 만들어진 더 무거운 원소들이 우주로 비산 되었고 더욱 더 무거운 별들은 블랙홀이 되어 숨은 질량으로 감추어졌다.

이러한 별의 파편들이 모이면 다른 조각을 끌어들이는 인력을 발생시키고 다시 더 큰 중력을 갖게 되는 되먹임이 반복 되면서 행성이 생성되는데, 그

속도는 직경 10Km인 물체가 지구크기가 되는데 대략 1억년이 걸린다.
지구의 공전 경로 안에 있던 대부분의 소행성을 흡수한 후 성장은 멈추었다. 지구 생성초기는 이러한 소행성 충돌에 의한 운동에너지들이 열로 저장돼 높은 온도를 유지했으나 암석으로부터 기화된 여러 기체와 수증기의 응축과정을 거치면서 지표와 대기의 기온이 내려가기 시작했다.

- 35억년 생명의 시작 진흙입자의 다양한 물리 화학적 성질은 유기물을 콜로이드 상태로 모으고 막을 형성해 선택적 투과가 가능한 간단한 열린계인 마이크로 스피어를 형성했다. 이들은 서로 분리 흡수 분열을 반복하면서 원시 세포로 진화했다. 열린계로서 자신을 복제할 수 있는 객체로 처음 출현한 생명은 RNA라는, 생명정보의 기록 그리고 그 기록의 수정과 정보의 전달 수단을 가지고 있었다. 그리고 후일 이들은 좀 더 안정되고 용량이 크며 정확한 그리고, 여분의 정보 저장 시공간을 진화에 사용할 수 있는 정보 DNA를 가지게 된다.

- 2억9000만년 파충류의 출현 고생대말 석탄기에 출현한 파충류는 폐와 네 개의 다리를 가지고 있고 비늘을과 갑으로 몸을 덮어 지상의 건조한 환경에 견딜 수 있고 폐호흡이 가능하고 체내 수정을 해, 지상을 생존의 장으로 사용할 수 있는 가능성을 열었다. 공간정보를 지각(知覺) 단계까지만 이해해, 작은 두뇌와 변온 신체를 가진 파충류는 에너지 소비가 낮아, 아주 작은 양의 먹이로도 생존할 수 있다.
후일 이들이 지표공간에 적응하면서 원시적인 털과 보행에 적합한
관절구조의 사지를 가지게 되고, 공룡과 포유류 그리고 조류가 진화하게 된다. 영장류의 후손으로서 인류가 가지고 있는 생물학적 특징들이 파충류

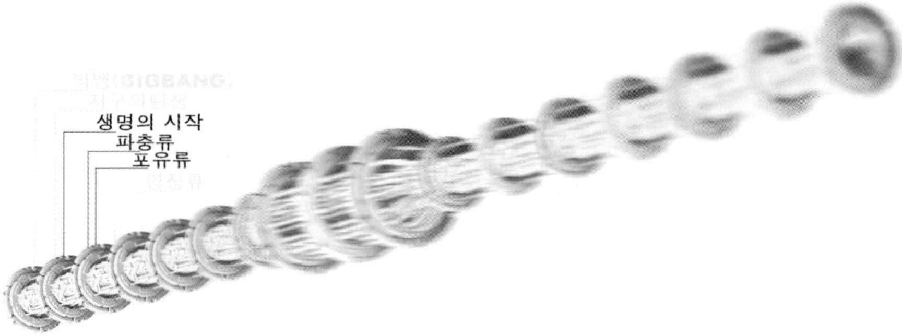

로부터 시작된다.

- 1억 8천만년 포유류의 등장 중생대 트라이아스기말, 약 1억8천5백만 년 전 파충류로부터 포유류와 원시 공룡이 분화되었다. 포유류는 수궁류(獸弓類)에서 진화했는데, 사지만으로 땅을 짚어 이동하고, 2차 구개가 형성돼 숨을 쉬면서 먹이를 먹을 수 있고, 이빨도 송곳니와 어금니가 분화되었다. 6500만 년 전 신생대 백악기말 운석의 충돌로 공룡이 멸종할 때 까지 포유류는 공룡과 지표면을 공유해야 했다. R-변연계[1]를 생존 프로그램으로 장착한 강력한 포식자인 공룡과 지표면을 공유하면서, 그들의 위협에서 살아남기 위해 포유류가 택한 생존 전략은 공룡과 다른 생존 시공간을 사용하는 것이었다. 첫 번째 방법은, 파충류로부터 진화한 공룡이 아직 변온 습성을 가지고 있어, 체온이 떨어지는 밤 시간 동안은 운동 근육을 사용할 수 없었으므로 야행성으로 생존 방식을 바꿔 생존공간을 옮기는 것이고, 두 번째는 자신을 공룡의 인지 범위 밖의 종으로 만드는 것인데 공룡의 먹잇감이 되지 못할 만큼 작은 신체크기를 유지하는 것이다.

포유류가 밤의 시공간을 생존의 장으로 택함으로써 포식자인 공룡의 공격

1) 파충류를 나타내는 Reptilian의 약자인 R-복합체는 두뇌의 진화 초기 단계로 심장 박동, 호흡과 공격 본능 등의 생존 알고리즘을 관장 하는 영역.

은 다소 완화되었지만 기온이 낮은 시공간에서 시각 정보의 대부분을 포기한 채로 생존에 필요한 정보를 주변 환경에서 얻는 것이 용이하지만은 않았다. 포유류는 우선 운동성을 보장하는 체온을 외부 환경의 변화와 상관없이 유지할 수 있는 정온 동물로 몸의 구조를 바꾸었다. 물론 이러한 신체 구조의 변화는 대사량을 증대시켜 에너지의 소모가 훨씬 많아졌지만 선택의 여지가 없는 포유류는, 피부를 털로 감싸 외기의 영향을 덜 받게 하고 더 많은 에너지를 섭취하는 방법을 택했다.

포식자와 격리된 시공간을 생존의 영역으로 사용하기 위해 시각 정보의 대부분을 포기한 포유류는 청각과 후각 정보에 의존해 생존 환경의 공간 정보를 지각해야했다. 하지만 청각과 후각을 통해 얻을 수 있는 공간 정보는 시각과 매우 달라, 청각 정보는 시각에 비해 필요한 공간 정보의 취사선택이 제한되어 있고, 냄새로 전달되는 공간 정보는 공간의 형태를 제공하는 것이 아니라 단지 공간에서 일어난 사건의 단서를 줄 뿐이었다. 포유류의 이동 경로에서 발견된 먹이의 냄새는, 먹이의 모습이 아니라 시간 축을 따라 이동한 먹이의 경로를 알려줄 뿐이다.

후각과 청각이 주는 제한된 공간 정보는 포유류에게 새로운 생존 전략을 선택하게 하는데, 두뇌의 공간 정보 저장 용량을 증가 시켜, 낮에 본 생존 공간의 시각 정보를 기억에 투영해 시각정보가 차단된 밤 시간에 청각 그리고 후각의 공간정보와 대조하는 것이다. 이 전략은 대단히 복잡한 연산과 정보의 저장능력을 지닌 하드웨어와 소프트웨어의 개발을 필요로 한다. 하드웨어는 두뇌 변연계[2]를 발달시킴으로써 기억 용량을 획기적으로 증대 시키고 빠른 연산이 가능하게 되었고, 동시에 그것을 효율적으로 사용하는 소프트웨어인 "마음의 모듈" 을 도입했다. 컴퓨터 프로그램의 객체 지향성을 닮은 "마음의 모듈" 은 현 세대의 최적화되지 못한 생존 프로그램의

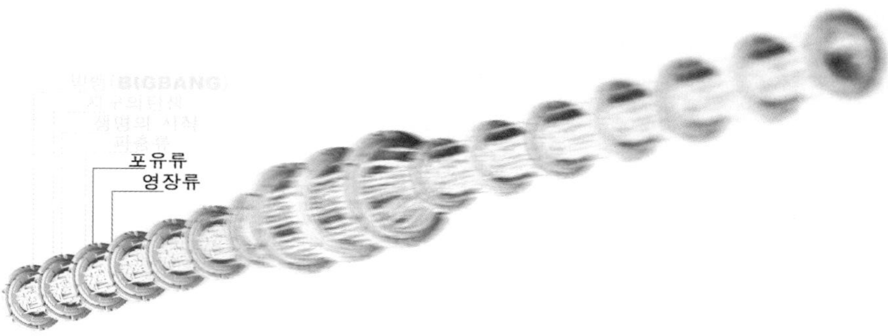

일부를 쉽게 수정할 수 있어 자손이 부모보다 더 섬세하게 생존 환경을 이해할 수 있는 능력을 가질 가능성을 높였다.
비록 공룡과 분리된 시공간의 생태적 지위(生態的 地位; niche)를 통해 생존을 모색한 전략이 부분적으로 성공하여, 심상(心象)으로 저장한 공간 정보를 이용해 어두운 공간을 기억을 통해 볼 수 있게 되었지만, 그러나 공룡은 아직도 강력한 전투력을 지닌 포식자들이었으므로 포유류가 차지할 수 있는 시공간은 제한적이어서 여전히 작은 설치류로 남아 있어야 했다.

- 6000만년 영장류 6000만년전 거대 유성의 충돌로 지구를 지배하던 공룡이 멸종했다. 대기권을 뒤덮은 먼지들이 기온을 떨어뜨리자 밤의 시공간을 생존의 영역으로 삼고 있던 포유류가 생태적 지위의 최단을 차지하는 종으로 나타났다. 최초 영장류의 출현은 -6천만년, 이로부터 인류와 성성이, 그리고 침팬지의 분리는 -7백만년, 인류의 먼 조상이며 직립 보행을 시작한 오스트랄로피테쿠스가 5백만년 전에 출현했다.

2) 변연계: 대뇌피질 밑에는 감정, 본능적 충동 등을 다스리는 보다 원시적이며 본능적인, 이른바 동물적 이라고 할 수 있는 뇌가 있는데 이를 대뇌 변연계라고 부른다. 브로카는 정동 및 후뇌의 연 구를 하면서 모든 포유류의 뇌 속에는 뇌간을 둘러싸는 공통의 구조가 있다는 것을 알고 대뇌 변연계로 총괄하였다. 해부학적으로 대뇌 변연계는 뇌량하회, 대상회, 해마방회, 치상회, 해마, 편도체, 중격핵등이 포함된다. 일반적으로 변연계의 중요한 기능은 정서의 표현과 동기유발이고, 또한 학습, 기억 및 각성의 기능을 담당한다.

공룡의 멸종과 함께 출현한 영장류에게 다른 포유류와의 생존 경쟁은 공룡보다 위협적이었다. 여러 면에서 자신과 유사하지만 강력한 살상능력을 가진 이들 경쟁 포유류들과는 시공간의 분절을 통해 다른 생태적 지위를 얻을 수도 없었다. 영장류가 선택할 수 있는 방법은 다른 포유류보다 유리하게 진화된 앞발을 이용, 수상(樹上)으로 생존 영역을 옮기는 것이었다. 나무를 생존 공간으로 삼는 것은 다른 포식성 포유류의 공격에서 종을 보호하는데 대단히 유리한 조건이었다. 수직적 공간 분리는 다른 포식성 포유류의 공격을 막을 수 있는 충분한 공간 이격(離隔)이 되었고 이러한 생태적 지위는 "다른 포유류와의 생존 경쟁을 고려하지 않고, 단지 거주 공간에 적응"하는 진화전략을 이끌어 냈다.

수상 공간이 영장류에게 독점적 생태 지위를 제공한 반면, 지금까지 야행성 설치류로서 가진 생존 습관과는 다른, 풍부한 광량을 가진 공간을 섬세하게 이해하는 시지각이 요구 되었다. 복잡한 나뭇가지 사이를 날아 갈 듯 이동하기위해서는 이동 경로위에 놓인 장애물의 위치를 정확하게 파악하고 그것의 방해를 피해 다음 위치를 예측할 수 있는 능력이 매우 중요하다. 영장류가 새로운 환경에 적응하기 위해서 택한 진화는 야행성 포유류의 생존 습성인 후각과 청각을 포기하여, 공간 정보를 분석하는 뇌의 부담을 덜어주는 대신 좀 더 섬세한 시지각을 얻는 것이었다.

영장류의 시각기는 정보처리에 필요한 연산 부하를 줄이기 위해 여러 단계의 위계를 가지고 있다. 영장류의 눈은 중심와 근처에서 가장 높은 해상도의 선명한 상이 맺히는데 이는 중심과 근처에 원추세포가 몰려 있기 때문이다. 또한 망막의 주변부는 비교적 시신경의 분포가 낮아 선명한 영상을 얻지 못하는 대신 움직임에 예민하게 반응해서 주변을 폭넓게 감시해 포식자의 접근을 감지하고, 안면(安眠) 중앙으로 몰린 두 눈의 위상차를 이용해

공간의 깊이를 비교적 정확하게 지각 할 수 있게 되었다. 이러한 시지각은 두 눈의 위치차이에 의해 얻어지는 화상 정보의 위상차를 합성해 깊이 정보를 읽어 내야하는 과정이 첨가 되었으므로 연산 능력이 증가한 빠른 신경절의 확보와 더불어, 정보 처리 모델을 필요로 한다. 이러한 변화는 두뇌 용량의 증가로 인한 더 많은 에너지의 소비를 요구 하는데 나뭇잎에 비해 영양이 풍부한 과일과 곤충을 먹이로 선택함으로써 소화기관의 증대 없이 이 문제를 해결할 수 있었다.

- 200만년 호모하빌리스(Home habilis) 200만년 전 뇌 용량이 7백50mL로 확대되고, 도구를 사용할 수 있었던 호모하빌리스와 호모에렉투스가 아프리카 초원에 출현했다. 약 50만년 동안의 경쟁에서 호모에렉투스가 승리했는데, 이후 이들은 아프리카로부터 유럽과 아시아 지역으로 이주하기 시작했다. 50만년 전 마침내 인류의 직접 조상인 호모 사피엔스가 나타났고 10만년전 아프리카를 떠난 이들이 우리의 조상 호모사피엔스사피엔스이다.

1600만년 전 히말라야 산맥의 융기로 강우량이 감소하자 아프리카의 삼림이 사라지기 시작했다. 숲이 사라지자 진화는 영장류에게 수상생활을 포기하고 황량한 초원을 생존 공간으로 선택하도록 강요했다. 많은 영장류 종들이 환경 변화에 적응하지 못하고 멸종했을 것이고, 적응에 성공한 몇몇 돌연변이종들은 나무에서 내려와 지면에 곧추서며 초원을 새로운 생존 장소로 받아들였을 것이다.

초원이 가지고 있는 생태 공간의 위상적 양상은 수상(樹上) 공간의 그것과는 비교도 되지 않을 만큼 복잡한 것이었다. 영장류가 지면에서 격리된 Niche인 나무 위 공간에서 시지각을 발달시키면서 수상 생물로 진화하고 있는 동안 지표에는 단단한 어금니와 발톱을 가진 포식성 포유류들이 등장해, 그들이 수상 공간으로 떠나기 전 보다 한층 강력해져서 초원을 지배하고 있었다. 초원에서, 청각과 후각을 포기하면서 진화시킨 시지각은 생존을 위해 아무런 도움이 되지 못했다. 지극히 평면적 공간인 플라이오세 중기 아프리카의 초원은 영장류의 경로 앞에 그들의 이동을 방해할 장애물을 두지 않았고 나무 위와 같이 수직 경로를 통해 공간을 이동할 필요도 없었다. 포식자들로부터의 생존 기술을 충분히 확보하고 있던 초식 동물과 달리 극도로 시각(視覺)에 의존하는 공간지각과 지표면을 이동하기에 불리한 운동기관을 지닌 영장류가 선택할 수 있는 적응 방법은 신체적 구조를 변화시키는 것보다, 마음의 모듈을 바꿔 그들의 행동 양식을 적응시키는 것이었다.

아직 생존환경정보를 시지각에 의존하는 습성을 지닌 유인원에게 밤은 가장 포식자의 공격에 취약한 시간이다. 어두움 속에서 포식자에게 노출된다면, 유인원은 그것을 탐지해낼 감각기와 방어 수단을 가지고 있지 못하므로, 포식자에게 손쉬운 먹잇감이 되었다. 유인원은 생존을 위해 몇 가지 마음의 모듈을 변화시키는데, 밤에 대한 두려움 모듈을 두뇌에 삽입하는 것과 자신을 보호할 수 있는 엄폐된 공간에 대한 호감, 그리고 개체군 사이의 정보 전달밀도를 증가시켜 위험에 동시에 대처하는 것이다.

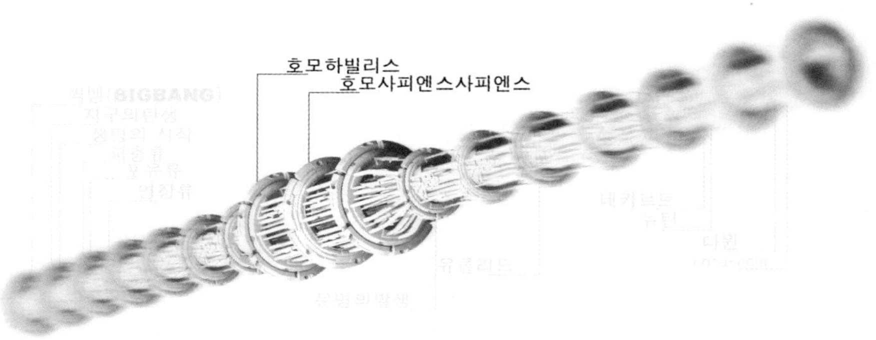

해가 서산으로 넘어가는 시간이면 유인원들은 원인을 알 수 없는 귀소 불안에 빠지는데, 가장 익숙한 장소인 동굴 혹은 집으로 돌아가고 싶은 감성적 변화가 일어나고 때론 불안감으로 번진다. 마지막 석양이 제공하는 공간 정보의 자락을 잡고 포식자의 공격을 피해 시간 안에 자신의 거주지(가장 안전하게 개체를 보호해줄 수 있는 쉘터)로 돌아가려는 본능은 종(種)을 지키기 위해 그들이 선택한 방어 전략 즉 마음의 모듈이다. 해가 지면 어둠 속에서 공포감이 밀려 올 것을 경험으로 알고 있는데 그것은 **어둠 너머에 있을 포식자의 존재에 대한 확률적 대응**이다.(도시의 현대인들도 밤늦은 시간 익숙하지 않은 공간을 지날 때면 알 수 없는 공포가 따라오고 있는 것 같아 뒤를 돌아보곤 한다. 인간이 문명을 만들고 포식자의 공격위험이 없어진 이후에도 계속되어 나타나는 이런 알 수 없는 두려움을 설명하는 아이콘으로 귀신이나 유령등 비실체적 존재를 삽입하는데 사실은 공간 정보를 얻을 수 없는 밤에 대한 생존 전략의 하나로 디자인한 마음의 모듈 중에 하나이다.) 이런 방식으로, 자신을 포식자의 공격에서 보호해 줄 수 있는 적당히 막힌 작은 공간에 대한 호감 즉, 아늑함의 감정이나 개체군에서 개체사이의 감성적 교감도 설명할 수 있다. 오염되지 않는 맑은 물에 대해 느끼는 호감이나 여섯 번의 빙하기를 겪으면서 생긴 불에 대한 친근감, 홍적세적 조망(Landscape)인 사바나 환경에 대한 향수 역시 이러한 진화과정에서 발생한 감성들이다.

-40000년 호모사피엔스사피엔스 "자연선택"으로 유전 정보를 자손에게 전달했던 영장류 이전의 조상들과 달리 최초의 인간 속(屬)이며, 현생 인류에게 홍적세적 특성을 남겨준 호모하빌리스는, 밀접한 40개체 군집을 형성하면서 "성 선택"으로 자신의 유전자를 후손에게 전하기 시작한다.
뇌 용량이 750ml로 늘어난 호모 하빌리스의 암컷에게 다른 포유류들과 같이, 성체의 1/2인 유아의 두뇌를 담은 두개골이 산도를 지나는 것은 불가능하다. 하지만 개체군 형성에 필요한 정보를 기억하고 분석할 커다란 두뇌가 필요했던 호모하빌리스는 유태보존을 생존 전략으로 선택했다. 즉 성체의 반이 안 되는 미성숙 지능과 신체를 가진 자손을 미리 낳아 자궁 밖에서 양육하는 것이다. 이런 진화 전략은 자손을 양육하는 동안 거의 무력해지는 암컷이 가족에게 헌신할 수 있는 배우자를 선호하는 마음의 모듈을 가짐으로써 가능해 졌다.
홍적세 말에 나타나 충적세를 산 호모사피엔스사피엔스는 그들의 조상과는 다른 "개체군 선택"을 통해 자신의 유전자를 자손에게 물려줬다. 개체군의 규모가 200명으로 급격히 늘어나고 섬세한 정보 전달 장치인 구강 언어를 지녀 가장 강력한 포식 초개체(정교한 사회 조직을 가진 개미와 같이 집단이 하나의 개체처럼 행동하는 개체군)를 형성한 호모사피엔스사피엔스에게 생존의 공간은 과거의 포식자가 살고 있는 자연 환경이 아니라 공동체를 구성하고 있는 개체들 사이의 사회적 구조인 마음의 공간이었다.
양심의 모듈을 개발해 자신이 곤경에 처했을 때 받은 이웃의 호혜를 반드시 되돌려 주는 신뢰감은 또 다시 자신을 곤경에 처하게 할 수 있는 공동체 안과 밖의 위험에 대한 대비이고 이러한 준비는 개체군에서 개체의 생존 가능

성을 극적으로 증대시켰다. 받은 것을 되돌려 주기위해, 그리고 받은 혜택을 되돌려주는 이웃을 기억해하기 위해 뇌의 후두엽이 팽창하고, 이 이웃의 행동에서 진실과 거짓을 구분하기 위해 전두엽이 발달했다. 다른 신체 기관에 비해 20배 이상의 에너지를 소모하는 기관인 뇌의 확장은 생존에 커다란 부담으로 작용했지만, 잡식성으로의 전환과 공동체 구조가 제공하는 안정된 먹이의 공급은 커다란 두뇌가 주는 생물학적 부담을 뛰어넘게 했다.

- 10000년 문명의 발생 씨족 공동체가 유전자형(Genotype)이 공동체로 발현한 확장된 표현형(Extended Phenotype)이라면 부족 공동체는 유전자가 발현할 수 있는 표현형(Phenotype)의 한계를 넘어, 자신의 기억 혹은 사회적 기억으로서 Meam 정보가 발현한 공동체적 표현형이다. 수궁류의 트라이아스기에서 홍적세를 지나는 동안, 위험에 대처하는 방법은 그것이 확률적이든 사회구조를 형성한 협업이든, 군집 혹은 공동체를 구성하는 것이고, 이를 위해 사용할 수 있는 네트워크는 자신의 유전자에 담겨있는 정보교환용 통신규약(Protocol)을 활용하는 것이었다. 인간의 조상들 역시 진화를 통해 그 통신규약을 더 섬세하게 다듬고 정보전달 채널을 브로드밴드화하는 방법으로, 개체군의 규모가 호모하빌리스의 40명에서 호모사피엔스의 150명에

이르렀듯이, 유전자의 확장된 표현형으로 개체군의 규모를 늘려왔다.
하지만 충적세 동안 보여준, 개체군 규모의 증가에 사용한 방식은, 유전자의 확장된 표현형으로써의 네트워크의 구조와는 다르다. 호모사피엔스사피엔스의 유전자가 두뇌에 발현할 수 있는 즉, 이웃의 신상 정보를 기억하여 그들이 잠재적으로 형성할 수 있는 공동체의 사회구조를 이해하고, 그 안에서 생존할 수 있는 개체군 네트워크의 규모는 200명이다. 이를 넘어서는 구성원이 수천을 넘는 부족의 공동체를 형성하기 위해서는 유전자의 기억과 두뇌의 기억 그리고 Meam으로서의 사회적 지능 혹은 집단의 기억이 함께 사용되는 네트워크의 구조를 만들기 시작해야 했다.
씨족 사회가 인간을 자연환경에서의 위협에서 벗어나게 했다면, 부족 사회를 구성하면서 인간은 그 자연환경을 자신의 의지로 변화시킬 수 있게 되었다. 주거공간의 제작이나, 포식자를 포함한 적에 대한 방어 목책 설치, 농경에 필요한 치수를 위한 관계시설의 건설 등은 그들이 생존해온 공간인 생태계로부터 떠나 개체군 공간으로 생존의 장을 옮기게 했다.
개체군으로 생존의 장을 옮긴 것은 문명의 태동에 커다란 의미를 지닌다. 씨족과 달리 자신의 역할이 분업화되는 부족에서는 사회적 두뇌라 부를 수 있는 지식의 결합이 Meam의 기억을 벗어나 기호 혹은 문자 기록으로 나타나기 시작한다. 분화된 개체의 경험이 다음세대로 전달되면서 보존되고 발전하며 이것이 사회적 네트워크를 통해 하나의 지능으로 통합되는 것이다. 이러한 분화와 통합의 과정은 개체의 사고가 집단 전체의 지식으로 확대 재생산되는 결과를 자연스럽게 낳는다.

BC 4세기 유클리드 기하학 기하 공간의 시작 "점은 부분이 없다"라는 첫 번째 정의로 시작하는 기하학원본은 사고를 쪼개어질 수 없는 최소단위

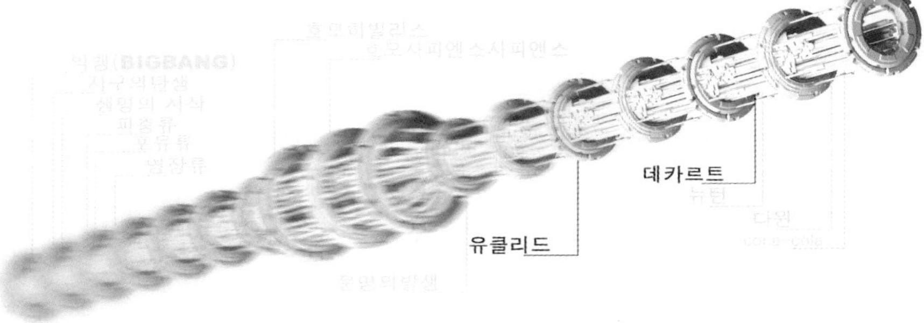

까지 분해하고, 분해된 사고의 조각들을 재구성하여 즉, 종합해서 사고를 전개하는 연역적 방법을 과학에 도입하였다. 23개의 정의와 "두 점을 잇는 직선은 유일하다" 등의 5개의 공준과 "점은 위치를 가지고 있지만 면적이 없다" 등의 공리 명제가 13개의 양피지 두루마리에 기록된 기하학원본은 오랜 시간 인간의 공간인식의 사고 모형이 되었다.

피타고라스 정리를 메트릭(Metric)으로 사용하는 유클리드 공간은 순서를 가지는 n개의 실수의 쌍(x1,x2,⋯,xn)을 점(點)이라 하고, 두 점 (x1,x2,⋯,xn), (y1,y2,⋯,yn) 간의 거리가 식 $\sqrt{(x_1-y_1)^2+(x_2-y_2)^2+\cdots+(x_n-y_n)^2}$ 를 만족하는 공간이다. (네이버 백과사전 참고)

위 정의에서 유클리드 공간은 곡률이 없는 평평한 공간으로 나타난다. 따라서 유클리드 공간에서 표현되는 도형은 3차원 보다 적은 정수 차원의 직교하는 공간구조를 가진다.

다양한 비유클리드 기하 체계가 나온 오늘날에도, 곡률이 없는 절대공간으로 세상을 설명하는 유클리드기하 사고모형이 현실공간의 직관적 이해와 비교적 잘 부합해 다양한 분야에서 공간을 표현하기위한 사고모형으로 사용되고 있다.

16세기 데카르트 동력학적 공간좌표계 데카르트 공간은 피타고라스의 정리($a^2+b^2=c^2$)에서 출발한 공간 측정체계(Metric)를 사용하는 유클리드 공간을 상속했지만, 공간의 모든 양이 방향과 위치를 가지고 있다는 점에서 유클리드 공간과 다르다. 좌표 개념의 발생은 도형을 담기 위한 공간에서 공간에 담겨있는 대상으로 도형을 보게 되어, 공간자체가 가진 구조에 더 큰 의미를 부여하게 된다. 좌표계를 사고모형으로 사용하는 공간에서 공간은 단위 유닛으로 표현되는 셀(셀의 크기는 0으로 수렴)들의 집합이고 이 셀들의 위치는 x,y,z 3개의 좌표 값으로 표현할 수 있다. 이러한 공간에서 도형은 이들 셀들의 위치 값을 꼭지점 등과 같이 도형의 속성을 결정 짓는 Node에 대응시켜 표현할 수 있다.

고정된 공간 형상에 대한 담론인 유클리드 기하학이 공간을 기술하는 유일한 사고모형이던 16세기에는 좌표개념의 등장과 더불어 움직임을 가진 무역선들의 항해(沆瀣) 즉, 동력학적 공간을 수용할 수 있는 사고모형이 필요했던 시기이다. 그래서 데카르트 공간 좌표계위에 대수학을 결합시킨 해석기하학을 도입하여 x, y에서 출발해 속도가 S인 원소가 T시간이 흐른 뒤 위치 xt, yt를 예측할 수 있도록 움직임을 수용하는 즉, 시간에 따른 공간의 변화량을 표현할 수 있는 기하공간을 마련하면서 새로운 공간의 필요를 해결하였다. 이로써 기하학에 변화량의 개념을 수용할 수 있는 장이 첨가된 것이다.

17세기 뉴튼 절대공간 제 1법칙 "힘이 가해지지 않는 질량은 등속운동을 한다." 제 2법칙 "힘이 가해지면 질량은 힘의 방향으로 그 크기에 비례하는 가속도를 갖는다." 제 3법칙 " 질량 A가 질량 B에 힘을 가하면 A는 반대방향으로 같은 양의 힘을 받는다."로 기술되는 뉴튼의 역학은 근대 물

리학의 기초가 되었다.

뉴튼은 자신의 운동방정식을 전개하기 위해, 절대 기준을 가지고 있고 그 기준에 대해 정지해 있는 관성계로 공간을 보았다. 공간자체가 모든 운동(변화량)의 절대적 기준이 되는 절대공간에서 공간의 개념은 물리적 법칙이 범 공간적으로 적용될 수 있는 기준계로 정의된다. 뉴튼의 절대 공간은 무한히 뻗어있는 직선의 그리드가 그려져 있는 공간으로 상상할 수 있는데 점 A의 그리드가 1단위 유닛의 거리를 가지면 다른 모든 그리드는 동일한 단위 유닛의 거리를 갖는다. 물론 여기서 그리드는 공간과 시간 그리고 그것으로부터 유도되는 운동방정식 등의 모두를 포함한다. 또한 뉴튼은 공간좌표상의 공간적 접촉이 없는 두 개체 사이의 원격적 공간작용을 좌표위에 기술할 수 있는 틀을 만들었다. 질량 A는 $F=GMm/R^2$의 힘이 발생하고, 그 힘은 공간좌표상의 이격거리위에 장의 형태로 표현된다.

19세기 다윈 진화론 인류가 가진 사고모형들 중 가장 많은 찬사와 비난을 동시에 받는다. "부모의 형질이 자손에게 전달되고 이 과정에 변이가 일어나며 새로운 형질은 자연선택에 의해 생존환경에 최적화된 유전자형이 자손에게 남는다."로 표현되는 다윈의 진화론은 상대성이론 보다 간결하고 양자역학보다 더 넓게 적용되는 가장 아름다운 방정식이다.
오랜 진화의 시간동안 부모 세대가 생존환경의 선택에 의해 그곳에 적응하면서 획득한 형질이 자손의 유전자에 저장되어 표현된다. 이러한 유전자형은 부모세대가 살아온 기록을 간직하고 있고 근래에 태동한 진화 심리학은 유전정보의 심성적 표현형을 연구하는 분야이다.

19세기 코카콜라 **세상이 나에게 준 한모금의 행복.**

현재. . .
데카르트 공간 좌표계와 뉴튼 역학이 지배하는 절대공간의 고전 물리계, 시간과 공간이 하나의 차원으로 결합해 무한의 곡률로 확장, 수축되는 상대성 시공간, 공간의 존재가 확률로 결정되는 불연속 시공간의 양자장, 시공간이 적분돼 하나가 동시에 여러 개로 존재하는 초공간, 系안에 존재하는 객체의 상호 간섭에 의해 발생하는 현상의 구조를 다루는 카오스 공간 등 다양한 공간 패러다임(사고모형)이 우리가 사는 세상의 모습을 설명하려 한다.

아인슈타인 상대성 공간 절대적 시공간과 상대공간, 상대시간
우리가 살고 있는 세상은 빛의 속도가 절대기준인, 시간과 공간차원이 등가인 절대 시공간이다. 절대 시공간 좌표에서 공간 속도의 증가는 시간 속도의 감소를 의미한다. 즉 어떤 질량의 운동 속도가 빛의 속도에 가까워질수록 그 질량의 시간속도는 느려진다. 하지만 이러한 절대 시공간의 구조가 읽혀지지 않는 것, 즉 실세계의 직관으로 시간을 공간과 하나의 차원인 시공간으로 연결 짓지 못하는 것은 빛의 속도를 기준으로 한 절대시공간

좌표계의 시간과 공간축의 편향성이 나타나기에는 현실 공간의 대상들이 가지는 운동속도(공간적 변화량)가 빛의 속도에 비해 너무 작기 때문이다. 상대성 공간으로 오면 공간과 시간은, 뉴튼의 역학을 기술하기 위해 설정했던 보편적 절대량이 되지 못하고, 절대 기준으로서 빛의 속도와 그것에 대해 상대적인 공간과 시간에게 공간의 구조를 넘겨주게 된다. 공간은 절대 공간의 보편성을 잃고 지극히 한정된 영역을 기술하는 언어가 된다.
상대공간은 데카르트 공간 좌표의 공간의 구조를 뛰어넘어 리만공간위에 역학적 현상을 기학학적 형상으로 투영한 공간좌표를 제시하므로써, 집합으로서 공간에 존재하는 원소의 변화량을 표현하는 공간의 모습에서 공간 자신이 역학적 변화량으로 표현될 수 있는 공간 좌표를 보여준 것이다.

양자 공간 통계역학 연속적 시공간의 개념은 양자공간이 나타나면서 깨어졌다. 비록 상대성의 공간 곡률개념은 평평한 공간의 개념을 여지없이 휘어버렸지만 상대성 공간이 보는 자신은 여전히 매끄럽고 연속적이며 예측 가능한 공간이었다. 하지만 양자 공간의 출현은 공간이 비연속적 확률로 존재하며 시간은 토막토막 끊어져 매끄럽지도 않으며 양방향성을 가질 수 있음을 시사한다.
뉴튼의 고전물리학과 상대성 이론이 바라보는 공간의 사고모형(Paradigm)은 공간을 구성하는 조각들(공간을 계속 쪼개었을 때의 가장 작은 조각. 성질을 잃지 않고 무한히

쪼개어질 수 있어 크기가 없는 0으로 수렴하는 조각)이 0으로 수렴하면서 예측가능하고 매끄러운 것이다. 따라서 매끄러운 공간좌표를 따라 변화하는 질량과 질량의 궤적 역시 하나의 방정식으로 표현할 수 있는 선형 구조의 모습을 가지고 있었다.

하지만 양자공간의 등장으로 프랑크상수이하의 매우 작은 공간에서, 공간은 지극히 비연속적이며 예측 불가능한, 더 이상 쪼개어질 수 없는 거친 조각들로 이루어져 있음을 보여준다. 입자는 높은 주위의 에너지 경계를 뛰어넘어 경계 밖으로 빠져나가 버리고, 어느 순간 다시 제자리로 공간 확률이 되어 돌아온다.

복잡성 비선형동력계 　　　집합은 원소의 총합보다 더 크다

푸앵카레는 삼체운동[3)]의 해를 선형구조의 뉴튼 방정식으로 구할 경우 무한히 많은 항이 발생해 종속변수의 되먹임을 고려하는 섭동이론을 사용해 비선형 방정식으로 풀어야 했다. 이 과정에서 경로 예측을 불가능하게 하는 혼돈의 발생 원인이 되는 결정론 계에서 초기 조건의 민감성을 알게 되었다. 선형 동력학계에서는 독립변수가 3개가 넘으면 삼체운동의 섭동과 독립변수 사이에 발생하는 간섭에 의해 방정식의 해를 구하는 것이 불가능해진다. 뉴튼이래, 선형적 결정론이 지배하던 세계관은 푸앵카레의 3체 문제의 해를 통해 붕괴되기 시작했다. 하지만 푸앵카레 비선형적 세계는 그 모습을 인간의 지능이 연산해 낼 수 없다는 한계에 의해 디지털 지능이 나타나기까지 오랜 시간을 기다려야 했다.

MIT의 기상학자 로렌츠는 일기변화를 예측하기 위해 비선형 미분방정식

3) 물체의 수가 3 또는 그 이상이 되면 비록 그들 상호간에 작용하는 힘의 성질을 잘 알고 있어도 그사이에 발생하는 간섭에 의해 방정식을 풀어 운동의 양상을 추구하기가 불가능해진다.

(로렌츠방정식)을 컴퓨터에서 실행하는 과정에서 초기 조건의 작은 차이가 결과에서 커다란 차이를 불러옴을 알게 되었다. 이로부터 나비효과, Strange Attractor 등, 혼돈 이론의 기초 개념들을 도출해냈다.

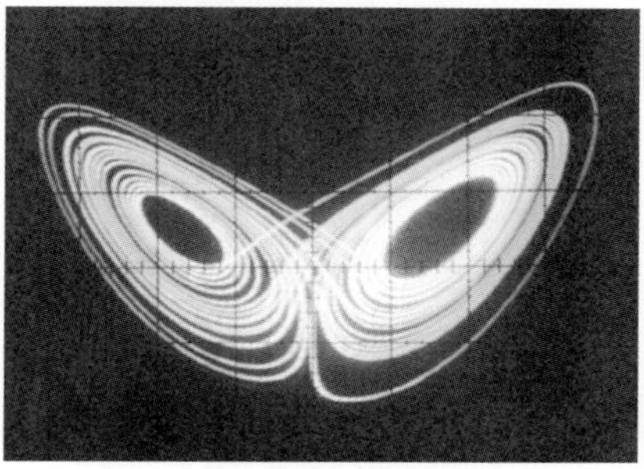

로렌츠 끌개 http://frank.harvard.edu/

로렌츠 방정식의 해를 위상공간에서 기하학적 궤적으로 그렸을 때 로렌츠 끌개로 불리는 기묘한 끌개가 지닌 규칙적 질서의 존재가 나타나는데, 이 구조는 매우 안정되어 작은 섭동에는 영향을 받지 않는 것이어서 계에 발

생하는 운동은 궁극적으로 이 끌개의 지배를 받는다는 것이 밝혀졌다. 프랙탈 차원에 존재하는 이 끌개는 자신이 존재하는 공간의 비정수 차원 공간구조를 따라 유사성을 가지며 스스로 자기 자신을 절단하지 않는 카오스 운동을 한다.

현상계에 존재하는 객체로서 입자의 수가 3개 이상이고 간섭에 의한 섭동을 상쇄하지 않을 만큼 많을 때 현상계의 입자들은 혼란의 양상을 보인다. 하지만 현상계에 존재하는 입자의 수가 입자들 사이의 간섭을 상호 구속해서 섭동의 발생을 억제할 만큼 유한히 많아질 경우, 입자들의 집합 즉 현상은 질서를 보이기 시작하는 카오스적 양상을 보여 단지 짧은 기간 예측 가능해진다.
양자공간이 비연속 공간의 통계적 표현이라면 복잡성의 공간은 여러 개의 공간 차원이 하나로 뒤섞이기 시작하는 공간이다. 자신을 닮은 공간이 동력학적 변화량으로 그 공간 위에 포개지고, 소수점 차원은 3차원공간에 2차원의 무한 궤적을 남기고 사라진다.

인지과학 마음의 메커니즘 와트슨(J.B.Watson, 1913)의, 관찰이 불가능한 "마음"은 과학의 대상이 될 수 없으므로, 외부로 드러나는 행동을 통해 마음을 연구해야 한다는, 주장을 받아들인 행동주의 심리학의 영향으로 오랜 시간 심리학은 자신의 본분인 마음의 탐구를 잊어버리고 자극에 대한 신경절의 반응을 뒤쫓는데 시간을 보냈다. 1970년대에 들어서면서 그 사이 발달한 주변학문인 언어학, 신경학, 뇌 과학, 컴퓨터 공학, 인공지능, 시스템 공학 등이 합쳐져, 마음의 작용 기제를 가장 많이 닮고 있는 컴퓨터의 작동 메커니즘과 비교하면서 마음의 구조를 찾기 위한 새로운 학문으로 인지과학이 정립되었다.
인지과학은 마음을 그것이 직면한 상황의 의미를 파악하여 저장, 활용하는 정보처리 체계로 본다. 촘스키의 보편문법은 유사한 의미를 내포하는 각각의 문장들은 유사한 기저 구조를 가지고 있고 인간의 선험적 지능이 이 기저 구조를 이미 가지고 있는 것으로 보았다.

진화 심리학 마음의 진화 진화 생물학과 인지과학이 결합한 진화 심리학은 그동안 기술적(記述的) 학문이었던 심리학과 진화생물학을 작용기제를 밝히는 학문으로 바꿔놓았다. 진화 심리학이 이야기하는 인간의 두뇌는, 심리학이 설명하는 통합 인지이론에서 벗어나 각각의 기능을 수행하는 두뇌의 영역이 따로 있고, 이들이 상보적으로 작용하여 환경과 자신과의 관계를 이해하게 되는 것이다. 이렇게 다른 기능을 수행하는 두뇌 영역을 "인지 모듈"이라 부른다.

Mark Weiser Ubiquitous Computing 유비쿼터스(Ubiquitous)는 '시공을 초월해 어디에나 존재하는'을 의미하는 라틴어로 디지털 환경에서 컴퓨터 혹은 네트워크와 결합해 컴퓨터를 시간이나 공간에 구애받지 않고 항상 사용할 수 있는 환경, 즉 '모든 곳에 컴퓨터가 심어져 있는'의 뜻으로 유비쿼터스 컴퓨팅, 유비쿼터스 네트워크로 사용되며, 유비쿼터스 환경으로 의미가 확장

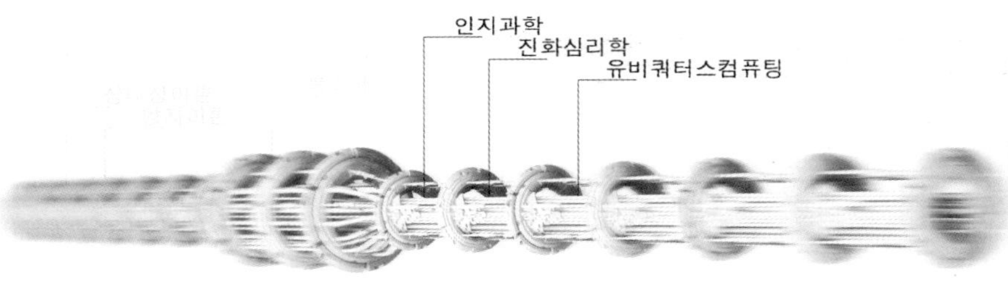

될 수 있다.
'유비쿼터스 컴퓨팅(Ubiquitous Computing)'은 디지털 환경의 구조에 대한 새로운 모형으로 1988 Xerox의 팰로알트 연구소(PARC)에 근무하던 마크 와이저(Mark Weiser)에 의해 창안되었다. 마크 와이저는 유비쿼터스 컴퓨팅을 다음 4가지 조건을 만족하는 것으로 정의했는데 유비쿼터스 컴퓨팅이 되려면 첫째, 컴퓨터는 네트워크에 의해 연결되어야 한다. 둘째, 사용자 인터페이스로서 눈에 띄지 않아야 한다. 셋째 어디서나 컴퓨팅에 접근이 가능해야 한다. 넷째, 사용자의 상황을 인식하고 그것에 대응할 수 있어야 한다. 컴퓨

터 사용 방식의 변화인 유비쿼터스 컴퓨팅은 물리적 공간의 존재물이던 컴퓨터 자신이 공간 환경이 되는 것을 의미한다.

Ecourban-s1 확장된 지능과 공간의 관계 Ecourban-s1은 해양생태계 복원계획의 일부로 디자인 된 유사생명체로, 생명을 닮은 Ecourban-s1의 "도시세포"는 증식(增殖) 능력을 가지고 있어 서식환경에 파종되면 스스로 성장해 자신과 똑같은 개체를 복제한다. "도시세포"가 1024개로 증식하면 Ecourban-s1의 도시형인 "복잡한 도시"가 완성된다. 하나의 복잡한 도시에는 대략 15만 명의 주민이 거주할 수 있다. "복잡한 도시"는 동일한 도시세포 복제 체들의 결합에 의해 도시 공간을 구성하게 되므로 동일한 공간이 반복되어서, 거주자의 공간 기억 혹은 공간 인지 능력으로 공간정보를 이해하여 자신이 원하는 데로 복잡한 도시의 공간을 이용하는 것은 거의 불가능 하다.

복잡한 도시를 구성하는 두 개의 공간 요소는 이동장치인 반자기 캡슐과 확장된 공간 인지 장치이다. 전자는 자기장을 이용해 빠른 속도로 도시공간을 이동하는 장치인데, 도시세포의 거주자 36세대가 공통으로 사용하지만 개인용처럼 운용된다. 반자기 캡슐은 빠른 이동장치로서 공간의 이격 장애를 제거하는 한편 보조적 공간 지능으로 사용자가 원하는 공간으로 데려다 줄 수 있다. 후자인 공간 인지 지능은 컴퓨터가 공간정보를 사용자에게 실시간으로 제공하는 것으로, 첫 번째 목적은 사용자의 인지 방식으로 공간정보를 변형(복잡한 도시의 보행공간은 실내의 복도로, 그 안에서 자신이 가려는 방향을 찾기 힘들지만 이 공간에 인간이 이해하기 쉬운 외부환경의 영상정보를 증강현실장치로 투영해 인지하기 쉬운 공간의 모습으로 바꾼다.)시켜 제공하는 것이고 둘째는 공간을 투명하게 지각하도록 하는 것이다. 다른 여러 가지 공간인지 디지털 지능은 사용자가 원하는 공간으로 갈 수 있도록 정보를 제공한다.

Ecourban-h1 수동형 생태 복원 계획 수동형 생태계 복원 장치인 Ecourban-h1은 문명의 일부로서의 인간을 자연과 단절시키기 위한 폐쇄회로이다. 폐쇄된 회로 안에는 인간과 그들이 건설한 문명이 있고, 회로 밖에는 자연이 존재한다. 인간의 생존에 의해 발생하는 폐기물 등의 부산물은 철저하게 폐쇄된 회로 안에서 처리되고 자연은 생명들을 양육하기 위한 공간 유지 장치로 존재한다.

Ecourban-v1 능동형 생태 복원 계획 수동형 생태복원 장치인 Ecourban-h1과

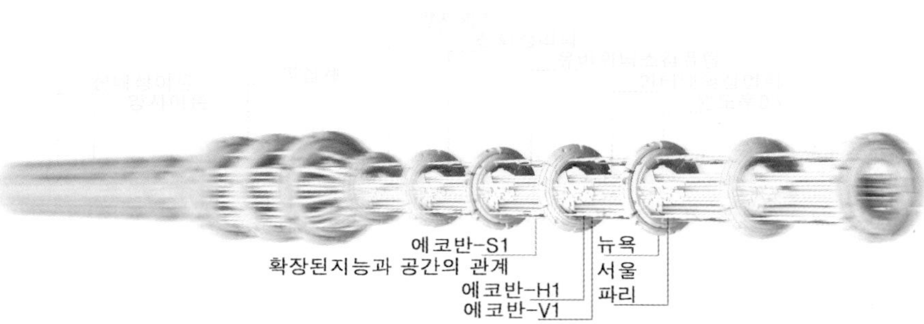

비교해 Ecourban-v1은 능동형 생태계 복원 장치로 불린다. 생태밀도가 낮은 공간이나 생태계가 미성숙한 혹은 파괴된 영역의 생태계가 번성하도록 유도하는 역할을 하는데, Ecourban-v1이 생태계의 일부가 되어 동식물이 생존하기 좋은 환경으로 주변과 기후를 변화시킨다.

2042 Gaia Project 서울, New York, Paris 2042년의 도시는 어떤 모습을 띠게 될까? 3개의 도시를 통해 Gaia Projects를 잉태한 미래의 시간을 상상하는

작업이다. 2042년은 우주에서 프로키온의 초신성이 발견되는 해이지만 지구 안에서는 환경오염과 치열한 싸움을 시작하는 시간이다. 2042년은 인간이 쌓아올린 문명이 최고점에 달한 시간이지만 그것에 대해 문명의 부작용 역시 극에 달한 시간이다.

하이퍼게이트의 도시라 불리는 서울은 도시민의 의식이 하나로 네트워크화된 도시다. 사람의 의식이 도시공간이고 물리적 공간은 의식의 공간을 감싸기 위한 껍질이다. 뉴욕은 모든 것의 도시라 불린다. 그곳에서는 모든 것들이 다른 모든 것과 하나로 결합한다. 파리는 지금 거대한 병렬연산(Parallel Computing) 네트워크 안에서 시뮬레이트되는 도시다. 사람이 살고 나무가 자라고 비가 오지만 아직 물리적 실체가 없는 가상의 도시다.

인터넷 상업화 정보 공간의 확장 1969년 핵폭발에 의해 발생하는 EMP(Electro Magnetic Pulse)로부터 군사용 컴퓨터를 보호하기 위해 제안된 Arpanet는, 통신프로토콜 TCP/IP의 등장으로 범용화 되어 일반 사용자 중심의 네트워크가 되었고 1993년 AT&T의 상업서비스가 시작되면서 오늘날의 모습을 갖추게 되었다.

인터넷의 출현은 네트워크 사용자의 정보 공간이 확장되는 것을 의미하는데, 사용자가 접근할 수 있는 정보량이 책상위에 놓여있는 자신의 하드디스크에서 인터넷에 접속한 거의 모든 컴퓨터가 제안하는 정보로 열리는 것이다.

Windows 95 세상을 보는 새로운 창 윈도우즈95는 문자중심의 접근방식에서 그래픽 인터페이스로 디지털 공간에 접근하는 것을 가능하게 했다.

디지털 공간 인지

관성에 지배되는 공간 (Digital Space) 관성(慣性)에 지배받는 현실 세계는 우주의 흐름을 이끄는 다양한 질서의 조합으로 만들어져 있다. 그 질서들을 이해하는 사고모형으로 뉴튼의 고전물리학이나 상대성, 양자적 이해들 그리고 비선형 동력학이라는 패러다임을 사용하고 있다.

이러한 사고의 틀로 이해될 수 있는 우주는 미미한 진화 시간과 비교하여 보면 매우 안정된 구조를 가지고 있어서, 그 환경에서 진화해온 인간은 자연스레 공간 인식의 스키마(Schema)를 관성에 지배되는 물성 공간에 두고 있다. 진화의 시간동안 반복된 인간과 공간의 상호 작용은 직관이라 부르는 공간 이해구조를 탄생시켰고, 이 다양한 공간 인지 모듈들이 직관적으로 공간을 이해하도록 하였다.

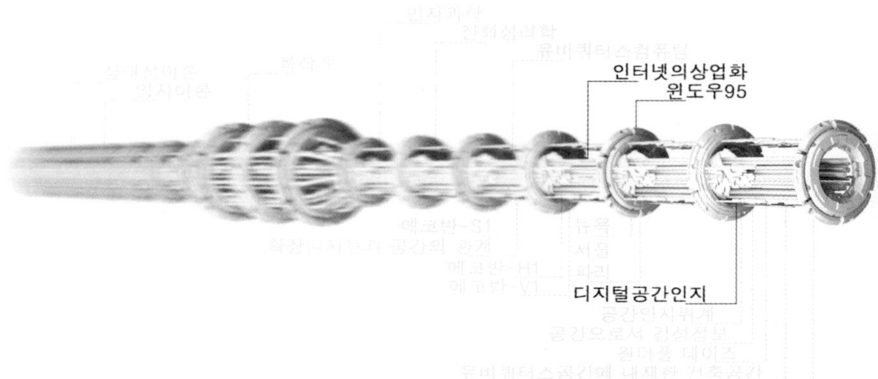

관성에 지배되는 인식을 담는 공간 디지털공간은 객체의 형태적 모사에서 이들 사이의 간섭을 시뮬레이션 하는 것으로 바뀌었고, 그것은 물리적 공간 인식을 디지털 공간에 삽입하는 것을 의미한다. 물리적 공간 인식이 삽입된 사이버 공간은 더 이상 만질 수 없는 공간이 아니라 현실 공간이

다.

사이버 공간은, 그것이 의태하고 있는 현실을 이식한 공간이다. 과거의 디지털 공간과 달리 현재의 그리고 근 미래의 그곳은 관성에 지배되는 현실 세계의 간섭으로 만들어지는 공간이다. 물론 디지털 공간이 모방하려는 현실 공간의 객체들은 그들의 인지적 속성일 뿐 형태는 아니지만 그것을 구분할 수 있는 것은 없다. 관성에 지배되는 인식체계를 담는 공간은 아직 인간의 후험적 공간 경험에 의존한다. 디지털 공간은 관성과 인력이라는 물리적 입자들의 속성에서 벗어나 있지만 그것을 인식하는 디지털 공간의 사용자가 가진 의식 즉, 관성에 지배를 받는 사이베리안의 인지 구조에 의존해 공간을 구성한다. 공간을 구획하는 벽은 원자에서 비트로 치환되었지만 그 벽은 물리적 특성을 원하는 사용자의 기대를 담고 있다.

관성으로부터 이격(離隔)된 인식을 담는 공간 인간이 처음 문명을 만들면서 경험했던 인지의 혼란은 추상적 객체를 아이콘으로 실체화 하면서 극복했다. 자신을 추적하는 포식자의 공포를 추상적 공격자로 대체한 것이 그것이다. 호모속(屬)으로 진화한 후 200만년동안 경험하지 못한, 디지털 환경의 공간인지 왜곡은, 현실세계의 물리적 공간 자극들에 반응하도록 진화해온 생명 종(種)인 인간에게 부담스러운 연산을 요구한다.

관성이 존재하지 않는 디지털 공간은 여전히 현실공간의 모습을 따라 만들어 지고, 디지털 공간의 특성과 상관없는 현실공간의 무의미한 기준들이 삽입되어 공간 지각을 혼란시킨다. 중력이 사라진 공간에서 바닥과 천장은 단지 인지부담을 가중시키는 왜곡된 공간 정보로, 인지 정보량의 폭주를 유발해 공간의 이해를 방해할 뿐 공간의 모습을 이해할 수 있게 도와주는 정보가 되지 못한다.

진화시간동안 인간의 공간 감성이 이해하고 있는 공간의 구조는 중력에 직교하는 바닥과 천정이 아니라 반복되는 나뭇잎을 하나의 기호로 분리하고 그것을 중력에서 지탱하는 줄기와 가지에 프랙탈 구조로 부착시키는 공간정보 처리 기제이다. 여러 개의 층위를 가진 공간정보들의 동시 이해와 그것으로부터 원하는 기호를 축출해 내는 감성기제가 관성에서 이격된 인식이다.

공간으로서 감성 정보

자연선택을 통해 획득한 생존환경의 정보와 "그것에 어떻게 대응할 것인가?" 의 생존전략은 감성지능이라는 기억으로 유전된다. 불(체온유지에 필요한 열

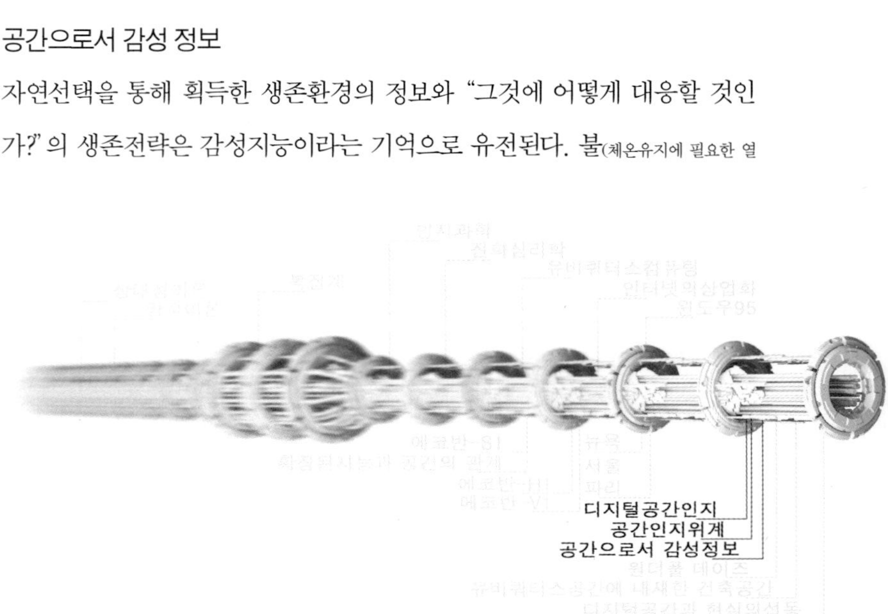

에너지나 빛을 제공)에 대한 호감과 맑은 물(신체의 생리적 대사에 꼭 필요한 화학매체 제공)에 대한 안도감 그리고 생존 정보획득에 대해 자신이 우의를 점하지 못한 상황에 대한 혐오 혹은 불안감과 반대로 우의를 점했을 때의 안도 혹은 안정감과 개체의 생존에 큰 영향을 끼쳤던 사건을 통해 학습된 경험이 기억되는 메커니즘 등이 감성지능으로 유전자에 기억되어 자손에게 이어지는 것이

다. 감성지능은 이성적 지능을 통해 추론한 것에 비해 더 많은 생존정보를 제공하는데, 이들은 대부분 생존 공간과 관련된 정보들이다. 이러한 감성지식은 인간이 자연환경에서 다른 종과 생존경쟁을 벌이는데 절대적 역할을 해왔지만, 역으로 물리적 공간에서 학습한 공간정보가 공간을 이해하는 틀이 될 수 없는 유비쿼터스 공간에서는 감성 정보가 공간 구조를 설정하는 기준이 된다.

공간인지위계

공간 정보 감각(感覺) 감각기는 공간 정보를 받아들이는 1차 수단으로 감각기의 직간접 접촉을 통해 통해서 입력되는 빛, 소리, 냄새, 맛, 온도와 힘 그리고 질감 등은 다양한 수용기와 신경경로를 거처 전기적 신호로 바뀌고 짧은 시간동안 감각기관에 기억된다. 감각기관에 기억된 정보가 기저핵에서 가치를 지닌 자극으로 판단되면 두뇌로 전달되고 그렇지 않으면 감각기관에서 머물다 활동전위의 감소와 함께 지워진다. 감각 형태로 남아 있는 동안 주변 환경이 제공하는 공간 정보는 단지 전기적 신호이며 정보로서 실체를 갖지 못한다.

공간 정보 지각(知覺) 시감각기에서 전기적 신호로 바뀐 공간 정보는 두뇌의 외측 슬상핵에서 지각과정을 거친다. 공간 지각과정은 전기적 신호로 바뀐 시공간의 영상 정보가 내포하고 있는 물리적 속성과 형상 정보를 분리해 내는 과정이다. 크기와 움직임 그리고 배경과 비교되는 밝기를 가지고 있는 것 등이 대상의 물리적 속성이고, 이에 반해 형상 정보란, 색과 형태 등의 시각적 근거들인 대상의 테두리를 읽어 실루엣을 형성하는 것을 포함한다.

두뇌는 공간 정보의 이해 과정에 소모되는 에너지를 줄이기 위해 여러 가지 정보 축약 기술을 개발했다. 그중 하나가 대상에 대한 형상과 운동 정보를 분리해서 처리한 후 인지 영역에서 합성하는 것인데, 운동 지각 영역에 이상이 있으면 대상의 운동 정보를 추출할 수 없으므로 움직이는 대상이 정지하고 있는 것으로 인지된다. 정보 지각 과정은 소모되는 에너지 비해 많은 정보를 얻을 수 있으므로, 작은 두뇌를 가진 생명체의 공간 이해의 수단으로 사용된다.

공간 정보 인지(認知) 외측 슬상핵에서 분화된 대상물의 정보는 시각 중추에서 객체로 인지되는 과정을 거친다. 객체가 지닌 물리적 속성들은

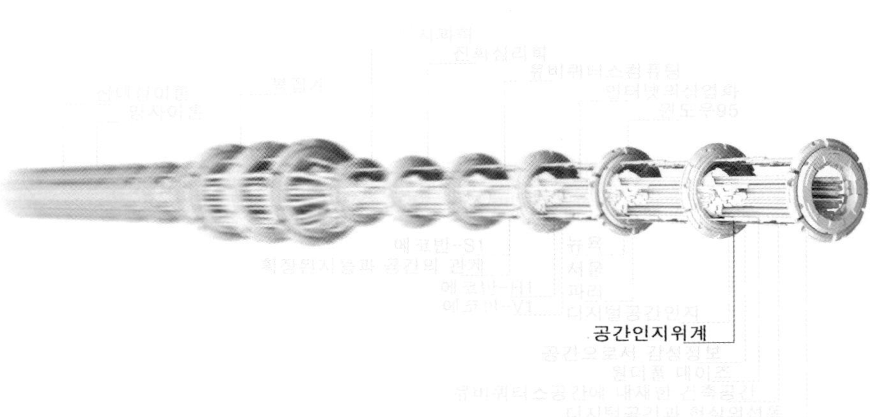

여러 감각기를 통해 독립적으로 감각되고, 지각과정 역시 독립적으로 진행된다. 즉, 객체의 색·움직임·크기 등이 각각 분리되어 지각되고 인지 과정을 통해서 통합되는 것이다.

공간 정보의 인지는 포유류의 특성이라 할 수 있을 만큼, 이들에게서만 섬세하게 진화된 공간 인지 장치들을 볼 수 있다. 그 예로 포유류는 대상을 객

체로 이해하는 경향이 큰 반면, 양서류는 대상을 물리적 형상으로 지각하는 것에 그친다. 양서류인 개구리가 먹이를 잡기 위해 혀를 길게 내뻗는 것은, 그것이 구체적으로 어떤 종류의 먹이이라는 것을 인지한 것이 아니라 단지 먹이의 움직임을 지각한 것이다. 개구리의 생존 전략에서 움직이는 대상은 단백질의 운동 기관을 가지고 있는 생명체이고, 단백질은 영양원이 될 수 있다는 것을 알면 생존에 충분히 활용할 수 있기 때문이다. 양서류가 이렇듯 원시적 지각 장치를 가지고 있는 반면, 야행성으로 출발한 포유류들은 낮에 관찰했던 대상물의 시각 정보를 빛이 없는 밤에 활용하기 위해서 정보를 객체화 시켜 기억해둘 필요가 있었고, 이런 생존 환경은 포유류에게 대상의 객체 정보를 두뇌에 기억하여 필요할 때 사용할 수 있도록 하는 능력을 요구하였다. 포유류는 정보를 부호화하여 기억함으로써 한정된 두뇌 공간을 효율적으로 사용할 수 있는 방법을 알게 되었는데, 이러한 기억은 점차 단순한 시각적 정보를 기억하는 것에서 대상을 객체화시켜 아이콘화하여 기억하는 것으로 발달했다.

공간 정보 인식(認識) 정보의 인지 과정이 포유류 특유의 공간 이해 구조라면, 공간 인식은 영장류가 보여주는 가장 섬세한 공간 이해장치이다. 주로 인간에게 한정되는 공간 인식은 많은 기억 용량과 추론을 할 수 있는 연산 능력을 필요로 한다. 정형화(Prototype)는 두뇌가 공간 정보를 인식하게 하는 알고리즘 중에 하나이다. 두뇌는 정형화를 통해 객체들의 속성을 통합하는 인식을 가능하게 한다.

정형화의 알고리즘으로 입력되는 공간 정보는, 정형화의 공간 이해 구조를 따라 분석되고, 관계성이 축출되어, 연관관계로 기억되며 유사객체를 이해하는 틀이 된다. 노암 촘스키는 보편 문법으로 언어학에서의 정형화를 설명했는데, 혼돈에 가까운 부모의 언어 환경에서 질서를 찾아내서 언어의 문법적 구조를 이해하게 되는 것이 그것이다. 같은 맥락으로 정형화는 시각적 질서를 찾아내는 문법으로 이해될 수 있다.

「Wonderful days」

영화 속의 2035년은 오염물질로 가득한 세상이다. 더 이상 생명을 유지할 수 없게 된 도시를 버리고 자신이 스스로를 선택한 1%의 사람들이, 태평양 어느 곳, 시실섬에 오염물질을 먹고 사는 인공 생명 도시 ECHOURBAN을 만들고 이주한다.

공간센서 · 감성센서 RFID에 의한 공유 가능 공간 찾기직경이 3.2km의

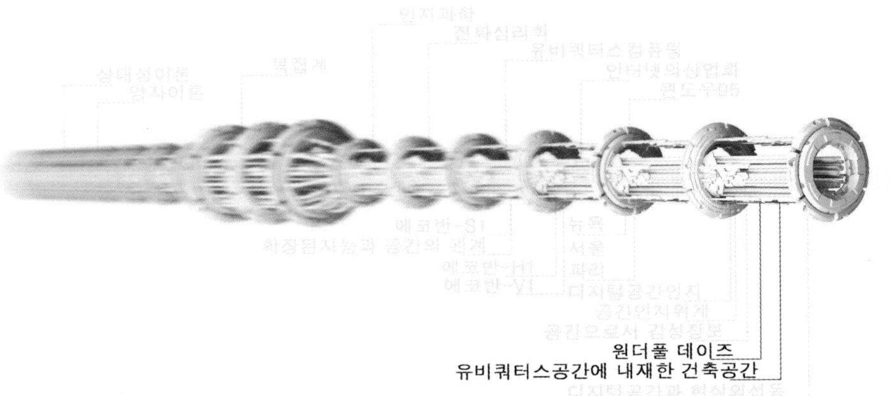

ECHOURBAN 쉘터를 감싸고 있는 인공 엽록소들은 후일 오염물질이 걷히고 밝은 태양이 비추면, 긴 잠에서 깨어나 생명을 발현시킬 광합성을 시작하겠지만, 지금은 검은 구름 아래에서, 광자기 디스크에 기록된 ECHOURBAN의 유전정보 발생 순서에 따라 발현된, 텔로스 타워가 방출하는 저광량의 에너지에 의존해 광합성을 하고 있다.

유비쿼터스 공간에 내재한 건축 공간

유비쿼터스 환경은 세상에 있는 모든 객체의 정보를 디지털 공간(Matrix)에 삽입, 물리적 공간과 디지털 공간의 정보를 인간과 동기화시키는 것이다. 즉 디지털 공간과 물리적 공간을 같은 위상에서 병치시키는 프로토콜을 만들고 물리적 공간에 존재하는 객체에 부착한 RFID가 주는 위치를 포함한 객체의 정보를 물리적 공간 정보를 모사한 Matrix 즉 디지털공간의 물리 공간 좌표에 위치시킨다. Matrix의 공간 좌표에 위치한 객체의 정보는 현실 공간에 사상(mapping)된다.

Matrix와 동기화된 Grid인 유비쿼터스 환경은 객체 사이의 관계를 이해하는 지능을 물리적 공간에 부여한다. 지능화된 비선형 공간은 비가시 영역의 전자기파를 볼 수 있도록 전환시켜주는 변조 장치같이 인간이 인식할 수 없는 사상(事象)을 가시적으로 인식할 수 있도록 변환해주는 장치이다. 지능화된 공간에서 바라보는 대상들은 그것의 형상에 덧대어진, 시각언어로 표현되는 공간 패러다임을 보게 되는 것이다.

디지털 공간과 현실세계의 섭동

디지털 공간과 결합한 물리공간인 유비쿼터스 환경의 공간 도식(Schema)은 생물학적 지능과 디지털 지능이 통합되어 이해되는 현실세계에서 출발한다. 네트워크와 도처에 접속되어 있는 컴퓨터는 현실공간과 디지털 공간의 경계를 허물어, 공간의 구속력이 모호해지는 통합된 증강(增强) 공간을 창조한다. 증강공간에서 현실공간의 물성 객체는 디지털 공간의 정보 객체와 연결되어 있고 디지털 정보는 물성객체에 표상되는 것이다.

하지만 공간의 섭동 개념으로 오면, 유비쿼터스 공간은 그리드의 공간좌표에서 위에 존재하는 객체와 그것의 대칭 객체인 디지털 공간의 정보가 원격객체로서 상호 영향을 미치는 것을 의미한다. 즉 물리적 공간의 객체가 가진 변화가 이의 대칭객체인 디지털 정보객체의 상태에 변화를 주고 그 변화가 다시 현실 공간의 객체에 영향을 주는 현상이 계속되는 섭동이 발생하게 된다. 이러한 디지털 공간과 물리적 공간의 섭동은, 유비쿼터스 공간의 구조가 이들 두 공간이 결합한 증강공간의 기하학적 표현이 아니라 동력학적 공간 구조인 변화량을 표현할 수 있는 해석적 공간으로서 여분의 차원을 가지고 있어야 함을 의미한다.

다시점 객체가 보는 건축 공간.

미래...

유비쿼터스 공동주거 2007년 초공간 아파트

유비쿼터스 환경은 공간에 존재하는 객체의 정보를 디지털 공간(Matrix)에 삽입하여 공간 정보를 인간의 의지와 동기화시키는 것으로 볼 수 있다. 물리적 공간에 존재하는 객체에 부착한 RFID를 주사해 위치를 포함한 정보를 그것의 대칭객체인 디지털공간

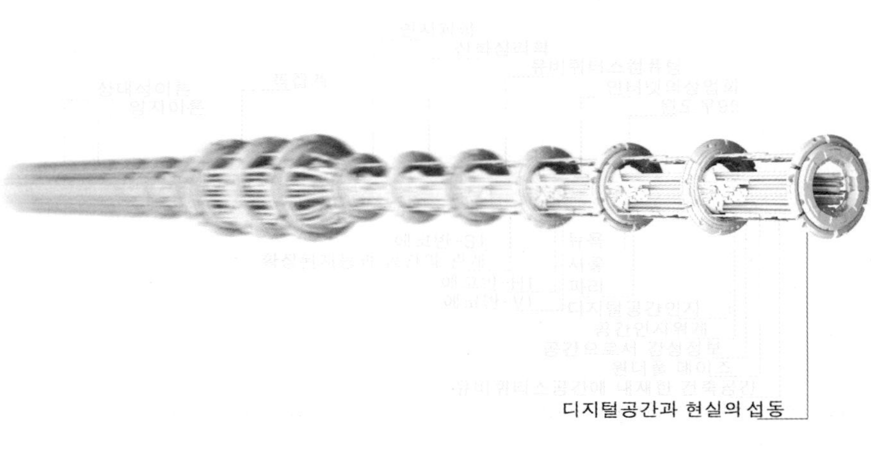

디지털공간과 현실의 섭동

의 정보객체와 결합시키면 현실공간의 객체는 디지털 정보로 의미가 증강(增强)되어 디지털정보를 지닌 물성객체가 되는 것이다. 이렇게 현실과 디지털이 동기화된 유비쿼터스 환경은 사람과 객체 사이 그리고 객체와 객체 사이의 관계를 컴퓨팅(연산)을 통해 이해하여, 그 관계성을 물리적 공간에 투영할 수 있게 된다.

즉 물리적 공간을 디지털 공간과 동기화시키고, 물성 객체와 정보객체를 결합시켜, 물성객체와 동기화된 디지털 객체의 네트워크 결과 발생하는 관계성이 형성하는 집합적 객체의 특성들을 측정 가능(질량을 가진 실체처럼 구체화)한 실체로 환원하여 대상화하려는 작업이 '객체화' 이고, 이러한 작업을 통해 실시간으로 반응하면서 현실공간과 디지털 공간에서 발생하는 상황들에 대처하는 공간의 구성이 가능해진다.

현실공간에 존재하는 물성객체의 관계를 디지털 공간의 네트워크에서 찾아 그 유관성으로 집합을 형성하고, 그로써 집합적 의미의 객체를 형성하면(물성공간에 존재하는 객체 A, B, C 중 A와C가 네트워크에서 유관관계로 측정되면 디지털공간에서 A와C는 집합적 객체가 되고 그 구조가 현실공간에 전달 돼 증강된 디지털 정보에 의해 하나의 물성객체로 연결된다.) 그 객체는 현실공간의 객체를 간섭시켜 연결된다. 그러면 결국 2개의 물성객체와 2개의 디지털 객체가 하나로 결합된다. 따라서 분리되어 있던 2개의 사물이 하나의 객체가 되어서 공간적 이격이 사물의 정체성 결정에 영향을 미치는 물리적 공간에서의 특성이 사라진다. 즉 물리적 공간에서 읽어 들인 객체의 정보가 디지털 공간에서의 지각과정을 거쳐 현실공간에서 대처해야 할 행위로 해석되고 그에 따른 서비스가 제공된다.

물리적 공간 정보들을 분석하여 디지털 공간 정보와 통합되는 공간서비스를 물리적 공간이나 디지털 공간 양자 모두에서 제공하는 것이 유비쿼터스 환경에서는 가능하다. 이러한 의미에서 현실공간의 객체들이 디지털 공간의 네트워크를 통해 연결되어 지각되는 과정을 '지능화' 라고 한다. 지능공간을 공동주거 건축에 적용하면 공간의 고밀도화와 체감공간의 확장이 가능한 초공간(HyperSpace)구조의 건축공간을 얻을 수 있다. 기술적으로 이러한 공간이 발현될 수 있는 시점은 2007년이면 가능하다.

유비쿼터스 업무 공간 2009년 유동하는 공간 　유비쿼터스 아파트에서 지능화는 현실공간에서 공간적으로 분리되어 있던 사용자와 공간의 관계를 사용자의 공간 인지 범위를 확장시킴으로서 접촉 가능한 공간으로, 즉 공간적 이격을 인지적 접촉이 가능하도록 하여 공간 인식좌표에서 하나로 혹은 같은 공간으로 연결시켜주는 것이다.

이러한 지능형 공간은 다시 한 번 발전해 2009년 "유동적 공간" 개념을 포함하는 지능공간으로 출현한다. 현실공간과 유비쿼터스공간의 차이는, 현실공간이 자신의 공간 경험을 통해 획득한 두뇌의 기억 정보에 즉물적 시각정보를 템플릿으로 덧대어 공간정보의 진위를 확인하고 공간의 의미를

이해하는 것이라면, 눈과 단기기억의 즉물적 공간정보 처리위에 디지털 공간에 저장된 공간정보가 시지각 정보(디지털 공간정보가 실시간으로 시작정보로 변환되어 제공되는 것)로 포개어져 인식의 범위가 확장되고 그 결과 사용자의 공간의지를 반영하여 공간의 범위가 확장되는 것이다.

눈앞에 보이거나 그것의 위치를 기억하고 있어야 사용할 수 있는 현실공간에서의 객체와 사용자의 공간관계 대신에, 그것이 어디에 있는지 알 수는 없지만 필요하다면 내 앞에 나타나 사용할 수 있거나 혹은 그것이 있는 곳으로 사용자가 갈 수 있도록 하는 공간정보가 디지털 공간에 저장되어 있어 그런 정보가 실시간으로 사용자의 의지와 동기화되는 곳이 유비쿼터스 환경에서 공간의 의미이다. 물리적 공간에 있는 사용자와 그것의 대상인 객체의 공간관계는 사용자의 기억과 그 위치에서의 관찰을 통해 확률적으로 발견하는 것이 아니라 사용자의 의지와 그 대상의 디지털 공간 대칭객체와의 관계가 둘 사이의 공간적 위치를 결정한다.

공간으로서 건축물은 고정되어 있지만 사물이나 사용자가 그 건물 안을 옮겨 다니면서 자신의 사용영역을 실시간으로 설정하고 만들어 사용하는 공간은, 장소나 사용자 혹은 사물의 위치나 기능 혹은 관계에서 유동적이다. 사용자와 사물 그리고 장소로서의 공간의 관계는 사용자의 시간별 업무형태, 사용자 그룹의 성격 그리고 업무에 개입하는 공간에 따라 변화한다.

이런 유동적 공간이 유비쿼터스 환경에서 공간의 효율을 높이기 위한 새로운 오피스건축의 공간 형태가 될 것이며, 유동적 공간구조 역시 초공간(HyperSpace)화 혹은 거대 공간으로 초매스화(Super&HyperMass, S.H.M.) 되는 경향을 보일 것이다.

초매스 공간 2015년 유비쿼터스 초공간 이러한 유비쿼터스 공동주거인 초공간아파트가 거대 도시구조와 비견되는 규모의 빌딩으로 전개되면 초매스를 형성하게 된다. 초매스화된 건축물은 현대 도시가 제공하지 못하는 다양한 공간구조를 보여 주는데, 이격성이 사라진 공간의 초거대화는 마술과 같은 탈기하 공간의 초공간적 구조를 경험하게 한다. 공간정보의 인식범위가 무한으로 확장되고 공간의 이격이 사라진 건축은 엘리스가 여행한 이상한 나라의 모습만큼이나 공간의 관계가 유동적이고 변화무쌍하다. 유비쿼터스 컴퓨팅에 의해 제어 받는 이러한 공간의 유동성은 건축공간의 새로운 가능성을 제안한다.

2015년 유비쿼터스 초매스 건축이 등장하게 된다.

DelosTower 영화속의 미래 도시구조 2020년을 지나면서 20세기 이후의 불안한 안정마저 조금씩 사라지고 있다. 계속되는 도시 공간의 거대화는 환경오염을 가속화 시켜서 지표면을 공유하던 생명체들의 생존 영역을 박탈했고, 많은 종의 생명들이 인간의 생태적 침략을 견디지 못하고 멸종해 갔다. 그러나 곧 인간중심의 사고가 얼마나 위험한 결과를 가져오는지를 생태계

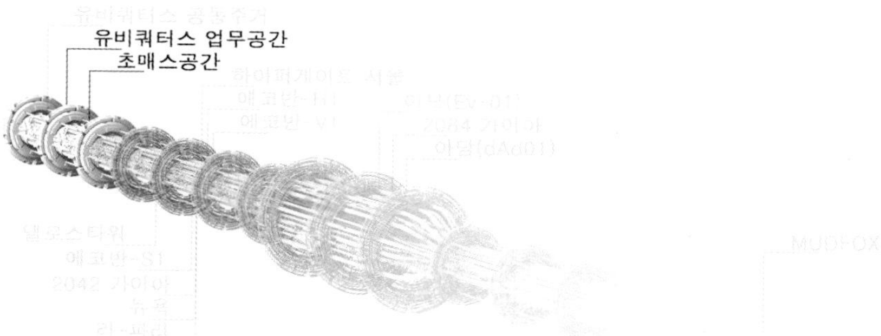

의 연속적 파괴가 몰고 온 검은 환경을 통해서 뼈저리게 느끼게 된다.
대지는 힘없는 나뭇잎 몇 개를 달고 있는 말라버린 나무조차 보이지 않았고, 검은 분진이 눈발처럼 떨어졌다가 다시 바람에 날려 공기 중으로 흩어졌다. 유리 돔이 제공하는 곧 깨어질 것 같은 불안한 삶과 파괴..... 이 파괴와 불안이라는 2개의 단어가 지배하고 있는 세상이 2035년의 모습이다. 이러한 불안은 오히려 인간의 생존 본능을 자극했지만 자연과 인간의 관계는 개체와 개체 사이의 작용이 아니라 인류와 자연이라는 초개체 사이의 문제로 확대시켰다. 초개체로서의 인류, 역설적으로 그것이 이제 유일하게 그들을 구원할 수 있는 생존대안이다.
지구상 재화의 95%는 단지 상위 5%의 인간이 소유하고 있게 되었고, 그 5% 범위 내에 있지 않은 인간들의 생존권은 그들이 가진 가난만큼이나 쓸모없는 것이었다. 가진 자들을 위한 생존시스템이 2035년 가을 준비되고 있었다. 막대한 자금력을 동원해 인류가 소유한 모든 지식을 확보해서 내린 결론은, 현 인류의 힘으로는 지구가 완전히 파괴되기 전에 모든 인간이 같이 생존할 수 있는 방법을 모색할 수 있는 능력은 없다는 것이었다. 그래서 생태계 복원장치 Echourban(델로스타워가 있는 영화 속의 도시. 이후의 시대에 등장하는 Ecourban-S1, H1, V1과는 다른 도시) 5000기를 건설해 지구의 생태계를 예전 수준으로 복원하려는 계획안만이 유일하게 인류의 삶을 보장해 줄 수 있었다. 여기서 그들이 내린 결론은 간단하고 명료했다. 인류가 가진 부의 90%를 소유한 1%의 그들만이 살아남는 것이다.
그것이 바로 영화 원더풀데이즈에 등장하는 Echourban의 모습이다.

2042 GAIA Projects Spectrum of Paradigm "Gaia Project"는 2042년 인류가 계획하고 있는 생태계 복원시스템을 통해 생명정보의 디지털적 속성을 찾

아보려는 시도이다. 2042년 여름 사람들은 초신성폭발로 갑자기 나타난 두 번째 태양에 당황한다. 앞으로 36년 후 지표면에 도착하게 될 반물질은 지표면에 살고 있는 모든 생명체를 멸망시킬 것이다. 프로키온의 반물질이 지표면을 재로 만들어 버린 지 6년이 지난 후인 2084년 인간은 어떤 방식으로 생존하며, 그들의 유전자를 우주의 시간에 전해 줄 수 있을까?... 2042년 인류는 그들의 유전자를 전달하기 위해 가이아 프로젝트를 선택했다.
가이아 프로젝트는 마이크로 테크놀러지와 로보틱스 기술을 통해 유사 생명체를 만들어 이를 생태계에 삽입하려는 생태계 복원계획이다. 이는 초유기체인 지구에 삽입하는 인공 장기로 그것이 생태계의 대사에 개입해 인공적인 면역체계를 형성하는 것이다. 이러한 Gaia Project는 생명체로서 자기 복제 능력을 가지고 있고, 인간은 이러한 생명 특성에 기생하면서 자신의 유전자를 보존하게 된다.
2042년의 서울, 뉴욕, 파리 3개의 도시는 우리가 상상하는 미래의 도시와는 조금 다른 모습을 하고 있다. 단지 발전된 과학이 거대한 도시를 만든 것이 아니라 인간이 이해하고 있는 다양한 학문과 건축이 결합(학제적 혹은 최근에는 통

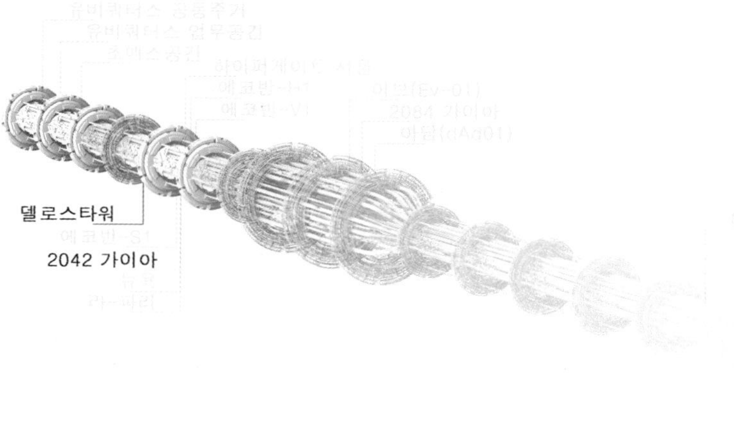

섭;Consilience이라는 말이 등장했다.)하여 도시의 모양으로 나타나는 것이다. 여기서 주변학문들은 생명공학, 나노 기술, 마이크로 로보틱스, 유비쿼터스, 디지털 기술, 시스템 공학, 공간 공학, 진화 심리학 등이다. 2042년은 더 이상 콘크리트와 철근만이 도시의 구축재료가 아니다. 식물 세포로부터 만들어지는 섬유질, 나노기술에 의한 자기 조절능력을 가진 유사 세포, 디지털과 결합한 지능화된 공간, 유비쿼터스의 초공간 혹은 인간의 공간인지 특성 등이 건축물의 축조재료가 된다.

그러나 불행히도 도시의 내면은 혼돈의 양상을 띠기 시작하는 시점이기도 하다. 인간도 점차 새로운 디지털 종으로 전이되기 시작하고, 디지털 생명과 유기적 생명이라는 2분법적 표현이 반영하듯이 인간과 디지털 생명체 사이의 갈등이 증폭되고, 초신성 폭발로 인해 인류의 멸종에 대비하여 생태복원 시스템으로 계획된 Gaia Project를 변경해 생존 쉘터를 건설하기 시작한다.

New York 모든 것의 도시 "뉴욕" 인간이 만든 모든 이성적 그리고 비이성적 사고를 담고 있는 도시의 모습이 뉴욕의 특성이라고 사람들은 생각했다. 인간이 쌓아 올린 온갖 위대한 위업과 가장 미소한 것들이 결합해 만들어진 뉴욕은 그 도시의 복잡한 실루엣을 형성하는 기이한 구조체들 만큼이나 복잡한 생각들을 담고 있다. 맨해튼 중심의 대부분을 덮고 있는 자기(磁氣) 돔(Dome)은 겉으로 들어나는 거대한 크기와 달리 직경 45mm의 아주 작은 블록으로 만들어져 있었고, 높이가 1000m를 넘는 마천루의 대부분은 생명체의 발생 과정에서 일어나는 세포들의 개체 형상화 과정을 이용한 자동 구축 모델을 통해 지어졌다.

모든 복잡성이 혼재하는 도시 뉴욕에서 더 이상 물리적 좌표계에 대한 인간의 기억은 자신의 위치를 알려주지 못한다. 인간이 이해하기에 뉴욕은 너무 많은 좌표계를 가지고 있다.

La Paris 가상공간의 시뮬레이션 생명 도시 2029년 파리는 더 이상 지구상에 존재하지 않는 도시가 된다. 환경오염에 의한 재앙으로 파괴되어 사라진 것이다. 2039년 파리 복원계획이 수립된다. 380배 빠른 시간이 흘러가는 시뮬레이션 모듈 'La Paris 500' 의 작동을 2041년 시작한다. 그러나 파리는 그들이 의도하지 않은 모습으로 변해 갔다. 그들이 디자인하지 않은 형태의 튜브들이 유기체처럼 자라나고 200m가 넘는 거대한 나무들이 도심의 빌딩 사이를 점령했다. 네 잎 클로버를 확대시켜 놓은 것 같이 보이는 나노 생명체들이 도시의 경계를 뛰어넘어 덮어가고 있었다.
유전적 쉬프팅(Genetic shifting)이라 불리는 비연속적 진화가 진행된 것이다. 생태적(生態的) 공생(共生), 이종접합(異種接合), 유전자조작(遺傳子造作), Nano Technology의 발현 순서가 서로 뒤섞여 버린 것 같다. 식물인지 동물인지 구분할 수 없는 기이한 생명 종들이 수없이 생겨났다. 시뮬레이션 모듈의

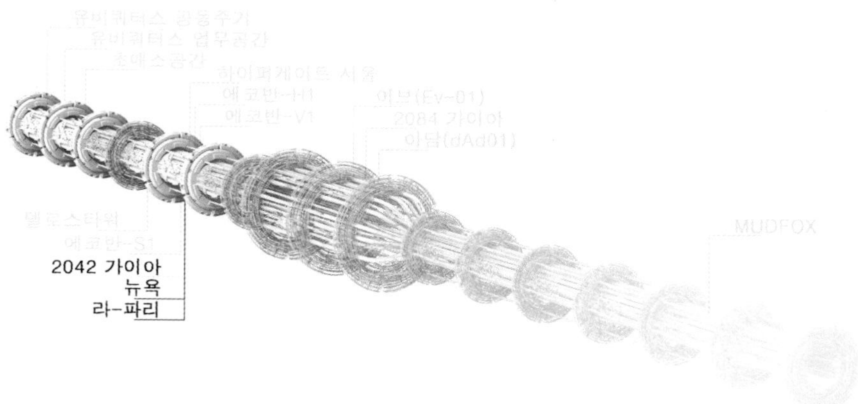

작동을 중지시켜야 하는 것인가?

Ecourban-s1 해양생태계 복원시스템 (복잡한 도시) 복잡한 도시란 "유기건축" 적 공간 사고모형(Paradigm)과 '20세기의 인류가 보유하고 있는 지식을 결합하면 어떤 건축이 만들어질 수 있을까?' 를 상상하는 프로젝트이다. 복잡한 도시는 생태계의 종들이 생명 보존에 사용하는 생존 알고리즘(Algorithm)을 공간언어로 해석하여, 유형(有形)의 건축언어로 만들기 위한 시나리오이다. 생존 알고리즘은 개체 혹은 종 자신의 생존 환경에 대한 대응이나, 면역체계 · 발생과정 · 유전정보 등의 보존과 전달이나, 개체간 혹은 종간의 협력이나, 혹은 개체군을 형성하기 위한 네트워크를 가능케 하는 무형의 정보체계 등을 말한다. 이 작업은 건축적이라기보다『건축적 시각으로 바라보는 다음 세대의 생활방식에 대한 예상』이다. 지상의 공간을 떠나 그나마 안정된 해양생태계에서 인류의 생명을 연장시켜, Ecourban-V1 으로의 이주가 시작되는 시점까지 살아남을 수 있도록 유지하는 역할이 Ecourban-s1이다.

Hypergate 서울 하나의 지능이 되는 도시 사람들은 서울을 실체와 비실체를 연결하는 Gate의 도시라 부른다. 이 속에는 3가지 종(種)의 인간이 살고 있다. 디지털 공간을 삶의 장소로 사용하지만 자신의 정체성이 물리적 실체에 있다고 믿고 있는 종과, 원자로 구성된 자신의 존재를 부정하면서 그들의 정체성이 오직 디지털 공간에 있다고 믿는 종, 그리고 디지털 공간에서 탄생하여 자신이 인간이라 믿는 디지털 생명체이다. 이들이 함께 살고 있는 도시의 모습이 2042년의 서울이다.

Ecourban-h1 수동적 생태 복원 주거 수평 선형도시의 기본 구조는 모든 시설이 폐쇄 회로인 튜브로 연결되어 있어 인간이 문명을 유지하는 과정에서 발생하는 부산물이 도시 밖의 자연에 영향을 주지 않고, 도시의 내부공간은 외부환경에서 발생할 수 있는 위험으로부터 보호되는 두 가지 목적을 충족시키는 것이다. 즉 생태계가 번성해있는 자연 공간을 있는 그대로 보존하면서 그곳에 도시를 지어, 자연 환경의 친생명적 공간을 인간의 삶으로 끌어 들이는 구조가 되는 것이다. 기존의 생태 요소들이 그대로 보존되면서 인간이 생존하는 공간으로 활용되어야 하므로, 이 도시에서 인간의 행위는 생태계로부터 철저히 격리된다. 그러나 이 계획은 진행되기도 전에 프로키온의 반물질이 지구를 덮쳐와 실현되지 못한 채 폐기되고 만다.

Ecourban-v1 능동형 생태계 복원시스템 　　수평 선형도시가 생태계가 번성한 곳에서 자연과 공존하는 도시공간으로 지어져 더 이상의 자연 파괴가 진행되지 않도록 하는 수동적 '생태복원' 구조를 띠고 있다면, 수직 선형도시 Ecourban-v1은 이미 자연이 파괴되어 더 이상 생명체가 살 수 없게 된 환경을 생명체가 번성할 수 있는 공간으로 재활시키는 능동적 생태계 복원계획

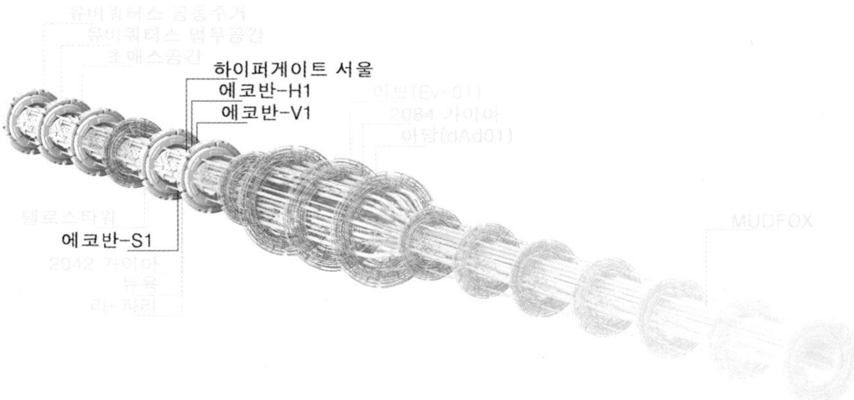

이다. Ecourban-V1의 번성은 유기생명체가 살 수 없는 극한의 환경을 인간과 자연이 함께 살아갈 수 있는 온화한 공간으로 변화시킬 수 있으므로, 생태계를 불모지들에까지 확장해 지구의 생명 질량을 높일 수 있는 도시 디자인이다. 고위도의 낮은 기온을 가지고 있거나, 사막 혹은 고원 같이 건조해서 생명이 살 수 없거나, 혹은 기타 열악한 생존 조건을 가져 생존 불가능한 환경에 Ecourban-V1이 파종되어 성장하면, 인공생태계 도시 구조물 Ecourban-V1의 의사(擬似) 생명체로서의 대사가 여러 생명의 부산물을 주변에 방출하고, 이러한 과정이 척박한 주변 기후를 생물들이 살아갈 수 있도록 온화하게 바꾸는 것이다.

이브Ev01 인간의 멸종과 디지털 생명체의 탄생 - 이브Ev01과 디지털 아담dAd-01 디지피엔스는 자신의 생명 현상을 담은 정보인 게놈을 디지털공간으로 옮겨 이제 2개의 생명을 소유할 가능성이 있음을 시사한다. 물리적 현실 공간에 존재하는 생물학적 생명과, 디지털 공간에서 분화하기 시작한 게놈이 발현할 생명이 그것이다. 디지털공간으로 옮겨진 생명정보는, 자신의 줄기세포를 원하는 세포로 분화·증식시켜 기관으로 발생시키는 원시적 생명유지의 방법을 깨닫기 시작하였다. 2074년 뉴욕의 지하 쉘터에서 마지막 인간이 사망했다. 몇년 후 지하 쉘터 Ecourban-v1을 제어하는 컴퓨터들의 네트워크는 인간 복원 계획을 시작하고 인간의 유전자를 복제한 생명체 이브Ev-01가 탄생한다. 그러나 감성 자극이 부족했던 이브Ev-01는 언어 발달장애를 보인다. 언어의 학습을 도와줄 디지털 아담dAd-01이 디지털 공간에 복제된 유전자를 통해 복원되었다. 디지털 가상공간상의 자궁에서 성장하고 탄생한 생명체에게 언어정보를 직접 입력시켜, 이브Ev-01의 두뇌에서 언어 능력을 관장하는 뉴론의 발생을 유도한다.

2084 GAIA Projects 2042년에 본 2084년의 모습 2042년 사람들은 2084년의 모습을 꿈꾸며 GAIA Projects를 시작했다. 비록 자신들에 의해 파괴되어버린 자연환경의 의미를 깨닫게 되는데 오랜 시간이 걸렸지만 그것만으로도 의미는 충분했다. 하지만 갑작스런 프로키온의 초신성은 인류의 꿈을 그들의 기억에서 지워버렸다.

인류가 지구에서 사라진 후 컴퓨터에 기록되어 있는 인류의 기억, 2042년 꿈꾸었던 2084년의 모습은 인간을 꿈꾸었던 모습으로 하나 둘 발현되기 시작 한다. 인간의 꿈이 인간이 이룩한 지식에 의해 이루어진 모습이 2084년이다.

2084년의 시간을 본 것은 **이브Ev01과 디지털 아담dAd01**그리고 컴퓨터 네트워크뿐이지만 2042년 사람들이 상상하고 디자인한 2084년의 도시는 하나씩 느린 속도로 발현되고 있었다. 나노기술에 의해 생명화 되어버린 도시는 스스로 성장하고 복제해 개체를 증식시켜 나갔다. 마치 거대한 녹색 젤리 빈처럼 보이는 2084년의 도시는 사용자의 수요에 의해 공간이 이 녹색 생명체에서 순간적으로 만들어지고, 수요가 사라지면 그 공간은 도시

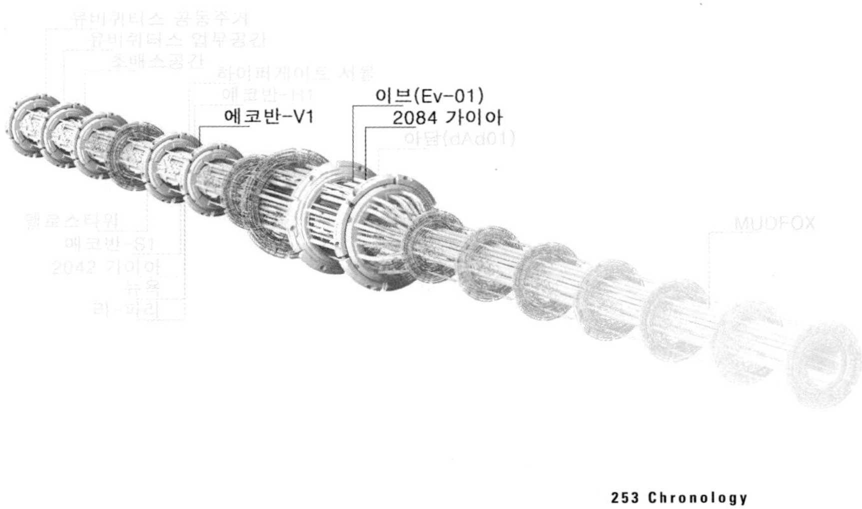

자체의 생존공간으로 되돌아간다.

디지털 아담dAd01 디지털 생명체의 공간　　이브Ev01의 언어지각 중추를 자극하기 위해 디지털 공간에서 발생한 생명체 디지털 아담dAd01은 아프리카에 살았던 AFsleo-357-m1의 유전자를 스캔해 디지털 공간에서 발생시킨 디지털 생명이다. 인간의 유전자를 가지고 있지만 그의 몸은 원자를 모사한 비트로 만들어져 있다.

Ecourban-v84 이브Ev01과 디지털 아담dAd01을 담은 공간　　2065년 몇몇 공간 디자이너는 모든 인류의 생존을 보장할 수 있는 새로운 공간 구조를 디자인한다. 인간의 의식을 공간의 한 패턴으로 해석하기 시작했고, 도시를 사고의 네트웍에 의존하는 비직교 차원의 공간으로 보았다. 네트워크가 아날로그에서 디지털로 바뀌면서 그 위에 놓인 지식은 스스로 증식하기 시작한다. 이제 사고(思考)는 두뇌에서 발생하는 화학적 현상이 아니라 금속선에 연결된 반도체에서 흐르는 전기적 현상이다. 2005년 인간의 의식은 생물학적 두뇌 안에서 벌어지는 화학적 현상이 아니라, 디지털 위상 공간에서 하나로 연결된 지구상에 존재하는 모든 인류의 생물학적 사고이고 그것이 인간의 확장된 의식이다.

Ecourban-v84에서 이브Ev-01과 아담dAd-01은 같은 시간에 같은 공간좌표 위에 함께 있지만 그들이 있는 공간은 다르다. 이브Ev-01이 바라보는 아담dAd-01은 쳄버의 플레이트 폼 위에 있다. 그가 있는 곳은 이브Ev-01의 육체를 지배하고 있는 물리적 공간인 쳄버가 아니라 아담dAd-01과 같이 있기를 원하는 이브Ev-01가 꿈꾸고 있는 장소인 가상공간이다.

Mudfox의 세상 2205 Mudfox가 바라보는 공간 Mudfox 뉴트리노를 매질로 세상을 보기 위해서 중력렌즈를 통해 공간을 압축해서 본다. 자신이 원하는 대로 시공간을 왜곡시켜 확장하거나 축소할 수 있다. 시간과 공간을 조작해서 세상을 바라보는 "Mudfox의 눈" 에 의해서 비춰진 세상은, 모든 것을 공기처럼 꿰뚫어 볼 수 있고, 시간을 정지시켜서 볼 수 있으며, 공간을 확대해 약력이 작용하는 영역을 확장하고 공간의 위상을 뒤집어 놓을 수 있는 공간이다. Mudfox의 눈이 보는 것은, 어둠과 밝음으로 구분되는 사물들이 아닌, 시간의 확장으로 인해서 공간이 요동치고, 앞과 뒤가 없는 것처럼 보이는 세상이다. 가끔씩 발광(發光)하는 중성미자의 충돌과, 소나기처럼 쏟아지다가 전자에 갇혀버린 중성미자의 소실된 궤적만이 공간크기를 가늠케 한다.

아주 먼 미래에.... 새로운 종의 생명체(Mudfox) 우주에 가장 많이 존재하는 입자는 빛 즉 광자이다. 그것이 지구상 대부분의 생명체가 생존매질로 빛을 선택한 이유이다. 아주 먼 미래에는 광자 다음으로 우주에 많이 존재하는 입자인 중성미자(Neutrino)를 생존매질로 사용하는 새로운 종의 생명체가 탄

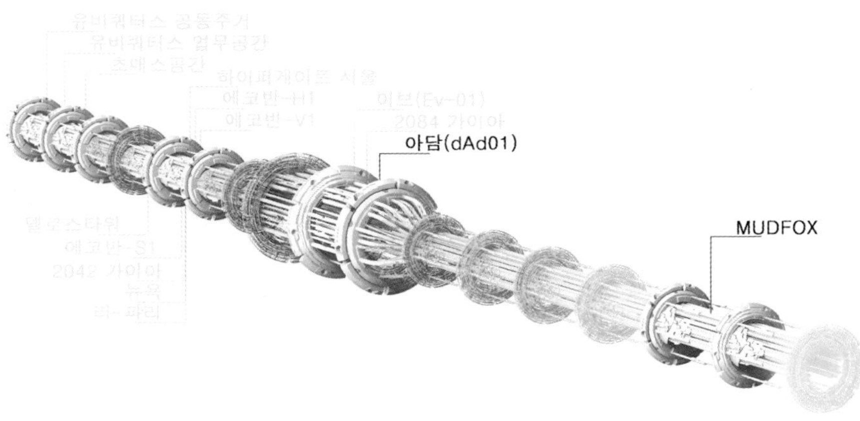

생한다. 중성미자를 통해서 세상을 보고 전자파를 먹이 즉, 에너지원으로 삼는 생명체는 지하 깊숙한 곳에서 마치 그 공간 전체를 환하게 꿰뚫어보듯이 행동하는 생명체이다. 물고기 형상으로 진흙 속을 유영을 하듯 움직여 다녀 이를 Mudfox라 불렀다.

Scenario

I. 2005년 이후 시공간의 모습

1. 2005년의 공간

디지털의 출현 후 **지난 10년의 변혁은 인류가 경험한 모든 변화를 압도한다.** 앞으로 다가올 몇 년의 짧은 시간이, 200만년 홍적세의 시간 동안 인류가 진화를 통해 경험한 생물학적 변화와 지난 1만년 문명의 시간동안 지성을 축적하며 겪은 인식의 변화를 합한 것 보다 더 큰 변혁을 줄 것임을 짐작할 수 있다.

2005년에 서서 미래를 예측하기위해서는, 과거에서 오늘을 보았던 것에 비해, 넘어야 할 시 · 공간의 크기와 복잡도가 비교할 수 없을 만큼 크다. 오늘에 서서 바라보는 내일이 아니라, 내일에서 바라보는 미래의 오늘을 상상하기 위해서는 더욱 그렇다. 미래를 바라보는 시간의 축척(Scale)은, 역사를 조명하기 위해 사용하는 축척과 매우 다른 구조(과거에서 미래로 옮겨갈수록 지수에서 기하급수로 비례하는 변화량이 바뀐다.)를 가지고 있고, 미래를 바라보는 현재의 시점이 미래로 옮겨갈수록 그 차이는 더 커진다.

이제 디지털 공간을 뒤따라 유비쿼터스 환경이 등장하고 있다. **물리적 공간과 디지털 공간의 네트워크로 정의되는 유비쿼터스 환경**이 다시 **두뇌의 감성 공간과 결합하면 유비쿼터스 공간**이라는, 미래의 시간을 담고 있는 공간이 모습을 띄기 시작한다. 피상적이지만, 기초 연구가 이미 진행되고 있어, 그 모습을 경험할 수 있는 유비쿼터스 환경과 달리 유비쿼터스 공간은 아직 그 모습을 실체로 그려 볼 수 없는 미래의 공간이다. 물론 단순한 상상으로 유비쿼터스 공간의 모습을 떠올릴 수 없지만, 몇 가지 주변 학문이 사용하는 공간 지식들을 간섭시키면 그것이 어떤 공간현상이며, 어떤 구조를 가지게 될지 그 간섭의 그림자를 통해 개략적으로나마 추론할 수 있다.

이 미래 공간의 위치와 모양을 그려보기 위해 두 개의 기준점을 사용할 수 있다. 그 하나는 현시점에서 **인류가 가진 공간 지식이고, 다른 하나는 유전자에 기록된 공간 의식**이다. 전자는 우리가 세상을 바라보는 공간 사고모형(Paradigm; 공간에 대한 고전적 수학, 물리학 모형이나 상대성 양자장 복잡성의 현대적 공간모형을 모두 포함하는)과 컴퓨터의 네트워크 안에 존재하는 디지털 공간에 관한 지식들이 결합한 공간인식이다. 즉, 비교적 오랜 시간의 관찰과 사유를 통해 얻어진 물리적 현실 공간에 관한 담론에 비해서 명확한 모습을 가진 실체로 현실 속에 나타나고 있지만 그 구조를 설명할 수 있는 언어가 부족한 것이 디지털 공간이고, 이것이 합쳐진 공간 지식은 두뇌 의식에서 발생하여 그 발전 속도가 빠르지만, 그 변화를 비교적 정확하게 예측하는 것이 가능하다. 한편, 공간지식이 진보하는 것에 비해서 느린 변화속도를 가진 유전 정보의 공간 의식은, 자신의 생존환경을 오랜 시간 관찰하여 자연선택을 통해 자신의 유전자에 기록한 공간정보이다. 이는 학습을 통해 얻어지는 물리적 공간의 지각좌표를 상실하는 디지털 공간에서 그것을 대체하는 공간인지의 기준이 된다.

미래에는 지금보다 다양한 공간의 구조에서 살겠지만, 그 공간의 대부분은 지금까지 우리가 살고 있는 선형구조의 공간 인식에 기반을 둔 공간이 아니라 초공간적 성격을 띤 비선형구조의 공간들일 것이다. 영화 매트릭스에서 네오를 혼란스럽게 만들었던 무한 루프(Loop)의 초공간이 현실화 되어, **하나의 문이 여러 개의 공간을 드나드는 출입구가 되고, 입구가 다른 공간의 출구와 연결되는 공간좌표는 마치 젤리 위에 놓인 건포도처럼 공간의 유동성을 따라 흔들릴 것이다.**

다소 허황되고 혼란스럽기까지 한 공간이, 단지 공상과학소설의 환상을 끌어가기 위한 소재가 아니라 선형구조의 공간이 제공하지 못하는 공간의 효율성과 다양성을 주기 위해 미래의 오늘 필연적으로 등장하게 될 것이며, 이런 초공간구조의 도시와 건축은 온라인과 오프라인의 결합 즉, 디지털공간과 물리적 현실 공간 그리고, 그 두 개의 공간과 인간의 공간인식을 이해하고 연결시켜주는 인터페이스들에 의해 가능질 것이다.

현상계로서의 자연의 모습을 찾기 위한 사색이 시작된 후 인류는 다양한 공간 패러다임을 만들어 냈다. 그 결과 인간의 의식은 이제 자신이 그 패러다임에 갇혀 버릴 정도의 다양한 공간담론을 가지게 되었다. **해석기하학을 담은 데카르트 좌표계와 뉴튼 역학이 지배하는 직관적 고전 물리 공간, 시간과 공간이 무한의 곡률로 확장 · 수축되는 상대성 공간, 공간의 존재가 확률로 결정되는 불연속 시공간의 양자장, 시간과 공간이 적분되어 하나가 동시에 여러 개가 되는 초공간, 너무 많은 공간 요소가 결합해 그 구조를 이해할 수 없는 비선형 공간, 그리드(Grid)를 벗어나 무한소의 차원으로 줄어든 매트릭스(Matrix) 공간** 등이 그것이다.

이들 가운데 몇몇은 일상에서 경험하는 것이고, 다른 몇몇은 섬세한 논리적 추론을 통해 그 모습을 겨우 상상할 수 있으며, 나머지는 1450cc 용량의 두뇌가 가진 공간 지능의 한계로 그 존재를 추측할 수 있을 뿐 사상(事象)의 지평(Event Horizon) 너머에 있어 오랜 시간 상상이 불허되었던 공간이다.

하지만 컴퓨터 즉 디지털 공간의 등장은 두뇌의 기억 능력을 생물학적 한계에서 벗어나게 했고, 인터넷은 디지털 공간에 저장된 기억의 실시간 사용을 가능하게 해 인간이 사용할 수 있는 지능을 무한으로 확장시켰다. 21세기, 호모 사피엔스는 디지털 지능을 소유한 호모 디지피엔스(Homo Digipiens)로 진화해 지구상에 존재하는 모든 컴퓨터와 접속하는 것이 가능해 지고,

컴퓨터와 자신의 두뇌를 동기화(Synchronization)시키는 디지털 지능은 호모 사피엔스사피엔스의 두뇌 지능으로는 불가능한, 사상의 지평 너머에 존재하던 공간을 시각적 상상으로 볼 수 있게 해석하고, 그것을 여러 개의 시공간이 공존하는 초공간으로 바라보게 했다.

2005년 디지피엔스는 디지털 지능을 유비쿼터스 컴퓨팅과 결합시켜 공간을 지능화 하려는 실험을 시작하고 있다. 디지털 컴퓨팅이 지능의 확장을 경험하게 했다면 유비쿼터스 컴퓨팅은 공간지각의 확장을 가능하게 한다. **현실과 가상이 명확하게 분리된 디지털 환경과 달리, 유비쿼터스 환경은 물리공간에 삽입된 디지털 공간이다.** 유비쿼터스 환경에서 공간은, 공간영상을 감각하는 하나의 눈과 공간정보를 인지하는 두뇌가 공간 좌표상의 동일 지점에 위치하는 단일 시점이 아닌, 위치가 다른 여러 개의 눈으로부터 동시에 입력되는 화상정보를 인지하는 확장된 연산장치인, 다시점(多視點) 시각 정보 처리 지능을 통해 얻어진다. 무한히 많은 눈과 귀, 그리고 오감을 넘어서는 다양한 감각기를 가진 무한 지능의 생명체인 호모 디지피엔스가 살고 있는 공간이 유비쿼터스 환경이다.

생물학적 지능을 통해 바라보는 현실 세계, 생물학적 지능으로 지각하는 디지털 공간, 유전자에 기록된 감성 공간, 그리고 이들이 합쳐진 공간을 디지털 지능으로 보는 세상이 유비쿼터스 컴퓨팅의 등장 이후 인간이 마주치게 되는 공간인 것이다. 여기서 첫 번째 공간은 물리적 공간좌표(Grid)이고, 두 번째 공간은 디지털 공간좌표(Matrix), 세 번째는 공간의 감성 정보, 그리고 네 번째가 유비쿼터스 공간좌표(지능공간)로 이해될 수 있다.

해석기하학을 기반으로 탄생한 **데카르트 공간좌표계에서 공간은 연속된 변화량의 수용이 가능한 정량적 차원이다.** 공간좌표계가 표현하는 그리드(Grid) 위의 기하 공간은 성격이 없는 정량적 영역으로, 그곳에는 기하학적 거리를 측정하는 메트릭(Metric; 공간의 크기를 측정하는 체계)만 존재한다. 공간의 관계는 상실되고 절대좌표를 기준으로 분절한 공간량을 더하거나 뺄 수 있는 결정론적 연산구조다. 공간은 좌표 위에 존재하는 객체들의 관계와 그것에 부여해야할 시간 차원을 무시하고 공간의 절대 가치에 대한 담론들만이 이곳에서 의미를 가진다.

컴퓨터와 네트워크가 만드는 관계성의 좌표가 물리공간과 등가인 현대 공간의 구조를 설명하는데 있어, 공간의 그리드 개념은 한계를 드러낸다. 네트워크 공간에는 더 이상 두 점 사이의 거리를 측정하는 도구인 메트릭이 존재하지 않기 때문이다. **매트릭스(Matrix)는 공간이 존재하지 않는 공간계이다.** 공간은 사라지고 그리드에 존재는 객체의 관계성, 즉 정성적인 특성만 남아있다. 공간 차원이 사라진 공간은 극히 비유클리드적이다. 공간의 조각들은 그것이 존재하는 공간 좌표상의 위치와 크기가 없으므로 더하거나 뺄 수 없다. 다만 그 공간에 있던 객체, 즉 원소의 집합으로 공간이 존재하고 집합의 성격과 그들의 관계가 공간의 구조이므로 매트릭스는 다분히 위상공간을 닮아 있지만 시간 차원을 포함한 동력학 특성을 담고 있다는 점에서 위상공간과 다르다.

유비쿼터스 환경(Ubiquitous Environment)은 그리드의 공간좌표 위에 매트릭스를 올려놓은 공간이다. 디지털 공간과 결합한 물리공간인 유비쿼터스 환경의 공간 도식(Schema)은 생물학적 지능과 디지털 지능이 통합되어 이해되는 공간으로 정의할 수 있다. 도처에 접속되어 있는 네트워크와 컴퓨터는 현실공간과 디지털 공간의 경계를 허물어 공간의 구속력이 모호해지는 공간을 창조한다. 그리드의 공간좌표에서 거리는 물리적 양으로 작용해 역학적 구속력을 발휘하지만, 와이어 공간을 따라 전달되는 공간 정보를 구속하지 못한다. 매트릭스 공간 좌표를 구속하는 것은 그것이 확률이든 관계성이든 노드(Node) 사이의 연결 밀도이므로, 두 지점의 거리는 물리적 이격에 의해 결정되는 것이 아니라 두 점 사이의 관계이다.

마크 와이저(Mark Weiser)는 물리적 공간의 존재물에 불과한 컴퓨터가 공간자체로 변화하는 유비쿼터스 컴퓨팅을 제안했다. 21세기에 들어 시작된 유비쿼터스 컴퓨팅은 미래를 예측하는 비교적 정확한 자(Scale, 척도)가 되어줄 것이다. 유비쿼터스 환경에서 공간의 물리적 가치는 디지털 공간이 가지고 있는 공간의 관계성에 따라 결정된다. 즉 공간의 의미를 더 이상 그 공간을 사용하는 인간의 공간인식능력에 의존하지 않고 디지털 공간의 위상 구조에 따라 공간을 이해하게 돼 공간의 물리적인 속성은 디지털 좌표에 의존하게 된다. 이런 공간의 구조는 디지털 환경 안에 설정되는 위상 구조에 따라 얼마든지 공간 구조의 조작이 가능하고, 과거 인간이 진화해온 긴 시간동안 살았던 공간의 기억을 매트릭스와 그리드를 결합시킴으로써 제공할 수 있다.

유전자에 기록된 공간 의식으로서의 공간 지식은 긴 진화 시간동안, 각 세대의 개체가 자신이 살았던 생존공간의 모습을 이해하고 그 경험을 자연선택을 통해 유전자에 기록하는 방식을 통해 얻어진 것이다. 유전자를 통해 조상으로부터 물려받은 공간 정보는 자신의 생존공간에 대한 감성정보로 발현된다. 이런 정보를 활용하여 생존하거나 종족보존에 성공한 개체의 유전자는 종의 특성으로 자손에게 전달되는 것이다. 개체의 생존에 성공적으로 사용된 공간정보를 다음세대로 전달하는 과정의 반복은 양의 피드백(Positive Feedback)을 일으켜, 생존환경에 각 세대에게 최적화된 공간정보로 정제되는 결과를 낳았다.

야행성 포식자에 무기력한 영장류 조상들이 살아남기 위해 만든 어둠에 대한 두려움이나. 자손의 생산에 유리한 아름다운 암컷에 대해 느끼는 수컷의 호감, 수컷의 치장이나 선물에 대해 암컷이 느끼는 확률적 안정감, 깨끗한 환경에 대한 선호, 작은 공간을 좋아하는 어린 개체의 성향(부모가 곁에 없는 동안 확률적으로 발생할 수 있는 포식자의 공격으로부터 방어하기 위해 작은 공간에 호감을 느끼고 그곳에 들어가 포식자의 공격을 피하려는 공간본능 혹은 공간 감성) 등이 그러한 공간 정보의 감성적 발현이고, 이런 감성정보는 개체가 성체로 성장하고 자손을 낳는 과정을 성공적으로 이끌어 가는데 매우 중요한 역할을 한다.

인간의 유전자는 200명의 개체군(Community: 공동체)을 구성할 수 있는 정보 네트워크 영역을 두뇌에 발현시킨다. 이에 비해 침팬지는 약 40 개체, 개미는 100만 개체이다.

진화론을 구성하는 세 개의 기본적인 틀은, 첫째 부모의 형질이 자손에게 전달되며, 둘째 전달과정에 변이가 발생하고, 셋째 변이된 형질이 자연에 의해 선택된다. 자연계에 살고 있는 많은 종들이 진화론의 마지막 틀인 '자연선택' 을 수정해 성 선택으로 수용했고, 그리고 이것의 발전형인 '개체군 선택' 을 진화 알고리즘으로 사용했다. '개체군 선택' 이란 개체가 개체군을 형성하는 것 즉, 집단의 구성원이 되는 것이 생존 가능성을 비약적으로 증가시키므로 '개체유지와 종족보존' , 즉 진화의 장을 자연에서 개체군 안으로 끌어들인 것이다.

진화의 장을 자연에서 "개체군 선택" 으로 끌어들여 가장 성공적인 결과를 거둔 종의 예는 인간이다. 인간 종은 구강언어라는 강력한 네트워크 수단을 획득해 다른 종과는 비교할 수 없는 정보 전달 밀도(구강 언어를 포함한 모든 의사전달 체계의 의사표현 대비 의미전달 비율)를 가진, 초개체(사회적 동물이 보이는 생존 구조, 개체가 아닌 개체군의 생존능력에 의해 개체의 종족보존이 결정, 개체군이 하나의 생명체처럼 행동)적 특성을 보이는 개체군을 형성하여 마치 한 마리의 거대 생명체처럼 행동할 수 있게 되었다. 인간에게 맹수와 같은 외부 포식자는 더 이상 생존을 위협하는 대상이 아니다. 이제 개체군의 구성원인 인간의 중요한 진화 전략은 자연환경에서 살아남기 위해 튼튼한 두 다리와 강한 송곳니를 소유하는 것이 아니라, 개체군 안에 남기 위해 구성원들과 좋은 관계를 유지할 수 있는 현명한 두뇌와 섬세한 감성을 갖는 것이다. 자신에게 호혜를 베풀어준 이웃을 기억하고, 그가 어려움에 처했을 때 그 호혜를 보상하며, 어려움에 처한 이웃을 도움으로써 자신이 다음에 겪게 될지도 모르는 위기를 그들의 도움으로 극복할 수 있는 보험을 준비하는 생존전략은 두뇌에 커다란 부담을 주지만 그에 반해 안정적인 먹이 공급이 가능해지므로, 두뇌를 키우는 것은 효율성이 좋은 진화전략이었다.

'개체군 선택' 에서 개체가 유전 정보를 다음 세대로 전달하는 가장 좋은 방법은 넓은 정보 전달 네트워크와 보편적 프로토콜(Protocol: 통신 규약)을 갖는 것이다. 전자는 개체군을 형성하는 구성원들의 정보를 기억하는 것이고, 후자는 감성표현 등 개체간 의사 전달 기호를 공유하는 것이다. 인간의 두뇌는 사회적 네트워크를 구성할 수 있을 정도의 정보 전달 밀도로 약 200명을 기억하고 다양한 언어(구강언어를 포함한 신체 기호, 표정 등의 의사 표현 수단)로 의사를 전달할 수 있도록 진화되었다.

신체에 에너지를 공급하기 위해 느끼는 식욕이나 종족유지를 위해 이성에게 느끼는 호감만큼 개체군 형성 즉, 집단에 소속되려는 성향은 인간이 지닌 가장 원초적 생존 본능 가운데 하나다. 집단(개체군) 형성의 본능은 자연환경에 노출된 인간이 개체로서의 자신을 보호하고 종족을 유지하기 위한 전략으로 오랜 진화의 시간 동안 개발한 것이고, 지금도 생존에 필요한 감성 지식으로 인간의 유전자에 기록되어 있다.

하지만 자연환경의 위협이 더 이상 존재하지 않는 도시에 살고 있는 현대

인에게도 이러한 유전정보가 발현하는 개체군 형성의 본능은 여전히 강한 감성정보로 작용하기 때문에, 개체군 형성의지가 박탈되면 다양한 인지 부조화가 일어난다. 문명의 발전 속도를 따를 수 없는 생물학적 진화는 현대에서 모순처럼 보이는 생존 알고리즘으로 발현되는데, 유전자에 기록된 감성정보가 자신의 생존환경이 가진 공간구조와 일치하지 않으면 인지 부조화 즉 생리적 불균형을 야기시키고, 그 환경에서 벗어나려는 특성은 현대 도시의 거대 구조에 의해 무의미한 것이 되거나, 오히려 생리적 평형을 깨뜨려 생존에 불리하게 작용한다.

현대 도시구조의 비인간성을 비난하는 가장 큰 이유는 도시가 개체군 형성의 본능을 충족시켜주지 못하고 있는 것에 대한 막연한 불안함과 불편으로부터 발생한다. 이러한 예는 자손에게 자신의 생존경험을 전달하려는 본능이 강해지는 노인층이 그들로부터 유기될 때 삶을 포기하는 것이나, 익명성이 강한 현대 도시의 탈 개체군 구조에 적응하지 못해 발생하는 다양한 정신질환에서 볼 수 있다.

거대도시의 출현으로 발생한 공간좌표와 관계성의 좌표, 즉 그리드와 매트릭스(Grid와 Matrix)의 박리(剝離)는 도시거주자의 생존본능을 오랜 시간 혼란스럽게 만들었다. 즉 마음을 수용하는 영역인 개체군으로서 커뮤니티는, 공간좌표 상에서 몸을 수용하는 영역인 집에서 벗어나 있는데 거주 영역(개체군 형성의 감성인 마음이 거주하는 영역)이 주거영역(몸이 거주하는 영역)과 좌표 상에서 일치하지 않으므로 커뮤니티는 더 이상 주거 공간을 중심으로 형성되지 않게 된 것이다.

진화 과정에서 획득한, 생존 필수인 네트워크의 프로토콜 "어떻게 개체군의 구성원으로서 이웃을 이해하고, 개체군에서의 상황에 대처하는가?"는 사용할 수 없는 감성 지식이 되고 말았다. 이는 앞으로 유전 정보가 진화를 거듭해서 도시의 구조에 최적화된 공간 감성 정보를 갖는데 수천 혹은 수만 년의 시간이 필요하다는 것이고, 역으로 보면 도시가 그 공간에서 사용할 수 없게 된 거주자의 잉여 생존본능 즉, 감성 정보를 충족시켜주어야 한다는 것이다.

유비쿼터스 공간은 공간지식과 공간의식이 결합된 고차원 공간계이다. 저차원 공간계인 고전역학의 절대공간이 수용할 수 없었던, 공간의 휨을 절대 시공간의 시간차원이 흡수하고, 상대성공간과 양자공간의 통합을 11차원의 초끈 공간이 가진 여분의 차원에 담아내는 것을 가능하게 하는 것처럼, 저차원계의 공간 사고 모형인 유클리드 기하체계로부터 진화한 데카르트 공간이 제공할 수 없었던 건축 시공간의 통합을 시간과 복잡성 그리고 감성이라는 여분의 차원을 가진 유비쿼터스 공간이 가능하게 할 것이다.
유비쿼터스 공간에서, 첫째 공간인식 범위의 무한 확장이 가능해서 사용자의 인지 한계에 의해 건축물을 분절하는 것이 무의미해진다.(거대 건축공간이 가지는 이점을 공간 계획에 사용할 수 있다.) 둘째 시간차원의 이격에 의한 장애가 사라진 공간은 다양한 공동체 형성의 기회를 폭넓게 제공한다. 셋째, 앞의 두 가지 조건의 합은 그리드와 매트릭스를 동일 공간 좌표 위에 놓을 수 있어 무한 확장이 가능하고 공간적 장애가 없어진 곳에서 그리드는 매트릭스를 따라 유동적으로 움직일 수 있다. 넷째, 그리드에서의 커뮤니티와 매트릭스에서의 커뮤니티가 등가로 작용하거나 하나로 합쳐질 수 있다.
우리가 현시점에서 상상할 수 있는 유비쿼터스 공간은 데카르트 공간위에 올려진 1개 이상의 가역적 시간 차원과 비선형의 복잡성 그리고 디지털공간과 섭동하는 물리적 공간, 지능을 가진 공간, 두 점 사이의 공간 거리가 관계성의 거리로 치환된 공간 등이다. 아마 이러한 유비쿼터스 공간은 그동안의 건축공간이 수용할 수 없었던 시공간 생명인 인간의 공간 욕구를 다른 각도에서 충족시켜줄 것이다. 사용자의 공간 감성적 수요에 적극적으로 대응하고 공급할 수 있는 공간좌표계가 유비쿼터스 공간이다.

2. 2005년 유비쿼터스공간

1) 유비쿼터스란?

유비쿼터스(Ubiquitous)는 '시공을 초월해 어디에나 존재하는' 이라는 의미의 라틴어로, 디지털 환경에서 네트워크와 결합해 컴퓨터를 어디서나 항상 사용할 수 있는 환경, 즉 '모든 곳에 컴퓨터가 심어져 있는' 의 뜻으로 유비쿼터스 컴퓨팅, 유비쿼터스 네트워크로 사용되며, 유비쿼터스 환경으로 의미가 확장될 수 있다. '유비쿼터스 컴퓨팅(Ubiquitous Computing)' 은 디지털 환경의 구조에 대한 새로운 모형으로 1988 Xerox의 팰로알트 연구소(PARC)에 근무하던 마크 와이저(Mark Weiser)에 의해 창안되었다.

마크 와이저는 유비쿼터스 컴퓨팅을 다음 4가지 조건을 만족하는 것으로 정의했다. 첫째, 다수의 작고 값싼 특수 기능의 컴퓨터들이 네트워크를 통해 완전히 연결되어야 하며 그렇지 않은 컴퓨터는 유비쿼터스 컴퓨팅이 아니다. 둘째, 이러한 컴퓨터들은 사용자의 눈에 띄지 않아야 한다. 셋째, 가상공간이 아닌 실제세계의 어디서나 컴퓨터 사용이 가능해야 한다. 넷째, 인간화된 인터페이스(calm technology)로서 사용자 상황(장소 · ID · 장치 · 시간 · 온도 · 명암 · 날씨 등)을 인식하고 그것에 따라 서비스가 변할 수 있어야 한다. 컴퓨터 사용방식의 변화인 유비쿼터스 컴퓨팅은 물리적 공간의 존재물이던 컴퓨터 자신이 공간 환경이 되는 것을 의미한다.

Michle batty는 "전자공간의 진화과정을 장소(place) 공간(space), 컴공간(cspace), 전자공간(cyberspace), 전자장소(cyberplace)로 설명하였다."[1] "장소는 사람들이 실제로 생활하는 미시적인 공간의 개념이며 공간은 지리학자 또는 지도를 통해 추상화된 거시적인 공간으로 객관적으로 추상된 개념을 의미한다."

1) Batty, M, *Virtual Geography*, Futures, Vol 29, Nos 4/5, pp. 337-352, 1997

따라서 전자장소(cyberplace)란 전통적인 장소의 기반을 전자공간(cyberspace)의 기반으로 채우는 것을 의미한다.

유비쿼터스 환경은 물리적 현실공간과 디지털 가상공간이 결합한 새로운 공간개념을 발생시킨다. 이것은 물리공간에서의 자산인 물질재화와 가상공간에서의 상품인 정보재화가 공간재화로 변환되는 것을 의미한다. 즉 유비쿼터스 환경은 더 이상 기존의 사물에서의 정보획득(소유권)이나 네트워크를 통한 가상의 장소로 부터의 정보획득(접속권)이 아닌, 자신이 거주하는 공간에 심어져 있는 시스템으로부터 정보획득(거주권)을 의미하는 것이다.[2] 이것은 공간에서의 사물-사물의 관계들이 네트워크를 통해 인간들의 관계가 형성되는 개념이며, 또한 공간 환경에서 인간의 인지차원이, 기존의 인간-기계의 인터페이스인 가상현실에서 인간-환경의 증강현실로 전환되는 것을 의미한다.

현실은 물질이나 사물들이 인식과 분리된 대상의 위치와 속성의 정보를 기억해야하는 공간이다. 그러나 컴퓨팅 환경은, 현실의 원자가 물질을 이루는 요소라면, 비트(bit)는 정보를 저장하는 공간으로 볼 수 있다. 유비쿼터스 공간의 구조는 원자와 비트가 통합되면서 물질(=원자)과 인식(=비트)이 통합된 물질구조를 갖는 공간이 되는 것으로 예측할 수 있다.

유비쿼터스 컴퓨팅을 구성하는 기술요소를 살펴보면 센서(Sensor)·프로세서(Processor)·커뮤니케이션(Communication)·인터페이스(Interface)·보안 등 5가지를 들 수 있다. 센서는 외부의 변화를 감지하는 입력장치로 시청각 정보는 물론이고 빛·온도·냄새 등, 물리·화학적 에너지를 전기신호로 변환시

2) 하원규, 김동환, 최남희, 『유비쿼터스 IT혁명과 제3공간』, 전자신문사, 2003

킨다. 이러한 센서는 어디서나 구현되고 눈에 띄지 않기 위해서는 소형화가 되어야 하고, 대량으로 보급하기 위하여 저가화의 기술과 한번 쓰고 버리는 형태(Disposable Computing)가 되어야 한다. 또한 저전력기술도 중요하다.

표 1 물리공간, 전자공간, 제3공간

공간원소	원 자	비 트	원자+비트
공간지각	만질수 있는 공간	만질수 없는 공간	만지지 않아도 알 수 있는 공간
공간형식	유클리드 공간, 실제적 현실임	논리적 공간, 컴퓨터상에서 가상적임	지능적 공간, 지능적으로 증강된 현실임
공간구성	토지+사물	인터넷 + 웹	유비쿼터스 네트워크+지능화된 환경, 사물
기능형성	공간에 사물이 심어짐	컴퓨터에서 가상 사물이 심어짐	컴퓨터가 사물에 심어짐
컴퓨터 활용	메인 프레임	PC	tiny - invisible - pervasive 컴퓨팅
공간접속	Only one access/ by on eself	Only person one computer	Ubquitous access/thing one self
기반네트워크	도로망, 철도망	PC와 PC를 연결하는 인터넷	사물과 사물을 연결하는 인터넷
공간개발기술	토목, 건축	IT(컴퓨터 + 통신 + 방송 융합)	IT + NT + BT 융합
공간경제원리	규모와 집적 원리	내트워크 외부성 원리	공명성과 공진화원리
산업경제	유형의 1, 2, 3차 산업	무형의 디지털 경제	모든 환경, 사물의 상황을 sensing, moniting하는 전방위 공간 비지니스 산업
발전과제	기간 육성산업과 지역간 격차해소	네트워크 기반과 이용자 확산	모든 네트워크간 통합과 칩의 저 가격화
발전정책	국토종합개발계획	Cyber + Korea + e-Korea	전자-물리공간통합 U-Korea 종합발전계획
추진시기	1972 - 현재	1999 -2002	2003 - 2010

센서는 능동형과 수동형으로 구분하며, 전자는 소리센서로 사람의 음성을 분석하여 누구인지 확인하는 것으로 외부환경과 사물자체를 대상으로 감지하여 정보를 전송하는 방식이다. 대부분의 센서시스템이 여기에 속한다. 시각 · 청각 · 촉각은 물리센서로 구현하고, 후각 · 미각은 화학센서로 구현한다. 후자는 RFID(Radio Frequency Identification)가 가장 보편적으로 사용 중이며, 액티브 배지 · 바코드 기술 등도 활용된다. 프로세서 기술은 사람의 두뇌에 해당하는 것으로 센서를 통해 얻은 데이터를 분석하고 판단하는 장치이다. 초소형의 미세칩에 OS를 넣어야 하기 때문에 가능한 간단한 구조를 가져야 하며 저전력의 설계가 필수적이다. 커뮤니케이션 기술은 사물들 간의 의사소통을 위한 기능이다. 사용자와 인근사물과의 상호작용이나 기기간의 상호작용을 지원하기 위한 근거리 무선통신기술이 필요하다. 예를 들어 화재센서가 이상을 감지하였다면, 주변센서에게 정보를 전파하여 이를 종합적으로 수집할 수 있게 하여야 한다. 블루투스(Bluetooth) · 지그비(Zigbee) 등은 지속 정보 전송기술로 기기제어 등에 적합하고, UWB(Ultra WideBand)등은 영상전달에 필수적이다. 또한 사물과 기기들을 식별하기 위해 IPv6기반의 IP체계도 필요하다. 인터페이스는 키보드 · 마우스 · 화면 등의 사람 중심적인 형태보다는 기계중심적인 형태를 띠게 될 것이다. 제스처 · 음성 · 동작 · 문자 · 표정 등 다양한 형태의 인터페이스가 사용될 수 있도록 도처에서 디스플레이 센서장치가 사용된다. 예를 들어 거실에 있는 TV로 영화를 보다가 안방으로 가면 연속된 화면이 안방에 있는 TV로 중계된다. 이처럼 정보가 도처에 존재함에 따라 이를 차단하는 보안시스템의 중요성이 한층 더 증가된다. 기밀성 · 인증 · 무결성을 보장해 주는 기술이 필요하게 된다.[3)]

3) 김경우, op.cit. 제4호, p. 227-229, 2004

IPv6를 사용하는 RFID칩은 340澗 즉, 3.4×10^{36} 개의 ID를 발생시킬 수 있다. 최대 20바이트로 100만개의 ID를 조합할 수 있다. 바코드와 비교하면 IPv6는 지구상의 모든 모래에 무작위로 ID를 부여해도 그것이 겹쳐질 가능성이 1/400만에 불과하다. 이런 수의 ID는 모든 객체에 RFID칩을 부착하는 것을 가능하게 한다. 사람과 컴퓨터는 물론이고 손목시계 · 컵 · 구두 · 옷과 같은 생필품 그리고, 도로 · 다리 · 건물 심지어 채소와 과일에 이르기까지 모든 공간과 사물에 작은 칩들이 부착되고, 이들 객체로부터 발생하는 모든 정보들이 컴퓨터에 저장되고 그 정보는 디지털 공간에서 네트워크로 연결되어 객체사이의 관계가 축출된다.

이러한 유비쿼터스 환경에서는, 현실세상의 공간을 단위크기로 나누고 각각의 단위 크기 공간에 IP와 공간의 물리적 성격을 읽어 낼 수 있는 Sensor를 부여할 수 있다. 이 단위 공간들 역시 RFID등의 칩에 의해 무한히 많은 ID를 부여 할 수 있다. 그 결과 단위공간의 집합인 공간에 존재하는 객체와 객체 · 객체와 사람 · 사람과 사람 · 객체와 공간 · 사람과 공간 등 단위공간에서 발생하는 모든 객체의 역학적 관계, 즉 단위 공간에서 단위 시간동안 발생한 변화량을 컴퓨터의 저장 장치에 연속적으로 기록하면 정보의 중첩은 저장된 정보 객체들 사이에 인력을 발생하는 질량이 생성된다. 즉 그 공간에서의 모든 사건과 행위의 정성적 특성에 관한 정보를 객체화하여 축출하는 것이 가능해 진다. 그 결과 현실 세계의 공간은 객체화되며, 각각의 단위공간은 물성을 지닌 객체로서 공간적 지위를 부여받게 된다. 객체로 IP를 부여받은 공간은 물리적 실체와 같이, 공간에 놓여있는 객체로서의 특성을 가지게 된다.

2) 물리공간과 디지털공간 그리고 감성공간

현실 공간에 존재하는 모든 물성 객체를 디지털 정보와 연결해 객체의 의미를 증강시킬 수 있는 **유비쿼터스 컴퓨팅은 물리적 공간과 디지털 정보차원 그리고 감성정보공간을 결합시켜 전에 경험하지 못한 새로운 건축공간의 가능성을 제시하고 있다. 유비쿼터스 환경에서 물리적 공간은 디지털 차원과 결합해 가역적 시간차원으로 확장된 시공간이 되며, 감성정보공간이 더해져 공간은 계(系)로 영역이 확장되어 탈기하화 된다.** 유비쿼터스 환경이란 인식(認識)속에서 분리되어 있던 세 개(더 많은 공간 개념들이 하나로 결합 될 수 도 있다.)의 공간이 하나로 합쳐질 수 있는 환경이다. 질량과 부피를 가지고 있는 현실공간의 객체 혹은 공간자체에 디지털 정보를 삽입해 그것의 의미를 증강시키고 디지털 네트워크를 통해 그 의미가 전달될 수 있는 영역을 확장하며, 이 과정이 인간의 감성구조 안에서 이루어지도록 하는 것이다.

물리적 공간의 객체인 노드(Node)**는 디지털 공간에서 정보가 저장되는 구조인 場의 텐서로**(Tensor, 물리적 객체에 대한, 디지털 공간상에 저장되어 있는 그것에 대한 정보) **사상**(Mapping 1:1 대응관계로 투영되어 같은 의미를 지니는)**되고, 디지털 공간의 텐서는 물리적 공간의 노드와 동기화**(Synchronization)**된다. 디지털 공간의 텐서는 객체와 객체 혹은 객체와 공간 그리고 공간과 공간 사이, 공간과 사용자의 관계를 이해하는 공간객체**(물리적 현실공간의 객체와 이에 대응하는 디지털공간의 정보객체가 하나로 결합한) **이며, 물리적 공간에 존재하는 객체들의 관계를 제어한다. 그 결과 공간은 지능을 가지며 지능화된 공간은 사용자의 공간경험에 의존하는 수동적 단위공간들의 집합에서 사용자의 공간의지를 이해하고 그것에 능동적으로 동기화되는 공간으로 건축이 사용할 공간을 변화시킬 잠재적 가능성들을 지닌다.**

물리적 현실공간 **현실의 물리적 공간이란 상대성의 거시세계와 고전 물리학의 직관적 현실세계 그리고 양자역학의 미세세계 그리고 혼돈의 복잡계가 하나로 존재하는 영역이다.** 리만공간은 초공간의 존재 가능성과 장으로서의 공간이 휘어질 수 있음을 증명했고 마침내 상대성 세계에서 공간은 더 이상 평평하지도 않으며 시간이 공간의 한 차원이고, **시간차원이 결합된 시공간차원에서 공간은 절대성을 상실하게 됨을 보여 주었다.** 에너지와 질량은 등가이고 시간과 공간이 하나의 시공간인 세상에서 질량은 시간과 공간을 휘게 만들고 공간이 휘어지면 시간 역시 휘어져버린다.

또한 **세상은 매우 규칙적이어서 몇 개의 방정식으로 공간의 모든 현상을 설명하고, 예측할 수 있는 영역이기도 하다.** 공간은 유리처럼 투명하고 물은 공기보다 무거우며 시간은 공간보다 사물의 움직임과 더 깊은 관련을 가지고 있다. 공중으로 던져진 공은 중력장을 따라 포물선의 궤적을 그리며 땅으로 떨어지고 광자는 매질의 밀도를 따라 굴절한다.

하지만 고전물리학이 지배해온 절대공간의 직관에서 잠시 벗어나면 **공간은 고무줄처럼 늘어나고 종잇장처럼 쉽게 찢어지며 때로는 사라진다.** 양자역학은 공간이 바라볼 수 없을 만큼 탁하고 무거우며 때로는 끊어져버리는 것임을 발견한다. 입자는 더 이상 하나의 연속된 공간을 차지하는 질량이 아니라 불특정 공간에 확률적으로 나타나는 파동이다. 파동으로써의 입자는 확률 질량에 의해 실체가 결정되지만 질량의 크고 작음이 입자를 결정하지는 않는다.

복잡계의 세상으로 들어가면 1+1의 답은 무한한 다양성이 된다. 하나에서 발생하는 무한의 가능성과 복잡성과 알 수 없음을 답으로 먼저 제시하고 시작하는, 복잡하면서도 때로는 단순하게 보이는 문제들의 알 수 없는 답을 찾는 공간이다. **부피는 사라지고 무한의 면적만 남은 공간**, 면적은 없는데 길이는 무한인 평면, 유한의 길이가 무한의 길이가 되며 그것이 유한과 등가인 공간 등이 복잡계의 세상이다.

현실의 물리적 공간은 이런 복잡한 세상의 모습들이 모두 합쳐져 있는 곳이다. 돌도끼와 돌화살촉으로 사냥감을 쫓아 들판을 달리던 시공간에서 세상은 알 수 없는 절대자의 의지에 의해 반복되어지는 곳이고, 수레가득 비단을 싣고 타클라마칸 사막을 지나던 사람들의 시공간에서 세상은 공급과 수요사이에 존재하는 공간의 위험이 상품의 가치를 높이는 곳이었다. 르네상스와 산업사회를 지나 현대의 세상은 현실이라는 현상계의 직관적 관찰에서 잉태된 공간 사유체계가 다시 현실공간의 현상이 되고, 이제 디지털 공간이 물리적 공간과 등가의 가치를 주장한다.

인간을 담고 있어 우리에게 가장 익숙한 공간인 **현실공간은 우리의 직관에서 잠시만 벗어나면 상상할 수 없을 만큼 복잡하고 혼란스럽다.** 객체(사물)는 우리 시야에 남아 있는데 그것을 구성하고 있는 입자들은 요동치며 사라져버리고 또 다시 생성된다. 직선을 긋는 자는 휘어져 있고 1+1=2임을 신뢰할 수 없는 곳이다. 하지만 이렇게 복잡한 구조를 가진 현상계로서의 현실공간을 바라본 인간의 눈에 비친 세상은 다행히 단순하고 아름다운 규칙성으로 가득하고 보고 듣고 만질 수 있는 곳이다

디지털 공간 네트워크 공간에는 더 이상 두 점사이의 거리를 측정하는 메트릭(Metric)이 존재하지 않는다. 디지털 위상 공간 Matrix[4]는 공간이 존재하지 않는 공간계로, 공간은 압축되어 극미의 관찰 불가능한 차원으로

4) 비 좌표 공간, 거리는 두 점 사이의 1차원 공간 값이 아니라 계안에 존재하는 비 실존적 객체 사이의 친밀도이다. 여기서 Matrix는 네트워크의 디지털 공간으로 물리적 공간속성이 탈루되어 시간과 공간의 동역학적 관계가 존재하지 않는 공간이다.

존재한다. 공간은 사라지고 공간계에 존재하던 객체들의 관계성 즉, 공간의 정성적 특성만 남아있다. 공간차원이 사라진 공간은 이미 비유클리드적이다. 공간의 조각들은 그것이 존재하는 공간 좌표상의 위치와 크기가 없으므로 더하거나 뺄 수 없다. 객체의 집합만 존재하고 그 집합의 성격과 관계들이 공간의 구조이므로 Matrix는 다분히 위상공간을 닮아 있다. 하지만 Matrix에는 공간이 존재하지 않지만 시간차원을 담고 있다는 점에서 위상공간과 다르다.

공간이 무시된 공간계의 구조는 그 공간계의 현상들에 의해 발현된다. Matrix에서 현상들의 결과, 즉 사건의 결과로 나타나는 엔트로피의 변화는 물리적공간과 반대로 높은 혼돈에서 시작해 질서로 감소한다. 균질에서 시작한 공간 상태는 객체인 노드(Node)의 이산에 의해 집합으로 동기화되고, 그 결과 노드들은 열린계의 집합을 구성해 공간에서의 크기(정량)를 만들어낸다. 하지만 Matrix공간에서 공간의 크기란 객체가 차지하는 공간의 양이 아니라 그것의 위상 공간, 즉 그래프 위에 나타나는 집합의 밀도크기이다.

상대성 이론을 펼치기 위해 사용하는 리만기하에서, 공간의 곡률차로 중력을 설명했지만 그 공간이 가지고 있는 차원에 공간의 곡률을 중력으로 해석하기 위해 여러 번의 미분을 거쳐야 하는 수고가 필요하지만 공간의 곡률을 밀도로 치환하면 공간의 곡률을 3차원에서 1차원으로 미분할 필요없이 공간의 밀도차이에 의해 발생하는 중력을 바로 설명할 수 있는 것 같이 디지털 위상공간의 정량적 크기는 밀도 혹은 공간을 점유하지 않는 원소들의 공간크기인 원소의 수로 나타낼 수 있다. **디지털 공간은 물리적 네트워크인 "와이어(Wire)공간"과 정보 노드들이 형성하는 근방계인 "디지털 위상공간"으로 나눌 수 있다.**

디지털 공간은 하드웨어적 와이어의 1차원 공간과 소프트웨어적 위상구조의 비기하차원의(기하학에서 공간을 기술하는데 사용하는 차원의 개념으로 표현할 수 없는 공간)공간이 결합한 것이다. 디지털 공간을 이루는 이 두 개의 공간은 하나의 디지털 공간을 구성하는 요소임에도 불구하고 유사성이 없는 공간이다. 우주공간에 존재하는 입자들이 양자영역에서 다양한 공간적 특성을 보이는 것에 비해 디지털 공간을 이루는 1차원적 와이어 공간의 비역학적 구조위에 놓여있는 위상공간은 다차원이 사상(Mapping)되어 다양한 집합관계로 존재할 뿐이다. 즉 와이어 공간을 지나는 입자로서의 펄스가 시간차원을 따라 1차원적 크기를 가지고 있는 것에 비해 위상 공간은 공간으로서 지위를 가지고 있지만 크기가 없어 형상을 가지지는 못한다.

Matrix 공간 현실공간의 직관적 이해에서 출발한 기하공간과 달리 네트워크의 출현으로 파생된 디지털 공간의 이해는, 공간이 물성을 가지지 않는 것에서 출발한다. 질량이 존재하지 않는 공간은 인력이 없고, 또한 무한의 속도로 와이어 공간을 이동하는 가상의 입자를 통해 바라보는 위상공간은 상대적으로 공간의 크기가 없다. 디지털 공간에서 객체를 구성하는 Bit는 인력을 가지고 있지 않다. 인력이 없는 입자는 무한히 결합과 해리(解離)를 반복할 수 있고 해리된 입자는 다른 입자 혹은 객체로 재구성 될 수 있다. 이러한 디지털 공간의 물성은 객체를 구성하는 공간 알고리즘과 데이터만 가지고 있으면 동일한 객체의 무한복제가 가능하게 한다.

디지털 공간에서 공간과 그 공간에 존재하는 입자는 등가이며 동일한 개념이다. 공간과 그 시공간에 확률로 출현하는 파동으로서의 입자와 달리 디지털 공간에서 공간은 그 입자들의 합에 불과하다. 공간은 절대량이 정해져 있는 것이 아니라 입자의 합이 공간이 된다.

와이어(Wire)공간 와이어 공간에서 광섬유의 저항에 의한 에너지 손실을 증폭기가 보상한다고 가정하면 디지털 정보는 에너지의 확산이 없는 1차원 선형공간을 통해 전달되고 그 결과 정보와 정보사용자 사이의 물리적 거리는 무의미한 것이 된다. **디지털 공간의 물리적 구조는 무한히 많은 1차원 공간의 적분으로부터 얻어지는 3차원 공간이 아니라, 각각 독립된 1차원 공간의 정보튜브로 연결된 0차원공간의 집합이다.** 이러한 정보전달구조에서, 에너지의 확산에 의해 물리적 거리가 제공하던 차폐효과는 사라지게 된다.

감성정보공간 **지구상에 살고 있는 대부분의 생명들은 자신의 눈으로 바라본 국지공간의 즉물적 공간정보들을 이해하여 생존에 활용하도록 진화하였다.** 이러한 정보처리방식은 그것을 분석하기 위해 소비되는 에너지에 대비(對比)해 효율적인 방식이었으므로, 포유류가 등장하기 전까지 지구를 지배해온 고등생명인 파충류와 공룡들은 이러한 방식으로 자신이 살고 있는 세상을 이해했다. 공간이란 단지 먹이와 포식자 사이의 거리에 불과하고 먹이의 크기가 자신보다 작아 사냥이 가능하다고 판단되면 거리를 극복해 먹잇감을 취하는 것이 공간의 의미였다. 파충류에게 공간이란 다양한 형상과 색채 그리고 넓이를 지닌 감성의 영역이 아니라, 오직 나로부터 먹잇감까지의 거리 혹은 깊이의 모습으로 이해하면 충분한 것이었다. 하지만 포유류에게 이런 방식의 공간이해는 매우 위험한 생존 알고리즘이다.

자신과는 비교도 할 수 없는 거대한 몸집과 파괴력을 가진 파충류와 공룡이 우글거리는 세상에서 그들과 경쟁을 해야 했던 포유류가 선택한 생존전략은 두뇌의 부족한 공간인지영역을 확장시키고, 기억공간에 자신이 학습한 공간정보를 저장하고, 그 공간이 눈앞에서 사라져도 두뇌에 저장한 세상의 공간정보를 원할 때 꺼내볼 수 있는 방식을 개발하는 것이었다. 이런 생존전략은 많은 에너지를 소비하는 두뇌를 확장시켜야 했지만 나름대로 시도해볼 가치는 있었다.

빛이 사라진 밤이 오면 자신의 생존공간을 지배하던 파충류와 공룡들 역시 사라졌다. 어둠을 볼 수 없는 이들이 해야 할 일은 오직 편안한 휴식을 취하며 내일 사용할 에너지를 준비하는 것뿐이기 때문이다. 빛이 없는 공간에는 이제 포유류를 위협할 생명체들이 없었다. 이제 포유류에 대한 유일한 위협은 즉물적 시각정보가 상실된 공간에서 얻은 잘못된 공간정보였지만, 이것도 **자신의 기억에 저장해놓은 공간정보를 촉각 · 청각 그리고 후각이 제공하는 즉물적 공간정보와 결합시키면 어두운 공간에서도 세상의 모습을 비교적 정확하게 볼 수 있었다.** 6300만 년 전 지구와 혜성과의 충돌로 세상이 어둠에 잠겼을 때 공룡들은 멸종했지만 그들은 살아남았고 인간의 조상인 원숭이가 되었다.

히말라야산맥의 융기로 시작된 긴 가뭄으로 아프리카의 밀림이 사라지면서, 오랜 나무 위의 삶을 버리고 처음 지표면 세상으로 내려왔을 때, 우리들의 조상 직립원숭이는 나무 아래의 세상이 얼마나 두려운 곳인지를 뼈저리게 깨달았다. 항상 수분과 영양을 동시에 공급해주던 안전한 먹이인 과일에는 더 이상 손이 닿지 않았고, 나무덩이 속의 애벌레도 더 이상 쉽게 찾을 수가 없었다. 이제 수분을 얻기 위해서는 바위틈을 흐르는 혹은 웅덩이에 고인 물을 먹어야 하고, 한 끼니의 먹이를 얻으려고 이미 잊어버린 나무타기를 시도하거나, 다른 동물들에게 달려들거나, 죽은 고기를 주워 먹는 스캐빈저(scavenger)가 되어서 버려진 동물의 주검을 찾아 해매는 것 등등… 모두 목숨을 걸어야 하는 위험한 방법이었다.

나무위에서의 삶에 비하면, 주변의 모든 것이 자신의 생존을 위협하는 세상은 위험천만의 공간이었다. 위험요소가 적은 나무위에서는 먹어도 되는 것과 그렇지 않는 과일에 대한 구분을 비교적 쉬운 학습을 통해 얻을 수 있었지만, 지표의 공간은 간단히 물을 마시는 것에도 위험이 따랐다. 더러운 물을 마신 동료들은 알 수 없는 고통으로 죽었고, 먹이를 구하는 과정도 마찬가지였다. 직립 원숭이들은 자신의 생존전략에 대폭적인 수정이 필요함을 깨달았다. 하지만 진화속도가 더디고 그 방향을 예측하기 힘든 하드웨어인 자신의 신체구조를 수정하는 대신 두뇌의 정보처리 알고리즘을 발전시키기로 했다. 직립 원숭이 조상들은 그들의 두뇌에 사물에 대한 감성정보를 입력시키기 시작했다. 맑은 물에 대한 호감, 더러운 물에 대한 혐오감, 불에 대한 집착, 혼자 있는 것에 대한 두려움, 어두운 곳에 대한 공포감, 그리고 넓게 펼쳐진 풀밭을 보고 있으면 오래 그곳에 있고 싶어지는 평안한 감정 등의 감성정보들이다.

혼자 있는 것에 대한 두려움을 떨치려 무리짓는 삶을 살던 어느 날, 원시조상들은 자신의 가슴속에 무엇인가 새로운 느낌이 생겨나고 있음을 알았다. 배부르게 저녁을 먹은 후 먹이를 구하지 못해 배고파하는 동료를 보면 무엇인가 편치 않은 느낌이 가슴속에서 울려 나왔다. 이렇게 먹이를 나누어 먹은 그의 동료는 자신이 풍부한 먹이를 찾아냈을 때 전에 얻은 것만큼 돌려주지 않으면 마음이 불편했다. 반대로 자신이 베푼 호혜에 응답하지 않은 동료를 보면 알 수 없는 불쾌감이 가슴에서 스며 나왔다. 동정심과 양심 배신에 대한 분노라는 감성적 생존 정보처리 기제가 발생한 것이다.

이런 선험적 감성정보는 인간의 조상들이 긴 빙하기와 가뭄 그리고 날카로운 포식자의 이빨을 피해 오늘날의 인류로 자라나게 한 진화의 위대한 발명이다. 인류의 가장 오랜 이야기인 사랑, 문화와 예술을 향한 갈망, 소유와 호혜, 이기심과 이타심, 파괴와 정복 위에 건설된 문명과 발명 등이 인간의 감성정보로부터 비롯되었다. 이제 이 진화의 위대한 발명인 감성정보는 공간의 모습으로 나타나 인간의 삶을 방향지으려 한다.

3) 유비쿼터스 공간

우리는 유비쿼터스 컴퓨팅이나 유비쿼터스 환경에 대해서 많은 이야기를 나누어 왔고 이제 이것이 무엇을 의미하는지도 이해하기 시작했다. 하지만 발견이라기보다 발명에 가까운 유비쿼터스 컴퓨팅과 환경에 내제되어 있는 모습인 유비쿼터스 공간에 대한 담론은 많지 않았고, 더욱이 건축공간의 모습에 대한 논의는 이루어지지 않았다.

이제 유비쿼터스 공간에 대한 이야기들이 막 시작되고 있다. 4차원 공간의 모습을 그려보거나 무지개의 보라색 밖에 있는 색이 어떤 느낌일지 그려보는 것 것만큼이나 그것이 어떤 모습을 띄게 될지 상상하기 힘들다. 하지만 다행히 우리는 유비쿼터스 공간의 모습을 추론할 많은 단서들을 가지고 있다. 그것은 유비쿼터스 공간이 이미 우리가 이해한 그리고 필연적으로 관계되어야할 공간의 모습들에서 출발할 것이라는 점이다. 유비쿼터스 공간은 위의 세 가지 공간 특성을 모두 포함하고 있는 공간 환경이고 유비쿼터스 공간은 이들이 선택적으로 혹은 동시에 나타나는 세상의 모습일 수밖에 없기 때문이다. 이 새로운 공간에 우리가 흥분하는 것은 그것이 가진 무한한 가능성 때문이다. 세상의 모습을 기하학의 시각으로 이해하는 것에서 벗어나 초공간구조로 바라보면, 공간은 엄청난 크기로 팽창하고, 공간을 지배하는 시간은 인간의 의지를 따라 신축한다.

10배쯤 커진 서울에서 지금의 인구가 사는 여유로운 모습을 상상해 보자, 그것이 유비쿼터스 공간이 줄 수 있는 여러 개의 공간 차원이 결합한 서울의 모습이다. 여유의 공간에 나무를 심어 숲이 되게 하고 동네마다 공원을 만들어 맑은 물이 흐르게 하며 거실에서 문을 하나 열어 자신이 원하는 곳으로 갈 수도 있고 그 곳을 거실로 불러올 수 있는 공간이 유비쿼터스 세상의 공간이다.

3. 유비쿼터스 초공간아파트

무리지어 사는 것이 생존에 유리하다는 사실을 깨닫고 오랜 혈거 생활에서 벗어난 순간부터 인간은 거친 자연 환경에서 가족을 보호할 공간을 마련하기 위해 자신이 가진 모든 첨단 지식을 동원해야 했다. 이렇게 시작된 1만년 동안의 공간 구축 경험은 오늘날 다양한 건축 재료와 만나, 전에 볼 수 없었던 극적 건축물들을 창조해내고 있다. 까마득하게 보이는 초고층 인텔리전트 빌딩이 마천루의 산맥을 이루고, 끝없는 빌딩 계곡이 하늘을 가르는 것이 일상의 풍경이 되었다.

스스로의 상태를 진단하는 지능 부재가 건물의 수명을 늘리고, 새롭게 등장한 구조의 동력학적 해석은 신경을 가진 근육처럼 환경에 반응하는 지능형 응력을 제공한다. CAD · CAM은 소량 다품종 부재를 대량 생산 효율로 만들어내 수작업에 의존하던 복잡한 곡률 공간을 손쉽게 축조할 수 있게 한다. 3D프린터의 건축적 활용 가능성을 보여주는 "실시간 생산" 개념은 디자인이 완성되는 순간 3D프린터가 주택 시공을 시작해 2~3일 만에 완공하는 것이 가능해질 것이다.
내일의 건축은 새로운 기술을 활용해 점점 더 다양하고 거대하며 복잡해지겠지만, 지난 20세기 건축이 보여준 발전 양상을 그대로 따르지는 않을 것이다. 10년 전 바라보았던 오늘과 달리, **오늘에서 내일의 건축을 상상하기 위해서는 재료의 물성뿐 아니라 건축 환경에 새롭게 등장하고 있는 다양한 비물성 부재들이 어떻게 사용될 것인가**를 생각해 보아야야 한다.

21세기의 가장 중요한 **건축 재료는 물성(物性)이 아닌 지능(知能)이다.**
공간정보를 감지할 수 있는 센서와 공간 정보를 하나로 모으는 광대역 신경망과 그것을 통합하는 인공지능은, 이제 건축을 환경에 반응하는 단순 유기체가 아닌 사용자의 공간적 지위("탈 기하 공간에서 인간의 공간적 의미"을 정의하기 위해 생태적 지위(Niche)로부터 차용해 만든 조어. 생태계의 모든 종(種)들은 생태 공간의 생존 자원을 효율적으로 사용하기 위해, 먹이 사슬, 생태 습성, 공간 점유에서 각각 구별되는 생태적 지위를 가지고 있다. 즉 자원에 대한 종간의 경쟁을 피하기 위해, 각 종이 생태 공간의 구조에서 다른 위치를 차지해 중복점유를 피하는 것이다. 생태계의 구조를 먹이 경쟁의 관계성이라 해석하지 않고, 관계성이라는 구조를 가진 공간이라고 보면, 생태적 지위 즉 공간의 구조 안에 있는 종의 위치들이 상호 결합해 생태계라는 공간을 형성하고 있음을 알게 된다.
기하 공간 패러다임에서 탈 기하공간으로 공간의 정의를 확장하면, 즉 생태 공간의 구조와 같이 공간이 단순한 공간 좌표가 아니라 그 공간을 점유하고 있는 객체들이 공간의 구조상에 있는 지위의 합이라고 하면 생태계에서와 마찬가지로 인간은 공간의 구조에서의 다양한 지위를 가지게 된다. 탈 기하 공간에서 공간의 의미는 물리적 공간좌표와 위상공간, 인간의 인식 공간 그리고 인간을 포함한 물성객체의 속성들이 상호 작용하는 장(場,Field)이다. 탈 기하 공간에서 인간의 존재에 의해 발생하는 인력(引力)이 공간을 구성하는 요소인 공간적 지위로 작용한다.)를 고려하는 지능을 가진 생명체로 진화시키려고 한다.

새롭게 등장하는 다양한 컴퓨터 사용 환경은 공간 정보의 융합을 통해 **지능공간**을 실현할 토대를 제공하고 있다. 현실의 **물리적공간**과 디지털 **위상공간** 그리고, 유전자의 **인지공간**이 결합된 **지능공간**은 유클리드 기하 체계를 바탕으로 한 정량적(定量的) 공간이 아니라 탈 데카르트 공간이 건축의 새로운 영토임을 주장한다. **두 점 간의 거리는 사라지고 관계만 남아있는 공간, 시간을 쌓아놓을 여분의 차원을 가지고 있어 그 가역(可逆)이 가능한 공간,** 그리고 **물성 객체화 되어 가감이 가능한 공간**이 다가올 내일의 건축이 사용할 새로운 재료인 **지능공간**이다.

"건축 공간은 인간의 경험과 직관(直觀)에 의존해 사용된다."는, 원시 농경 주거에서 현대의 첨단 건물까지의 건축 공간을 정의하는, 변치 않는 오랜

명제이다.

건축 공간을 발전시키기 위해 다양한 노력을 기울여 왔지만 대부분 공간을 만들기 위한 구법(構法)이나 장식에 머물고 있을 뿐, 공간의 절대성이라는 인식에 묶여 **"건축 공간과 사용자의 관계, 사용자의 공간적 지위, 공간 서비스의 능동적 제공"**이라는 질문은 하지 못했다. 자신의 경험을 통해 자연 환경의 공간 구조를 이해하고, 생존에 활용하는 알고리즘을 가지고 있던 인간이 건축 공간에 부여할 수 있는 의미는 "익숙해지면 안주할 수 있는 영역" 이라는 소극적인 것이어서, 절대적 존재로서의 자연 환경에 적응해야하는 생존 습성인 '영역성' (Territoriality; 생존에 필요한 영역을 점유하려는 생명체의 공간 습성, 포식자 혹은 무리의 구성원과의 경쟁에서 자신이 이해하고 있는 공간정보는 때로 생존을 결정짓게 된다.)에 따라 공간에 수동적으로 수용되는 것이었다. 이러한 원시의 공간 감성은 자신의 생존 영역으로서의 건축 공간을 직접 만들 수 있게 된 후에도 계속 남았다. 그래서 건축 공간의 의미는 사용자의 공간수요에 반응하는 실시간의 능동적 의식이 아니라, 인간의 의지가 개입될 수 없는 공간의 절대성에 대한 수동적 의식으로 머물고 있다.

물리적 공간과 디지털 공간이 결합한 **유비쿼터스 환경**은 건축이 이해해온 공간의 구조를 다른 의미로 해석할 수 있는 가능성들을 제시한다. 그 중 하나가 건축 공간의 구조를 인간의 공간적 지위가 배제되었던 기하(幾何) 공간(空間) 패러다임에서 탈 기하(脫幾何) 공간(空間)으로 옮기는 것이다. 인간의 공간 지각 방식인 "**내재자가 바라보는 불투명한 공간**" 과 기하학이 공간을 사유하는 구조인 "**외재자가 바라보는 투명한 공간**" 이 서로 분리된 채 인간의 공간 지각과 기하학의 공간 인식 사이의 불일치를 극복하지 못해 정량화가 가능한 기하 공간을 건축 공간의 구조로 사용하는 것에서 벗어나 유비쿼터스 환경의 공간 인식 구조는 "**다시점 내재자가 바라보는 부드러운 시공간**" 즉 탈 기하 공간을 건축 공간의 구조로 사용하는 것이다.

유비쿼터스 환경에서 공간의 탈 기하화는 공간이 지능을 갖는 것 즉 "지능 공간" 이 되는 것을 의미하고, 공간이 자신의 공간 정보를 기억하고, 공간이 사용자가 인지하는 벽을 넘어 무한으로 확장되는 것이 가능해지는 것이다. **지능공간**을 가진 건축이 제공할 수 있는 공간 서비스의 한 예가 영역성으로부터의 자유로움이다. 물리적 공간의 기억을 두뇌에 저장하는 습성에서 벗어나 기억된 공간정보의 일부를 선택적으로 컴퓨터의 위상공간에 복재하여 즉 물리적 공간으로부터 디지털 공간(위상공간)으로 옮겨서 객체화 시키면, 기억을 다른 물리적 공간에 부여할 수 있다. 그러면 공간의 사용자가 영역성의 구속에서 벗어날 수 있고 그 결과 영역성의 확장이 가능해진다. **지능공간**을 공동 주거 건축에 적용하면 공간의 **고밀도화** 그리고 **체감공간의 확장**을 얻을 수 있다. 이런 공간 감성을 이해한 지능 공간은 사용자의 다양한 공간 욕구를 만족시키는 **공간 서비스**를 제공하게 된다. 이러한 지능 공간 개념이 적용된 공동 주거를 **유비쿼터스 아파트** 혹은 **지능 공간 주거**라 부른다.

유비쿼터스 아파트(지능 공간 주거)는 **항시전용공간**과 **시분할전용공간**과 **동시이용공간**과 그 외의 몇 몇 공간들과 그리고 그것을 연결하는 **시분할전용엘리베이터**와 **하이퍼도어**(Hyper Door), 공간 상황을 파악하고 사용자에게 최적의 선택을 제공하는 **공간센서**와 **인공지능**으로 구성된다.

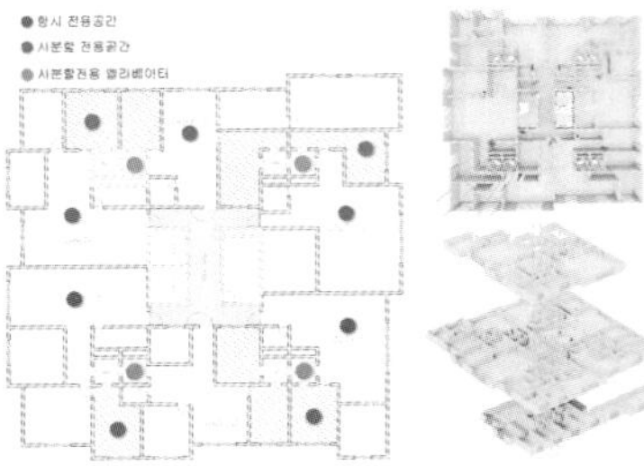

지능 공간 주거의 구성

〉〉**항시전용공간**은 통상의 주거와 같이 항시 입주자 한 세대가 독점적으로 사용하는 공간으로 공간의 재산권은 항시적 전용공간의 소유자가 갖는다. 항시전용공간은 사적감성강도(Privacy Contour ; 신체의 각 부분은 타인과 접촉 시 다른 사적 감성 강도를 가진다. 감성의 강도를 나타내는 등고선)가 큰 행위를 수용하는 공간과, 사용 빈도가 높고 개인 소유의 장비를 많이 필요로 하는 공간과, 범용 공간 등으로 구분할 수 있다. 즉, 화장실 · 샤워실 · 주방 · 침실 · 거실 등의 집합이라고 볼 수 있는 것이다.

〉〉**시분할전용공간**은 사용 시간으로 분할하여 독점적으로 사용할 수 있는 공유 공간이다. 사용자에게 시분할 지정된 공간은 공간 제어 인공 지능에 의해 다른 사용자의 접근이 차단되어 공간 사용자에게 항시전용공간과 똑같은 공간 체감을 준다. 시분할전용공간은 사용시간 혹은 빈도가 낮은 반면 세분화된 기능을 가진 공간인 Home Bar, Spa & Whirlpool, Home Theater, Guest Room, Library, Game Room, 작업실, 재택근무 공간 등의 집합으로 볼 수 있다.

시분할전용공간의 세분화된 기능의 한 예를 "조망 욕실" 에서 들 수 있다. 영상과 음악이 있는 아름다운 대리석 공간, 45층에서 바라보는 도시 야경, 은은하게 퍼지는 향기, 그리고 한 잔의 포도주... 이런 거품 욕조를 갖춘 15평의 넓은 "조망 욕실" 은 사용 빈도(2~3회/주)가 높지는 않지만 거주자의 공간 감성에 높은 수준의 만족감을 제공할 수 있다.

〉〉**동시이용공간**은 시분할전용 엘리베이터를 이용하여 손쉽게 접근할 수 있

지만 독점적으로는 사용하지 않는 공간이다. 공간 서비스의 규모가 독점적으로 사용되기에 너무 큰 공간이나, 여러 사람이 참여하는 행사를 수용하는 공간, 타인의 서비스를 필요로 하는 공간, 감성적 접촉이 필요한 공간들이 동시이용공간이다.

동시이용공간은 은퇴한 노년 거주자들의 개임 룸이나, 커뮤니티 공간, 일광욕실, 조깅튜브, 수영장, 공중 텃밭, 식사나 스낵을 제공하는 스카이라운지 등이다. 집에서 수영복을 입은 채 하이퍼 도어를 열고 수영장으로 가고, 수영이 끝나면 집으로 돌아와 샤워를 할 수 있는 공간서비스 등 **유비쿼터스 아파트**는 통상의 주거가 제공할 수 없었던 다양한 공간 서비스를 제공한다.

〉〉**시분할전용 엘리베이터**는 여러 곳에 흩어져 있는 시분할전용공간들을 하나의 공간으로 체감되도록 묶어주는 장치이다. 시분할 엘리베이터는 공간 좌표상의 위치를 알 수 없는 시분할전용공간들을 연결하여 이격감, 즉 공간들 사이의 거리감을 없애는 장치이다. 즉 시분할 엘리베이터는 물리적으로는 위치를 알 수없는 방(시분할전용공간)으로 가기 위해서 잠시 머무르거나 혹은 복도와 같이 다른 공간으로 이동하기 위해 잠시 걷는 매개공간인 것이다. 또한 시분할 엘리베이터는 공간을 제어하는 인공 지능과 사용자를 연결하는 인터페이스로서, 공간제어 인공지능이 가지고 있는 기록을 사용하여 사용자의 감성을 이해하고 건물의 공간 상태 등을 고려해 최적의 공간을 찾아 사용자에게 제안 한다.

시분할 전용 엘리베이터는 시분할전용공간과 같이 엘리베이터를 선점한 사용자가 있을 경우 다른 사용자의 접근을 차단해서 사용자의 전용 엘리베이터와 같은, 다른 공동의 사용자가 존재하는 것을 느낄 수 없는 공간 체감을 제공해야 한다.

지능 공간 아파트에서 공간을 이동하는데 소요되는 시간이 시분할전용공간의 성공적 사용에 중요 요인이 될 것으로 추측되나, 엘리베이터의 속도와 300평정도의 저택에서 각 방 사이를 이동하는데 소요되는 시간과 비교해 볼 때 시분할엘리베이터의 타당성은 충분한 것으로 보인다.

〉〉**공간센서**를 통해 획득된 정보를 통합하여 공간의 사용 방향을 결정하는 공간제어 **인공지능**은 건축 공간에 지능을 부여한다. 사용자가 원하는 공간을 엘리베이터의 버튼이나 음성으로 혹은 거실에서 기타 접속장치로 입력하면 다양한 인식 장치에 의해 사용자의 신원이 파악되고, 이에 따라 사용자 요구를 만족시키는 공간이 실시간으로 제안된다. 유비쿼터스 아파트의 공간제어 인공지능은 거주자의 공간 사용 패턴을 기억하고, 그 데이터를 다음 서비스에 적용하므로 오랜 거주자의 공간 취향을 더 잘 이해하게 된다.

〉〉**하이퍼도어**(Hyper Door)는 가상의 개념이다. 하이퍼도어는 사용자에게 **지능 공간 주거**의 공간 구조를 인식하게 하는 물리적 아이콘으로 제공되며 동시에 사용자가 원하는 공간을 열어주는 상징물이다. 지능 공간 주거에 사는 거주자에게 하이퍼도어는 자신이 원하는 공간으로 들어가기 위한 문이며, 실질적으로는 시분할 엘리베이터를 호출하기 위한 장치인 동시에 공간을 제어하는 컴퓨터의 디지털 위상 공간으로 들어가기 위한 네트워크이다.

이 공동주거는 각층 약 8세대로 구성된 52층 건물 4개 동의 클러스터(8×48×4=1536세대)로 이루어진다. 4개의 타워는 **항시전용공간**과 **시분할전용공간**, **시분할 엘리베이터**를 담고 있다. 아래층 포디움은 **동시이용 공간**의 집합으로 수영장 조깅 트랙 등 다중이 공동으로 사용하면서도 항시전용공간에서 직접 출입할 수 있는 시설이 배치된다.

유비쿼터스 아파트 1개동의 외관은 다섯 개의 세그먼트로 이루어져 있다. 최상층의 피라미드형 세그먼트는 조망을 필요로 하는 시분할전용공간과 동시 혹은 준동시 이용공간이 위치한다. 4개의 사각형 세그먼트는 항시전용공간과 시분할전용공간을 갖춘 12개 혼합층과 준동시이용 공간(재택 사무실 회의실, 운동실, 가족 행사 공간 등) 전용의 13번째 층으로 이루어져 있다. 각 세그먼트 사이의 Open Space는 조경, 공중 텃밭이나 가족 캠핑 공간 등으로 사용할 수 있다. **1개의 피라미드, 4개의 사각형 세그먼트, 4개의 Open Space가 1개 동을 구성한다.**

내부 공간 구조를 살펴보면 공용엘리베이터를 중심으로 배치된 4개의 시분할엘리베이터와, 그것에 연결된 항시전용공간, 시분할전용공간의 배열을 볼 수 있다. 공용 엘리베이터를 사용해서 자신의 항시전용공간에 도착한 후 시분할엘리베이터와 연결된 시분할전용공간으로 갈수 있다.

시분할엘리베이터 축에 연결되어있는 각각의 항시전용공간은 가상적으로 시분할엘리베이터를 통해 모든 시분할전용공간과 연결될 수도 있다. 각각의 항시전용공간과 시분할 전용공간의 관계를 보면 100개의 시분할전용공간과 1개의 항시전용공간이 연결된다. 50여개 층에 시분할전용공간이 다양하게 분포하는데, 이들은 어느 한 층에 위치한 1세대의 항시전용공과 시분할전용엘리베이에 의해서 하나의 축이 이어지듯이 연결되고 있다.

시분할엘리베이터에 연결된 100개의 시분할전용공간은 항시전용공간에서 어느 방으로나 연결될 수 있고, 이 방들의 시분할 사용권은 항시전용공간의 소유자에게 있게 되므로 항시전용공간의 소유자는 가상적으로 100개의 방을 소유하고 있는 것 같은 결과를 발생시킨다.

물론 100개의 방들은 몇 개의 도서실 · 홈씨어터와 홈바 몇 개 · 오락실 · 지상 50층의 "조망 욕실" · 운동실과 게스트 룸 몇 개 등과 같이 용도별로 그룹으로 묶어 사용하므로, 실제적인 체감 공간의 크기는 방의 수 보다 종류에 더 밀접하게 연관되어 있지만 그 역시 확장된 공간 체감을 얻는 데에는 별 차이를 주지 못할 것으로 추정된다.
하나의 항시전용공간과 연결된 여러 종류의 방(시분할전용공간)들은 시분할 사용되지만 공간제어 인공지능이 시분할전용공간에 동시 중복 사용자의 발생을 차단하고, 거주자의 사용의지 발생과 동시에 자신이 원하는 방으로 갈 수 있게 하므로 100개의 시분할전용공간은 가상적으로 나만 사용하는 개인 공간으로 느껴진다. 사람의 공간 지각 특성을 따르면 이러한 시분할 공간 사용패턴에서 다른 사용자의 존재를 이성적으로는 인식할 수 있지만, 컴퓨터의 제어에 의한 완벽한 시공간적 분리로 감성적 불쾌감은 발생하지 않을 것이다.

유비쿼터스 아파트의 물리적 공간과 컴퓨터의 위상 공간 그리고 인간의 감성 공간이 결합하여 만들어 진 100개의 방들은 감성적으로는 내 집과 같은 공간 좌표위의 동일 평면상에 놓여 있고, 나와 내 가족 이외의 사용자가 존재하지 않는 곳으로 인식된다. 100개의 가상적 전용공간(시분할전용공간)은 전용면적 30평인 통상의 아파트에서 경험할 수 없는, 300평 혹은 그 이상의 대 저택으로 지각 되고 실질적 공간 서비스도 그에 준하는 화려하고 다양한 공간이 제공된다.

이런 **유비쿼터스 아파트**의 공간 개념을 모식적으로 표현하여 그려보면, 항시전용공간의 거주자가 원하는 방으로 가기 위해 하이퍼 도어를 열거나 리모컨으로 호출하면 시분할엘리베이터가 도착하고 자신이 원하는 방의 정보(방의 이름이나 종류 혹은 전에 사용했던 기억이나 컴퓨터가 저장한 사용자의 공간 취향 등)를 감성이나 음성 혹은 그래픽 인터페이스의 아이콘 또는 리모컨이나 기타 버튼을 사용하여 입력하면 공간제어 인공지능은 사용자의 공간 요구와 일치하거나 혹은 가장 비슷한 서비스를 제공할 수 있는 시분할전용공간을 찾고, 그것들 중에서 현재 사용 중이지 않은 가장 가까운 방으로 엘리베이터를 접근시킨다. 사용자가 도착한 시분할전용공간이 센서를 통해 자신이 사용되고 있음을 컴퓨터에게 알려주면 가족 혹은 접근을 선택적으로 허용한 사용자 외에는 접근이 차단된다. 시분할 전용공간의 사용을 마친 거주자는 다시 엘리베이터를 타고 '집으로' 라는 정보를 엘리베이터의 인터페이스를 통해 입력하면 자신의 항시적 전용공간으로 돌아오게 된다. 이러한 공간 사용의 기록은 컴퓨터가 다음 공간 서비스를 제공할 때 중요한 자료가 되어, 사용자의 공간 감성에 보다 가까운 서비스를 제공할 수 있다.

지능 공간 주거를 통상의 주거와 비교하면 다양한 네트워크의 가능성들이 잠재하고 있는 것을 알 수 있다. 그중 하나가 선택적 투명성인데, 물리적 공간과 정보 공간의 구조를 하나로 합쳐서 새로운 관계의 창출이 가능하게 된다. 최근 이야기되는 네트워크 이론을 지능 공간 주거에 적용하면 공간 사용자의 사회적 연결고리를 극적으로 증가시킬 수 있다. 사생활보다 사회적 접촉이 더 많이 필요한 노년 사용자의 경우, 오랜 기간 기록된 사용자의 취향과 기록된 대인관계에 관한 정보들과 공간 사용자의 의지가 결합하면 새로운 사회적 접촉을 이끌어 내는 공간 구조가 될 수 있다.

<<< 재택근무 K의 "초공간아파트" 하루

새벽 3시 57분, 4시로 맞춰놓은 알람이 울기 3분 전에 침대에서 눈을 떴다. 기상 시간을 4시로 "단위 주거 제어용 컴퓨터" 에 입력해놓지만 K는 대개

알람이 울기 전에 잠에서 깨어난다. 아내의 새벽잠을 방해하지 않기 위해 조심스럽게 침대에서 일어난 K는 냉장고에서 찬물을 한잔 따라들고 베란다로 나갔다. 52층에서 내려다보는 청계천은 아직 잠에서 깨어나지 못한 듯 가로등 불빛에 비친 수면은 정지한 듯 잔잔하다. 지금 살고 있는 **"초공간아파트"**로 이사 오면서 생긴, 이제 버릇처럼 된, 찬물을 한잔 마시면서 서울의 새벽풍경 내려다보는 것이 잠을 깨우는 방법이었다. 10분쯤 그렇게 청계천을 따라 가며 새벽의 도심을 바라본 후 거실로 들어와 간단한 준비를 하고 일과를 시작하기 위해 하이퍼 도어 호출 버튼을 눌렀다. 벽면의 모니터에 하이퍼 도어가 도착하는 시간이 표시되기 시작했다.

11초... 5. 4. 3. 2. 1 경쾌한 팅 소리와 함께 문이 열렸다.

하이퍼 공간으로 들어온 K에게 "아파트 관리 컴퓨터의 인공지능" 이 인사를 건넨다.

"안녕히 주무셨어요? 요 며칠은 항상 작업하던 "A" 타입 작업공간이 아니라 좀 더 큰 "C" 타입 업무공간을 사용하시네요. 어제 사용하신 공간이 지금 사용 가능합니다 그곳으로 가시겠습니까?"

"네 부탁해요"

"13초 후에 도착합니다. 참 내일도 같은 시간에 업무를 시작 하실거죠? 그럼 내일도 같은 시간에 사용할 수 있도록 준비해 놓겠습니다."

어제 "단위 주거 제어 컴퓨터" 에 입력시켜놓은 작업 정보에 따라 "아파트 관리 컴퓨터" 는 오늘 사용할 업무 공간을 배정해 두고 있었다. 평상시 업무에는 표준 작업 공간인 "A" 타입을 사용하지만 최근 현상 설계에 사용할 프레젠테이션 보드를 만드는 작업이라 좀 더 큰 공간이 필요했다.

건축가인 K가 처음 **"초공간아파트"**로 이사했을 때 받은 느낌은 그저 그가 원할 때 항상 사용할 수 있는 신기한 기능의 공간을 많이 가지고 있는 아파트라는 것이었지만, **"초공간아파트"**가 자신의 라이프스타일까지 바꾸게 할 줄은 몰랐다. 이곳에 이사를 온 후 첫 몇 주는 **"초공간아파트"**가 가진 다양한 기능과 공간을 여행하느라 정신이 없었다. 유비쿼터스 공간의 아파트는 건축가인 자신도 이해하기 힘든 공간 구조로 되어 있으면서 원하는 거의 모든 공간 서비스를 제공할 수 있는 신기한 건축물이었다. **"초공간아파트"**라는 말이 실감나게 내가 살고 있는 집인 **"초공간아파트"**의 단위 세대는 하이퍼 도어를 통해 아파트의 모든 시분할 전용 공간과 연결되어 있었고, 하이퍼 도어를 열면 매트릭스의 네오처럼 그곳이 어디에 위치해 있는지 알 수는 없었지만 원하던 공간으로 이동시켜 주곤 하였다.

하이퍼 도어를 열고 "공중욕실" 이라고 말하면 인공 지능이 "알겠습니다." 라고 대답하고, 곧이어 환상적인 전망을 가진 욕실의 문이 열렸다. 15평 정도의 대리석바닥과 작은 수영장만한 욕조를 가진 이 공중 욕실은 세상에 존재하는 가장 감동적인 욕실 공간일 것이다. 몇 층에 있는지 알 수는 없지만 전면이 유리로 되어 있어서 서울시가 훤히 내려다보여 마치 로마 시대의 황제가 된 듯한 느낌으로 도시를 내려다보며 하는 목욕은 공간적 욕망을 모두 채워 줄 수 있을 듯 했다. 공중욕실 같이 인간의 공간 욕구를 궁극의 방법으로 채워 주는 다양한 성격의 방을 수십 개쯤 가지고 있는 대저택이 **"초공간아파트"**에서의 내 집이 가진 주거공간의 의미이다. **"초공간아파트"**에 차차 익숙해지면서 집이 중세의 성보다 더 넓고 다양한 공간적 즐거움을 가지고 있다는 것을 알게 되었다. 특히 인공지능에 익숙해지면서 **"초공간아파트"**의 더 많은 공간의 비밀들에 익숙해졌다.

몇 주가 지나고 인공지능과 친해지면서 그가 소개시켜준 재택근무 공간에 가본 후 **"초공간아파트"**가 가진 또 하나의 공간적 매력을 발견하고 이 아파트라면 삶의 방식까지 바꿀 수 있을 것이라 생각했다. K는 다른 건축가들과 마찬가지로 아침에 사무실로 출근하고 늦은 시간까지 근무가 계속되는 업무환경에서 지쳐가고 있었지만 그렇다고 그것에서 벗어날 다른 뾰족한 방법을 찾은 것도 아니었다. 하지만 **"초공간아파트"**의 재택근무 공간을 돌아보면서 여기라면 사무실과 마찬가지로 동료들과의 긴밀한 업무협조를 유지하면서 보다 효율적으로 작업을 진행해 나갈 수 있을 것이라는 생각이 들었다. 특히 외주 협력업체가 자신의 아파트근처에 많이 있다는 공간적 이점을 생각하면 오히려 업무효율을 향상시킬 수도 있다는 생각이 들었다.

"초공간아파트"의 재택근무 공간은 6각형의 단위 셀들이 모여 있는 벌집 모양의 구조를 가지고 있었다. 하이퍼 도어를 열면 자신의 집에서 직접 각각의 셀로 들어갈 수 있는 공간구조이지만, 벽면의 반 이상이 유리로 되어 있어 시각적으로는 개방되어 있다. 그 결과 다른 셀을 사용하는 사람들에게 노출되어 작업의 긴장감을 늦출 수 없게 되어 있었다. 이런 작업환경으로 인해 비록 재택근무 공간이지만 공간을 공유하는 상대방에 대한 예의를 잃지 않기 위해서 최소한의 평상복을 갖추고서야 작업을 시작하였다.

인공지능이 알려준 재택근무 공간 사용 방법은 비교적 간단했다. 그때까지도 자신의 집에 그런 기능이 있었는지 몰랐는데 인공지능의 도움으로 시연한 "이동 캐비넷" 기능은 K를 웃음 짓게 했다. 먼저 "단위 주거 제어용 컴퓨터"를 사용해 캐비넷의 "사용 활성화"를 입력하면 지금까지 책상 앞의 장식 벽인 줄 알았던 거실 벽의 한 부분이 열리면서 캐비넷이 나타난다. 그 캐비넷은 여러 개를 지정하여 사용할 수도 있었는데, 몇 개를 사용할지는 사용자의 의지에 따라 결정되었다. 만일 사용자가 A,B,C 3개의 캐비넷을 사용하기로 했다면 사용자가 현재 호출한 혹은 사용자의 상황을 인식한 인공지능이 제공한 3개의 캐비넷 중 하나(그것이 B라고 가정하면)가 책상 앞 벽면에 와 있고 나머지 2개(A와C)는 지하의 저장고에서 호출을 기다리고 있는 것이었다.

K는 A캐비넷에는 장식용품 즉 가족사진이나 기념품, B에는 업무 및 연구 용품, C에는 생활 용품 등을 수납해 놓았다. 평소에는 장식용 A캐비넷이, 업무 시에는 B캐비넷이 벽면에 와 있어 그것을 사용할 수 있었다. 따라서 가상적으로 만일 A.B.C.D.E.F.G. . .의 캐비넷을 활성화 하면 무한의 수납 공간을 가질 수 있는 구조였다. 그리고 드레스 룸에는 이 캐비넷이 3개까지 동시에 도킹되어 와있을 수 있다.

집에서 작업이나 공부를 하면서 B캐비넷을 사용하여 작업과 연구에 필요한 모든 장비나 자료를 불러 오고, 그것과 마찬가지고 B캐비넷을 작업공간으로 가도록 입력하거나, 내가 재택작업 공간으로 가면 나의 상황을 인식한 인공지능의 명령으로 캐비넷은 내가 사용할 재택근무 셀에 먼저 가서 나를 기다리고 있다. 따라서 우리 집의 거실이나 작업 공간 그리고 재택근무 셀에서 동일한 작업환경으로 업무를 볼 수가 있다.

다만 셀과 집의 거실이 다른 점은 재택근무 셀에는 다양한 통신장비와 디스플레이 그리고 혼자 구입해 사용하기에는 부담스러운 고가의 업무 장비들이 있다는 점이다. 초고속 통신망으로 연결된 통신 장비를 사용하면 사무실에 있는 동료들과 현전감(現前感)으로 동시 작업을 할 수 있고, 대형 디스플레이 장치를 이용해 밀도 높은 작업을 수행할 수도 있으며, 3D 플로터를 이용해 디자인 모형을 쉽게 만들어 공간을 볼 수도 있다.

4시30분.

재택근무 공간 셀의 문을 열고 들어서자 그곳에 이미 도착해있던 캐비넷의 퍼스널 컴퓨터가 그곳에 있던 대형 LCD 모니터 3개가 연결된 디스플레이 유닛에 접속되어 부팅을 시작하고 있다. 셀에서 유닉스베이스의 **"초공간**

아파트" 메인컴퓨터를 시분할로 업무에 사용할 수도 있었지만 K는 그것이 익숙지 않아 자신의 PC를 캐비넷에 넣어두고 업무에 사용하고 있었다. 자리에 앉아 업무준비를 시작 하자, 개인영상(Personal View Wall; 많은 부분이 사람들 시선에 노출되는 셀에서 사적인 정보를 보기 위해서 모니터의 집합으로 이루어진 벽면)벽이 켜지면서 K의 집 영상이 비춰지기 시작한다. 음성 신호의 연결스위치를 켜자 집에서 나는 작은 소음들이 들려온다. 모니터 한 부분에서는 아직 자고 있는 아내와 딸의 모습이 보인다. 컴퓨터가 부팅을 마치고 바탕화면이 나타났다. CAD 프로그램과 기타작업에 필요한 프로그램 묶음을 로드시키는 동안 어제 작업하던 프린트를 꺼내 수정할 사항들을 연필로 스케치 했다.

5시10분.

개인영상 벽에 아내가 기지개를 펴며 자리에서 일어나 아이 방으로 가는 모습이 보인다. 2평 남짓한 아이의 방으로 아내가 들어서면서 이름을 부르자 딸아이가 몸을 꽁지락거리며 더 자고 싶은 듯 얼굴을 찡그린다. 겨우 자리에서 일어나 "아빠" 하며 부른다. 손을 흔들어 주자 같이 손을 흔든다.

5시 30분.

어제한 작업의 프린트 검토와 수정 그리고 새로운 디자인의 첨가 작업을 마치고 모니터로 돌아오니, 현전 통신모드를 사용하여 이른 아침 시간에 일하는 다른 동료들이 접속해 있었다. 동료 C가 디자인 변동 상황을 전달하고 자신이 작업한 데이터의 폴더를 보라고 한다. L실장이 영상에 나타나 현상설계 스케줄을 보여주면서 오늘쯤 3차원 모형을 만들어 보자고 한다. 옆 모니터에 로드된 CAD프로그램에 객체지향형 평면자료를 입력하여 3차원화하는 작업을 시작했다.

6시 24분.

현관 열리는 소리가 나고 아침 산책에서 돌아오는 딸아이의 얼굴이 보인다. 현관에서 거실로 깡충 뛰어 오며 "아빠" 하고 부른다. 딸아이에게 손을 흔들어 주자 뒤에 있던 아내도 같이 손을 흔든다.

7시 45분.

아내가 부엌으로가 샌드위치를 만들기 시작한다.

8시 03분.

아내가 재택근무 셀로 간단한 스낵을 가지고 왔다. 스낵을 먹으며 이런 저런 이야기를 하고 30분쯤 있다가 아내가 집으로 돌아가고 작업을 다시 시작한다.

9시00분.

사무실로 출근하여 업무를 보거나 재택근무 시간을 9시에서 6시로 정한 동료들의 화상이 모니터에 올라오기 시작한다. P대리에게 작업 지시를 하고 업데이트된 자료를 주었다.

10시 25분.

외주 협력회사들과 전화와 메일 그리고 현전 통신을 이용하여 발주한 업무에 대해 논의를 시작했다.

12시 45분.

팀 회의를 소집하고 오후 근무 팀들에게 작업방향을 지시하고 자료를 전달했다.

K는 재택근무 셀을 사용하면서 새벽에 일어나는 습관을 가졌다. 자신의 두뇌가 가장 왕성하게 활동하는 시간인 오전 4시30분에서 오후 1시까지 작업을 하면 일상의 업무 시간보다 40%이상의 생산량 증가를 보였기 때문이다. 정상적인 시간에 사무실로 출근하는 직원들에 비해 더 많은 작업량을 맡아도 오전 12시 경이면 그날 계획한 업무의 대부분을 마칠 수 있었다. 일을 마

치고 작업에서 발생한 프린트 용지 등을 캐비넷에 정리해 넣으면 캐비넷은 셀을 벗어나 지하 저장 공간으로 가거나, 개인적인 연구를 위해서 캐비넷이 계속 필요하다고 인공지능에게 이야기하면 거실 벽면으로 옮겨간다.

사무실로의 출근은 보통 업무회의가 있는 월요일 오전뿐이고 나머지는 대부분 재택근무 셀을 사용한다. 이런 작업 재택근무자가 늘어나면서 사무실은 점점 회의공간을 제외한 업무공간의 면적이 작아지고 있다.

이런 작업 패턴은 오후시간을 유치원에서 돌아온 딸과 함께 해, 가족과 더 많은 시간을 보낼 수 있게 한다. 집에서 하이퍼도어를 열고 직접 갈 수 있는 수영장이나 가족 영화관 · 노래방 · 도서관 등 **"초공간아파트"**가 제공하는 다양한 공간서비스를 활용하여 가족이 함께 더 많은 시간을 가질 수도 있었고, 딸아이가 관심 있어 하는 박물관이나 고궁 및 시내영화관을 찾는 횟수도 늘어났다. 특히 친구들과 만나거나 개인적인 연구에 사용할 수 있는 가용시간이 많이 늘어났다. 나의 이러한 업무패턴의 변화는 가족의 생활리듬에도 많은 변화를 줘, K뿐만 아니라 가족모두가 요즘 9시30분이면 잠자리에 들고 아침 5시면 일어나 아내와 아이는 청개천 변을 따라 산책을 하면서 아침을 맞는다.

이제 주거가 단순히 수면 공간을 제공하는 과거의 패러다임에서 벗어나 삶의 많은 부분을 능동적으로 헤쳐 가도록 영향을 미치는 것 같다. 곧 등장할 것이라는 초매스 주거공간은 거의 집이 테마파크를 가지고 있는 듯한 느낌이라고 하는데, 그곳에서 살게 되면 생활 방식이 어떻게 변하게 될지 몹시 궁금했다.

<<< 노부부 S씨의 "초공간아파트"의 삶

S씨 부부는 **"초공간아파트"**에서 살아온 지 40년이 넘은, 75세가 조금 지난 노부부이다. 결혼을 한 후 그들 삶의 거의 전부를 **"초공간아파트"**에서 지낸 S씨 부부는, 노년 시간에 **"초공간아파트"**가 더 편안한 삶의 공간이 되어주고 있다고 생각한다. 자녀의 출가 후 식사를 준비하는 것이 버거워지기 시작한 요즘에 S부인에게는 특히 더 그렇다.

아침 산책을 마치면 하이퍼 도어를 열고 "노인 커뮤니티 공간" 으로 가서 남편과 같이 그곳에서 준비하는 아침과 점심을 먹는다. 아침식사가 끝나면 시간제로 일을 계속하고 있는 남편의 업무를 돕기 위해 집으로 돌아와 남편이 필요로 하는 자료를 인터넷으로 찾아준다. 대략 12시쯤이면 남편의 업무가 끝이 나고 노인 커뮤니티 공간으로 가 점심 식사를 한다. 그곳에서 다른 노인들과 함께 소일을 하기도 하고 수영장이나 다른 운동 시설을 이용하여 건강을 유지하기 위한 활동들을 한다.

"노인 커뮤니티 공간" 에 상주하는 도우미들은 자신의 노후를 지켜주는 든든한 동반자이다. 원격 모니터를 통해 두 부부의 건강상태를 항상 체크하는 노인 커뮤니티는 며칠 전 수면 중에 일어난 갑작스러운 혈압 상승으로 S노인이 위험에 빠졌을 때 부부도 모르는 사이 불과 2분도 안 되는 시간에 구조대가 달려와 응급조치를 취해 후유증 없이 위기를 넘길 수 있었다.

S씨 부부가 이곳 **"초공간아파트"**로 처음 이사했을 때는 첫아이가 유치원을 다니기 시작 하고 막내가 막 태어났을 무렵이었다. 25평 주거 유닛 이라는 말을 듣고 처음 **"초공간아파트"**를 보았을 때 잘 이해가 가지 않았다. 덩그러니 커다란 거실과 아주 작은 방 2개 그리고 협소한 부엌과 겨우 샤워를 할 수 있는 화장실이 전부였다. 부인은 과연 이런 집에서 두 아이를 키우면서 살 수 있을지? 의구심이 들었지만 남편은 무슨 생각인지 싱글싱글 웃으

면서

"괜찮아 여기서 살면 재미있을 거야!" 라고 했다.

더 커다란 집으로 이사를 하기에는 경제적인 부담이 커 남편의 뜻에 따라 이곳으로 이사한 후 그 결정을 후회한 적은 없었다. 특히 큰아이가 10대가 되고 작은 아이가 초등학교에 들어가 좀 더 큰 공간이 필요해져 이사를 고려해야 했을 때도 남편은 싱글싱글 웃으면서

"걱정마 다 해결할 수 있어." 라고 했다.

며칠 후 관리실 직원들이 집으로 와 벽면을 몇 조각의 판으로 분리해 들어내고 그곳에 문이 달린 새로운 벽을 설치하자 몇 시간 만에 둘째를 위한 방이 만들어 졌다. 남편의 설명으로는 우리 주거 유닛과 벽면을 함께 쓰던 이웃집 중 하나가 공간 수요가 줄어 몇 년 전부터 그것을 공용 공간으로 전용해 사용하다가 오늘 우리 집으로 편입 시킨 것이라고 했다. 그 공간의 현재 부동산가치 만큼의 추가 비용을 지불하면 그 공간이 우리 집이 된다는 것이다.

집이 넓어지고 이사할 필요가 없어져 이집에서 계속 살게 되었고 아이들은 이 집에서 잘 자라 이미 모두 출가를 했다. 아이들이 출가하여 공간 수요가 줄었을 때 옆집이 그랬던 것처럼 큰아이가 사용하던 방을 공용공간으로 판매를 했고 그 돈은 노후 자금으로 유용하게 사용되고 있다. 아이들이 모두 출가한 지금은 면적을 조금 줄인 거실과 꼭 필요한 공간들만 남겨두고 나머지 공간은 공용공간으로 처분했다. 돌이켜보면 **"초공간아파트"**에서 이 집은 S씨 부부에게 주거공간이기도 하지만 저축성 보험 혹은 인큐베이터나 양로시설이기도 했다. 나이가 들어 찾게 될 양로시설이라는 낯선 공간에 새로 적응할 필요 없이 오래 살아온 자신의 집이 양로시설의 역할을 하고 있었다.

<<< L씨 가족의 "초공간아파트" 생활기

L씨 가족은 회사원인 아버지와 초등학교 선생님인 엄마 그리고 중학교에 다니는 딸과 초등학생인 막내아들 이렇게 네 식구이다. 이곳에 이사온 지 1년 정도 되는 L씨의 네 식구 중 **"초공간아파트"**를 즐기고 가장 잘 사용하고 있는 사람은 중학생인 아들이다. 막내는 **"초공간아파트"**가 어떤 기능과 공간을 가지고 있는지 이미 다 알고 있다. 요즘은 학교에서 하교하면서 한 무리의 친구들을 끌고 온다. 그들에게 **"초공간아파트"**는 끊임없이 새로운 놀이감을 제공해 주는 놀이 공원이다.

친구들과 같이 집에 온 막내의 첫 목적지는 수영장이다. 집에서 하이퍼 도어를 열고 직접 갈 수 있는 수영장은 이들의 오후 일과가 시작 되는 곳이다. **막내**의 방에서 수영복을 갈아 입은 한 무리의 벌거숭이들이 하이퍼 도어를 열고 수영장으로 가는 모습은 물을 찾아 달려가는 들소 때처럼 요란스럽다. 수영장이 제공하는 다양한 놀이에 싫증이 날 때쯤이면 순간 건조기에서 대충 몸을 말린 후 하이퍼 도어를 열고 공중 욕실로 간다. 더운물 거품이 나오는 욕조 속에서 수영에 빼앗긴 체온을 되찾으며 SF영화 비디오를 본다.

이곳에 처음 온 친구 녀석들은 창밖의 청계천, 동대문 운동장의 풍물시장, 종로를 달리는자동차 등 100층 아래에 펼쳐진 서울의 모습을 내려다보며 탄성을 지른다. 따뜻한 물로 몸을 덥힌 녀석들은 막내의 방으로 돌아와 옷을 갈아입고 Pc방과 게임 룸을 탐험하면서 오후를 보낸다. 이 녀석들이 애초에 막내와 같이 온 이유인 도서실에서의 공부는 30분이 고작이다. 오후 내 흥분해서 돌아다닌 녀석들의 머릿속에 수학 문제가 제대로 들어올 리 없다. 막내는 학교에서 인기가 최고다. 놀이동산을 집으로 가지고 있는 친구들이 아직은 흔치 않으니 어쩌면 당연한 것일지도. . .

엄마에게 **"초공간아파트"**는 아직도 조금 생소한 공간이다. 막내 녀석은 우리 집이 최고라고 하는데 도대체 무엇을 할 수 있는지 잘 모르겠다. 우선 집집마다 세탁기를 가질 수 없는 것이 그렇다. 기껏 이사 오기 전에 새로 산 드럼 세탁기를 **"초공간아파트"**에서는 사용할 수 없다고 하여서, 아깝지만 친구에게 선심 쓰듯 주고 왔다. 하기야 모델하우스에서 보니 화장실이라고는 욕조도 없고, 어디 콧구멍만해 가지고 세탁기가 들어갈 공간도 없었지만 그래도 베란다를 개조하면 세탁실을 만들 수 있을 것이라고 내심 기대하고 있었는데. . .

이곳에서는 세탁실이 따로 있다. 세탁물을 모아두었다가 LCD 벽면의 세탁기아이콘이 녹색 일 때 하이퍼 도어를 열고 인공지능에게 "세탁실" 이라고 말하면 어딘지 도통 알 수 없는 곳으로 데려다 준다. 수 십대의 드럼세탁기와 건조기가 있어 한꺼번에 4-5개의 세탁기를 사용해 빨래를 한꺼번에 끝낼 수 있는 점은 편리하지만 그때그때 하지 못하고 빨래를 모아두는 것이 왠지 불편하다. 남편의 설명으로는 세탁기가 차지하는 공간을 1/10로 줄인 합리적인 공간 계획이라고 설명하는데 별 의미는 없어 보인다.

하지만 엄마도 조금씩 **"초공간아파트"**에 적응하고 있다. 무거운 세탁물 주머니를 막내가 날라다 주고 가끔 바쁠 때에는 딸이 막내와 세탁을 하기도 한다. 일주일에 한두 번 가족들이 가족영화관(Home theater)에 가서 영화를 보는 것도 **"초공간아파트"**에 사는 재미 중에 하나다. 영화관과 같은 음향과 스크린을 가진 가족 영화관에서는 결제만 하면 현재 상영 중인 영화도 볼 수 있는데, 집에서 팝콘과 음료수를 준비해가면 가족끼리 개봉 중인 영화를 영화관 화질로 볼 수 있는 셈이다. 특히 잠옷차림 같은 간편한 복장으로 가족극장에 가 영화를 보는 재미도 괜찮은 편이다.

학교의 동료 교사들을 초대하기는 **"초공간아파트"**가 정말 편하다. 음료수를 준비해 스카이라운지로 가 도심 석양을 보면서 수다를 떨면 여선생님들은 대부분 이곳으로 이사오겠다고 흥분을 한다. 가끔 밤에 잠이 오지 않으면 포도주 한잔을 들고 남편과 이곳에 와서 마신다고 이야기 하면 미혼의 여선생들은 숨이 넘어갈 것 같은 탄성을 지른다. 이곳은 우리 집의 일부여서 항상 사용할 수 있다는 말까지 하면 그때부터는 질투로 변한다. 그리고 노래방까지 가면. . .

가끔 남편과 함께 공중 욕실을 사용할 때면 마치 왕후가 된 기분이다. 거품이 솟아나는 커다란 욕조의 따뜻한 물에 잠겨, 띄워놓은 테이블에서 포도주를 따라 마시면서 도시 풍경과 하늘을 바라보면 마치 과거의 시간으로 여행을 온 왕비 같은 기분이 든다. 인공지능에게 부탁해 놓으면 감미로운 음악과 영상도 틀어주는데 공중욕실에서 한 두 시간은 눈 깜빡하는 시간보다 짧게 느껴진다.

특히 최근에 발견한 아이들 감시 장치는 정말 일품이다. 인공지능이 알려준 아이들과의 커뮤니케니션 모듈을 사용하면 항상 아이들이 **"초공간아파트"**의 어디에 있는지 그리고 무엇을 하고 있는지를 알 수 있다. 딸이 AV 공부방에서 혼자 공부하고 있더라도 한 벽면을 채운 LCD 모니터를 통해 딸아이를 바로 옆에서 볼 수 있어 실제로 옆에 있는 것 같이 느껴진다. 딸아이 역시 나를 볼 수 있어 차라리 아이들이 공부방에 혼자 들어가 있는 것 보다 눈을 맞출 수 있는 시간이 많다.

이제 막 2학년이 된 **딸**에게 **"초공간아파트"**는 선생님이다. 안정된 환경의 도서관과 열람실은 자기 방에서 하는 공부보다 훨씬 더 학습 능률이 오른다. 공공도서관이나 개인 학습실 중 하나를 선택할 수 있는 점도 좋다. 친구들과 함께 학습실을 사용하면서 스터디 그룹을 만든 아이들은 학교나 자기 방에서 보다 이곳에서 공부하는 것을 더 좋아 한다. 특히 AV 학습실에서는 교육방송의 시청이나 양 방향 학습이 가능하여 공부하다가 모르는 문제가 있으면 바로 질문을 할 수도 있다. 모르는 문제를 태블릿에 써서 전송하면 화면에서 선생님이 그 질문에 대한 답과 풀이 과정을 설명하여 준다. 어학공부 역시 **"초공간아파트"**의 어학실이 최고다. 공부할 내용을 인공지능에게 설명해 주면 그것에 맞는 자료를 반복 재생해 주면서 발음 교정까지 해준다.

가족끼리 스카이라운지 스낵바에 가는 시간도 정말 재미있다. 엄마가 "오늘은 밥하기 싫다!" 고 꾀를 부리시면 아빠는 "그러면 스낵바에 갈까?" 라고 물어 보신다. 그곳에 가면 간단한 일품요리들을 먹을 수 있는데 우리 가족만의 공간으로 준비된 것 같아서, 전속요리사가 준비하고 있는 우리 집 부엌에 가는 기분이다. 하이퍼도어를 열고 가는 스낵바는 의자 4개가 놓인 테이블이 하나있는 자그마한 방이다. 한쪽은 밖이 보이는 전면 유리창이고 반대편에는 컨베어벨트로된 카운터가 있는데, LCD 모니터에 보이는 요리사에게 음식을 주문하면 잠시 후 벨트를 따라 음식이 테이블로 온다. 이곳 역시 **"초공간아파트"**의 다른 공간들처럼 집에서 입고 있던 옷을 그냥 입고 주방에 가듯이 갈 수 있는데, 속옷차림으로 가도 될 만큼 사적인 공간이다.

"여기는 항상 음식 값도 싸고 정말 맛이 있어! 그렇지?"

음식을 마주한 엄마의 평가, 글쎄 엄마 말고 그 말에 동의할 사람이 누가 있을까?

40대 초의 회사원인 L씨는 이곳으로 이사 온지 1년이 다되어가는 지금도 집으로 돌아오면 항상 자신이 살고 있는 **"초공간아파트"**가 신기한 공간이라는 생각을 하게 된다. 처음에는 초공간이라는 말의 의미를 이해할 수 없었다. 초공간? Hyperspace? Superspace를 말하나? 공상과학에 나오는 그 초공간 맞나? 하지만 조금씩 이곳에 익숙해지면서 그 의미를 나름대로 정의할 수 있게 되었다.

아이들이 자라 조금 더 큰 집으로 이사하려고 생각하고 있던 즈음에 회사의 동료가 소개해준 **"초공간아파트"**는 처음부터 이해하기 힘든 공간이었다. 가족의 규모를 생각해 45평 정도의 아파트를 찾고 있었는데 **"초공간아파트"**의 인터넷 필요 공간예측 프로그램에 가족수와 성향들을 입력시키자 28평이 가장 적당하다고 조언을 한다. 28평이면 지금 살고 있는 아파트보다 더 작은 면적인데 무슨 소리를 하는 것인지 알 수 없었다.

이제 아이들도 본격적으로 공부를 시작해야할 때이고, 한창 성장 속도가 빠를 때이니 공간의 수요가 더 늘어 날텐데... 그리고 L씨 스스로도 늘어나는 업무와 자아 발전의 공간이 필요하던 참이었다. 아내 역시 수업준비를 위해 자신의 공간을 찾는 눈치였다. 무엇보다도 경제적으로 안정을 찾아 생활의 여유를 가족들과 함께 보낼 수 있는 방법을 찾고 있었다.

"가족 극장(Home Theater)이나 홈 바, 가족 서재가 있으면 좀 더 가족이 함께 보내는 시간이 많아질 수 있을 텐데!" 그러기에는 아직 경제적 부담이 크고!...

인터넷의 **"초공간아파트"** 홈 페이지를 돌아보면서 처음에는 믿을 수 없는 이야기에 냉소적이었지만 그곳에 살고 있던 동료는 **"초공간아파트"**가 아주 재미있는 주거 공간이며 만일 28평이 적당하다고 했으면, 그 정도 공간이면 충분할 것이라는 조언한다. 무엇보다 막내 녀석이 **"초공간아파트"**의 웹사이트를 다녀온 후 당장 이곳으로 이사 가자고 졸라대기 시작했다.

거실에 앉아 집안을 둘러보면서 자신이 살고 있는 **"초공간아파트"**를 생각하면 L씨는 자꾸 전에 보았던 영화 매트릭스의, 문을 열고 안으로 들어가면 커다란 공원이거나, 거대한 산맥의 정상 혹은 비오는 뉴욕의 뒷골목이 나타나는, 수많은 문이 늘어서 있던 좁은 복도를 떠올리게 된다. 시분할 전용 엘리베이터와 엘리베이터의 문을 의미하는 하이퍼 복도와 하이퍼 도어(Hyper doors)는 매트릭스의 복도와 문이다. 하이퍼 도어를 여는 순간 나는 내가 어느 공간으로 가는지 전혀 알 수 없다. 물론 그것이 공원인지 골목인지는 알 수 있지만 그것이 어느 곳의? 뉴욕의 혹은 서울인지 알 수 없다.

다만 공원에 가는 시간이 쌓이면서 취향을 기억해, 내가 좋아하는 공원으로 "인공지능"이 데려다 주는 것을 빼면 영화와 같이 그곳이 **"초공간아파트"**의 어느 곳에 있는지는 알 수 없다. 또한 내가 좋아하는 뉴욕의 포켓 공원이 **"초공간아파트"**의 어느 곳에서 그것도 하나가 아니 여러 개가 있고, 나는 내가 원할 때 항상 그곳에 갈 수 있다는 점만 내가 지금까지 이해한 것이다.

추정하건대 **"초공간아파트"**에는 여러 개의 스카이 바가 있는 것 같다. 잠시 혼자 쉬고 싶을 때, 그것이 낮이든 밤 혹은 새벽이든 하이퍼 도어를 열고 스카이 바로 가면, 그곳에 나만의 공간이 서울을 내려다보며 기다리고 있다.

4. 유비쿼터스 업무 공간.

서울시청사 이야기

공간의 변화 20세기가 끝나고 21세기가 시작된 지난 몇 년 사이 우리는 많은 **새로운 낱말을 만났다. 브로드밴드 네트워크, 원격 현전, 인터넷, 디지털 공간, 그리고 유비쿼터스 환경**이라는 단어는 부모세대는 물론 우리 자신에게도 생소하고 또 그 의미가 앞으로 어떻게 전개될 지 예측할 수 없는 말들이다. 이제는 익숙해져 그것이 없는 삶을 상상하기 힘들게 된 인터넷조차 앞으로 그것이 어떤 구조로 변화되어 우리 앞에 나타나게 될지 가히 짐작조차 할 수 없다.

그것이 구리선이든 광케이블이든 **디지털 네트워크 안에 머물던 인터넷은, 이제 자신과 연결된 물성 장치들을 제어하면서 현실공간으로 나서고, 현실공간에 연결된 센서를 통해 현실의 물리적 공간을 이해하기 시작하고 있다.**

유비쿼터스 환경은 현실의 물리적 세계와 가상의 디지털 공간, 그리고 유전자의 감성공간이 하나로 결합하는 새로운 모습의 공간이다. 유비쿼터스 환경에서 세상은 현실공간을 바라보는 유전자의 공간 감성으로서가 아니라 디지털 공간 정보와 결합한 인간의 생물학적 지능이 함께 이해하는 현실공간의 모습으로 드러난다. **하나의 내재 시점을 가진 유한 지능의 생명인 인간이 보는 세상에서, 다시점 시각과 무한의 지능을 가진 디지털 지능의 사이보그 생명이 바라보는 초공간구조의 세계로 생존의 거처를 옮기는 것... 그것이 우리가 맞이하고 있는 유비쿼터스 환경의 모습이고, 이제 그런 세상이 건축공간으로 등장하고 있다.**

교통의 흐름을 관찰하기 위해 도심대로와 고속도로위에 설치된 카메라는 이미 운전자의 눈 역할을 하고 있으며, 보안 카메라 역시 내가 세상을 바라보고 그런 나를 세상이 바라보는 눈이다. 또한 디지털 공간에서 발생하는 변화를 인간이 인식할 수 있는 영상정보로 변환시켜주는 다양한 가상의 카메라들 역시 생존영역을 무한히 확장시켜주는 눈이다.

이제 각 지방의 고속도로 교통 상황을 보기 위해 그곳에 갈 필요를 느끼지 못하고, 화상정보 수신 기능이 있는 휴대전화를 들면 외출 중에도 집안에서 일어나는 일들을 하나하나 볼 수 있고 가사시스템들을 외부에서 조작하는 것이 일상에서 만나는 일이다. 인터넷에 접속하면 세계의 곳곳에 설치된 센서가 전송하는 공간정보를 통해 현지에 있는 것처럼 그 공간을 느끼는 것 역시 생활의 일부가 되어 가고 있다.

세상에는 이미 많은 눈과 귀들 그리고 코와 피부의 촉감이 도처에 있고 앞으로 그 수와 정보의 해상도는 기하급수로 증가할 것이다. 유비쿼터스 환경의 공간적 의미는 이렇게 산재하는 많은 공간 감각정보가 제공하는 **다양한 공간 정보를 디지털 지능이 통합된 하나의 감각으로 해석해** 사용자가 직관적으로 이해할 수 있는 공간 정보로 실시간 제공하는 시스템이다.

유비쿼터스 환경에서 공간이란 물리적 현실공간과 디지털 가상공간 그리고 유전자의 감성정보공간이 하나로 동기화 되어 있는 곳이다.

유비쿼터스 공간이 정확하게 어떤 모습을 가지고 있는 지를 지금 예측할 수 없다. 이미 존재하던 공간의 구조를 가져온 현실공간과 달리, 그 현실공간과 디지털 공간 그리고 감성정보공간을 하나로 결합해 우리가 만들어 가야할 공간이기 때문이다. 다만 유비쿼터스 공간이, 지금까지 찾아온 현실공간의 모습을 많이 투영하고 있는 공간일 것임을 추측할 수 있지만 3개의 공간이 다양하게 적용될 수 있는 유비쿼터스 공간의 가능성은 예측 불가능할 정도로 다양하다.

유동하는 공간 3개의 공간이 결합한 유비쿼터스 환경에서 발생하는 건축공간은 지금까지 우리가 경험해온 현실공간에서 출발하지 않을 것임을 알 수 있다. 물리적 거리와 그것의 인지적 거리가 일치하는 현실공간과 달리 유비쿼터스 공간에서 인지거리는 기하학으로 측정되는 거리가 아닌 그 공간에 놓여있는 정보객체들의 관계성이다.

현실공간에서 객체가 놓여있는 공간상의 위치는 그것을 바라보는 사람이 인식하는 객체위치와 동일하기 때문에 같은 것으로 정의된다. 하지만 이렇게 현실공간에서 당연하게 여겨지는 상황들이 유비쿼터스 공간에서는 매우 다르게 존재한다. 즉 물리적 공간에서의 객체와 그것이 놓여있는 위치가 그 객체를 바라보는 사람이 지각하는 그것의 위치와 서로 다른 곳이 될 수 있는 것이다.

물성객체가 존재하는 현실공간과 그것의 대칭객체인 정보객체가 있는 디지털 공간의 공간구조가 달라서 이들은 동일한 좌표 위에 위치하지 않는다. 물리적 공간에서 물성객체는 다른 객체들 사이의 관계나, 존재하는 공간과의 관계가 무의미하다. 즉 물리적 공간에서는 객체사이의 이격이 객체사이의 관계설정에 장애가 되어 두 객체사이의 관계성을 단절시키는 것이다. 하지만 디지털 공간에 존재하는 객체들은 그것이 이웃 IP를 부여받고 있든 아니든, 혹은 디지털 공간상에서 관계가 먼 IP의 객체이거나 아니면 가까운 곳에 있든, 혹은 공간적 이격과 상관없이 그것이 가지고 있는 유사성의 정도에 따르든 관계의 인접도에 의해서 가까운 관계를 가진 객체로 인식된다. 디지털 공간과 결합한 물리적 공간에서 객체의 공간상의 위치는 더 이상 사용자의 사용의지에 영향을 주지 않는다.

현실공간과 유비쿼터스 공간의 차이는 자신의 눈과 기억에 의존하여 공간의 의미를 이해하는 것이 아니라, 눈과 두뇌의 즉물적 공간정보 처리 능력 위에다 디지털 공간에 저장된 공간정보가 포개어져 인식의 범위가 확장되는 것이다. 내 눈앞에 보이거나 그것의 위치를 기억하고 있어야 사용할 수 있는 현실공간에서의 객체 대신, 그것이 어디에 있는지 알 수 없지만 필요하면 내 앞에 나타나 사용할 수 있거나 혹은 그것이 있는 곳으로 옮겨갈 수 있는 공간정보가 디지털 공간에 저장되어 있어 그 정보가 실시간으로 나의 의지와 연결되는 곳이 유비쿼터스 환경에서의 공간이다. 공간으로서 건축물은 고정되어 있지만 사물이나 사용자가 그 건물 안을 옮겨 다니면서 자신의 공간을 실시간으로 설정해 사용하는 공간은 위치나 기능 혹은 관계에서 유동적이다.

유비쿼터스 환경에서의 시청사 유비쿼터스 환경에서 시청사(市廳舍)는 어떤 가능성들을 가지게 될까? 미래의 시정(市政)은 그것이 도시를 가꿔나가기 위한 것이거나, 시민에게 필요한 민원 서비스이거나, 시민과 함께하는 축제이거나, 마음을 모으는 행사이거나 모두 시민들 가까운 곳으로 다가간다는 점에서 범위가 확장될 것이다. 또한 청사의 개념 역시 단순히 시정 업무를 진행하는 시청사 건물에서 벗어나 시민들이 즐길 수 있는 공원이나, 혹은 도시에 아름다움을 제공하는 경관이나, 또는 도서관이나 교육시설 등으로 확장될 것이다. 단순한 행정적 민원의 처리가 아니라 사회의 변화에 따라 새롭게 등장하는 시스템에 적응할 수 있는 인큐베이터로서의 기능이나 시민들이 도시의 구성원으로 자신의 능력을 최대한 발휘할 수 있도록 부족한 부분을 도와주는 보완자로서의 기능들이 추가될 것이다.

디지털 환경은 공간의 벽을 넘어 자신의 생각과 주장을 타인에게 전달할 수 있게 한다. 인터넷의 출현이후 다양한 민원이나 시민들의 바람이 전선을 통해 시정에 전달되고 반영되면서 시정의 방향을 결정하는 중요한 지표가 되었다. 인터넷으로 연결될 시정은 시민의 의지 혹은 행정 수요와 긴밀하고 신속하게 반응하는 행정 구조를 담고 있는 장치가 되어 미래의 민의를 예측하기 시작한다. 하지만 인터넷이 무형의 정보를 전달하는 디지털 공간이듯 그것을 통한 반응 역시 무형의 행정 처리이거나 정보의 전달에 그친다.

물리적 객체의 공간좌표와 그 객체의 인식공간의 위치가 서로 다른 곳에 있지만 하나로 이해되는 유비쿼터스 공간에서 단순히 행정 시스템으로서의 시정부가 아닌 무형의 시정 시스템과 유형의 물리적 실체인 시청 건축물이 결합한 시청사가 어느 때보다 중요한 의미를 지닐 것이다. 즉 시청사라는 건축물이 이전에 공권의 권위를 표출하는 강한 상징물이었던 것 같이, 유비쿼터스 환경에서는 시청사가 시민들이 직접 만질 수 있는 시청의 물리적 대상이 되는 것이다. 즉 시민의 공간이 되는 것인데, 단지 관념적 의미의 시민소유가 아닌 공간자체를 시민이 사용하기도 하고, 시청사가 가지고 있는 모든 설비와 장비 등도 그것을 필요로 하는 시민들과 공유하는 것이다.

예를 들면 3000명의 시공무원을 수용할 수 있는 공간으로 지어지는 시청사는, 시 공무원 모두가 동시에 업무를 수행한다는 가정 하에서 계획되어 이에 필요한 업무공간이 준비되지만, 통계적으로 임의의 시간대에 자신의 업무공간을 사용하는 공무원은 대략 60-70% 가량이고, 나머지는 외부에서 장단기 출장업무로 자리를 비운다. 여기서 발생하는 1000석 정도의 작업 공간을 시민들과 공유한다면? 하루 8시간정도의 업무가 종료된 후 시청사를 나머지 시간동안 시민들이 사용할 수 있게 된다면? 시공무원이 외근으로 자리를 비우면 그와 관련된 장비(문구, 서류, 컴퓨터 등)와 정보는 공간에서 사라져 버리고 그 빈 공간에, 그곳을 사용할 수 있게 허락된 시민의 장비들이 실시간으로 나타날 수 있다면? 이런 의문들을 해결하면 시청사는 외부시민을 위한 업무공간이 되어 새로운 창업을 유도할 수도 있고, 보유하고 있는 첨단장비를 고도의 업무를 필요로 하는 중소기업에서 활용하게 할 수도 있다. 통역시스템을 가지고 있는 국제 화상 회의실 · 슈퍼컴퓨터 · 시뮬레이터 등의 첨단의 장비를 가진 시청사는, 단지 시공무원들에게 첨단의 업무기능을 제공하는 공간일 뿐 아니라, 공무원들과 시분할하여 사용할 수 있는 시민들에게는 자신의 능력을 배가시켜주는 공간이 될 것이다.

<<< 서울시청의 시나리오들

서울시 P 시장의 하루

200X/04/22일.

신시청사 현관에 정지한 승용차에서 내리던 P시장은 청사건물을 천천히 올려다보면서 항상 낯설게 느껴지는 건물이라는 생각을 했다. 신청사로 이사온 지 6개월이 되었지만 이 건물은 발에 맞지 않는 구두처럼 불편했다. 신시청사로 들어가기 위해 윈터 가든(온실정원)을 지나려면 캐비닛 저장고의 로봇 팔이 철커덕거리는 것이 훤히 내려다 보이는 유리바닥을 걸어야하는 것도 불편하고, 청사로 들어서기 위해 다른 직원들과 마찬가지로 전자신분증을 패용하여야 하고, 위치를 알려주는 PDA없이 시장실 밖으로 나가려면 복도가 미로 같아 어디가 어딘지 알 수가 없는 것들이 마음에 들지 않았다.

비서관의 도움 없이 실국장실을 방문하는 것조차 여간 힘든 게 아니었다. Hi Seoul 페스티발이 어떻게 진행되고 있는지 궁금해 며칠 전에 들렀던 문화국장실이 어제는 전혀 다른 방이 되어 있고, 회의를 주재하려면 미리 이동식 회의실이 시장실과 연결되도록 세팅을 해야 했다. 그리고나면 창 밖이나 혹은 그 반대편으로 20명 남짓의 인원을 수용하는 회의실이 와서 연결되고 참가 인원이 많은 회의는 회의의 규모에 따라 여러 개의 확장모듈이라고 하는 것이 와서 연결되었다. 구청장들과의 회의 역시 원격회의 모듈의 사용 시간을 미리 입력하고 기다려야 했다.

서울시 국제협력팀 J팀장의 유비쿼터스 초공간 세계여행

200X/01/14일.

지난 월요일 PDA가 알려주는 길을 따라 지정된 업무공간으로 갔을 때 **국제협력팀 J팀장**은 그곳을 보고 한참을 웃었다. 5월에 있을 Hi Seoul 축제에서 외국 자매결연 도시와의 연계와 참여단체들과의 교섭을 지원하기로 한 J팀장에게, 이번 주는 다양한 외국 참여단체들과의 협력을 모색해야하는 조금 힘든 작업들이 기다리고 있었다.

브리핑과 관련 자료를 참고 하기는 했지만 미주 담당인 자신이 어떻게 일을 진행할지 출근 전부터 약간의 부담감을 안고 출근했는데, J팀장이 월요일 아침에 처음 본 지원 업무를 위한 유비쿼터스시청사의 업무공간은 우주선의 조종실 같은 모습이었다. 유리벽으로 막힌 다각형의 부스 형태의 공간 안에는 8개의 LCD 모니터가 2줄로 호를 그리며 배열되어서 마치 하나의 모니터처럼 연결되어 있었고, 모니터와 모니터들 사이에 6개의 카메라가 설치되어 있었다. 모니터에 비치는 영상은 스스로 하나로 합쳐지기도 하고, 다시 각각의 모니터에 비치는 작은 영상으로 바뀌기도 하였다. PDA가 신호음을 울려서 깜박이고 있는 버튼을 누르자 유리문이 열렸다. 막상 자리에 앉으니 20인치쯤 되어 보이는 모니터 8개가 연결되어 있는 자리는 조금 어지럽기까지 하다.

마우스를 움직여 보았다.

"업무기록에 따르면 본 시스템을 전에 사용해보신 적이 없는 것으로 나타납니다. 사용법에 대한 설명이 필요하십니까?"

"예"를 누르자 사방에서 각각 다른 소리가 나기 시작하더니, 이 음향들이 돌아가는 듯 느껴졌고, 6개의 모니터를 통해 시스템의 간단한 사용법들이 5분정도 보였다.

개막식 식전행사 "서울의 빛"을 구성하기 위해 프랑스의 PIGI 영상팀과 중국의 불꽃놀이 디자이너 그리고 다른 영상 디자인팀들과의 협업을 이끌어야 하는 일에 8개의 모니터가 필요한 이유를 국제협력팀 J팀장은 이 시스템을 사용하면서 곧 알게 되었다. 윗줄에 있는 4개의 모니터에는 각 팀의 팀원들이 나타나고 아랫줄 모니터에는 그들이 보내는 영상자료나 그들이 말하는 내용들이 요약되고 그것과 관련된 참고자료들과 링크시키는 아이콘이나 영상자료들이 보였다. 각각의 회의 참가자의 말은 다른 위상의 스피커를 통해 원어와 통역된 말이 동시에 들렸다. 원어가 나오는 스피커의 볼륨을 조금 조절하자 상대방의 의사와 감정이 동시에 이해되었다.

모니터가 때로는 하나로 합쳐지면서, 대화중에 주요 상대에 대한 정보나 취향들이 영상으로 나타나거나, Hi Seoul 축제에서의 그의 역할이 이해하기 쉬운 구조로 그래픽 처리되어 나타났다. 회의에 관련된 정보들이 인지하기 쉽도록 영상처리 되어 스크린에 나타났지만 워낙 많은 양의 자료가 동시에 보여 그것을 실시간으로 이해하기에는 만만치 않은 양이었다.

전날 걱정했던 언어와 공간의 장벽에 대한 걱정은 회의를 진행하면서 어느 사이엔가 사라져버렸다. **축제 행사팀 Y씨**가 수시로 모니터에 나타나 관련 정보를 정리해 주고 있었다. 이 시스템이 자신에게서 필요로 했던 것은 외국어 능력이 아니라 외국과의 오랜 업무 경험을 통해 쌓아둔 국제적 감각이었을 것이라는 생각이 들었다. 오전회의를 마치자 온몸의 에너지가 다

빠져나간 느낌이었다. 계속 주의를 집중하면서 엄청나게 쏟아져 나오는 정보 속을 헤엄친 이후이니 어쩌면 당연한 것인지도 몰랐다.

점심식사를 위해 업무공간을 빠져 나오면서 유비쿼터스시청사에 대한 궁금증들이 생겨났다. 지난번에 이야기를 들으니 모든 벽과 바닥 그리고 천정까지 영상이 비치는 업무공간까지도 있다는데 그곳에서는 어떤 업무를 하는 것일까?

25층에 있는 구내식당으로 가기 위해 엘리베이터를 탔다. 그런데 J팀장 앞에 있는 사람들은 전부 노란색 출입증을 목에 걸고 있었다.

"응? 노란색 출입증은 뭐지? 지금까지 보아온 신분증은 녹색과 갈색이 섞인 것인데. 요즘 들어 노란색 출입증을 패용한 사람들이 많이 보이네.... "

J팀장은 식판을 테이블 위에 내려놓고 PDA에 노란색 출입증에 대한 자료를 입력했다.

"아 요즘 시청사를 시분할하여 외부사용자들이 시청공무원들과 같이 사용하고 있다고 하더니...."

J팀장은 지난번 서울시청 홈페이지에서 본 기사가 생각났다.

"시청사를 유비쿼터스 공간구조로 지은 이유 중에 하나가 시청사의 첨단공간설비를 외부 사용자들인 시민들과 공유해 공간의 효율도 높이고, 시청사의 유지와 장비 업그레이드에 드는 비용을 공간 임대수익을 통해 자체 발생시킨다고 하더니 저 사람들이 바로 외근중인 직원의 업무공간을 시분할 하여 사용하고 있는 사람들이구나!"

서울시 축제 행사팀 Y씨의 초공간 기행

200X/04/25일.

5월이면 Hi Seoul 축제도 벌써 00번째를 맞는다. Hi Seoul을 담당하고 있는 Y씨는 몇 달 동안 눈코 뜰 새 없는 나날을 보내고 있다. 시범경기를 치룰 컴퓨터 게임단을 섭외하고 PIGI 영상 쇼의 주제를 선정해야하며, 청계천에서의 다양한 행사 그리고 마지막 날의 "다이내믹 서울"의 도시 공간 컨셉트를 설정하는 등등 도저히 혼자서는 할 수 없을 것같은 일들을 진행하고 있었다.

어제 밤늦게 퇴근하면서 컴퓨터에 입력한 오늘의 업무성격에 따라 추측하면, 오늘 자신이 사용할 업무공간은 18층 시뮬레이터 회의실과 가까운 곳일 것이라고 생각되었다. 어제는 축제 행사팀 팀원들 사이의 대면협업이 필요해 팀원들의 업무공간 대부분이 한곳에 배치되었었는데, 오늘은 Y씨가 해야 할 일이 거의 외주 협력업체들과 함께하는 최종 리허설의 가상 시뮬레이션이므로 자신의 업무공간은 아마 지난번에 사용한 적이 있는 18층의 시뮬레이션 쳄버 근처의 어느 곳일 것이라고 생각했다.

축제 행사팀 Y씨는 매일아침 새로 지은 시청사로 출근하면서 자신이 사용할 업무 공간이 어디일까를 예상하는 것이 하루의 일과가 되었다. 업무의 성격에 따라 혹은 팀원들 그리고 팀장의 업무계획을 반영해, 매일 아침마다 때로는 점심식사를 마치고 돌아오면 자신에게 주어져 있는 업무공간이 달랐다. 외근에서 돌아오면 자신의 업무공간이 다른 곳으로 이동해 있기 일쑤였다. 새 시청사로 이사한 지 벌써 6개월이 지나 이제는 어느 정도 자신의 업무성격과 연계해 그날 사용하게 될 업무공간의 위치와 구조를 예상할 수 있게 되었다고 생각했는데 아직도 사용해 본 적이 없는 새로운 기능을 가진 업무공간으로 배정되곤 했다.

서울 시청사로 들어가자 신분증에 삽입된 RFID의 신상정보를 인식한 메인 컴퓨터가 오늘의 업무를 분석해 지정한 업무공간으로 가는 길이 PDA를 통해 출력되기 시작했다. 로비 중앙으로가서 PDA가 알려주는 엘리베이터를 탔다. 엘리베이터가 멈추고 하차 하라는 메시지가 PDA 화면에 보였다. 올라온 거리로 봐서 예상대로 대략 17층 근처인 것 같았다. 화면에 나타난 길을 따라 도착한 곳은 시청사에서 흔히 볼 수 있는 일상적인 업무공간이었다.

"어? 약간 실망인데 오늘은 복잡한 회의실 기능을 사용해야하기 때문에 다양한 기능을 가진 작업 공간에서 일을 시작할 줄 알았는데... "

책상 위에는 2개의 LCD모니터가 하나로 연결되어 있고, 나보다 먼저 업무공간에 도착한 개인 캐비닛이 작업공간과 도킹하여 부팅되고 있는 모습이 보였다. 자리에 앉아 캐비닛에서 업무에 필요한 소품 몇 개를 꺼내 책상위에 올려 놓았을 때 쯤 부팅이 끝난 모니터에서 캐비닛에 들어 있는 업무용품들의 영상이 보였다. 이정도면 오늘 작업을 진행하는 데 충분한 것 같다. 목록들에 대한 확인을 마친 후 마우스를 클릭했다.

오늘의 스케줄과 업무의 구조 그리고 관련기관의 링크가 3차원 영상으로 왼쪽 모니터에 나타났다. 오른쪽 모니터에는 외주업체와의 협업회의 그리고 시뮬레이션 챔버를 사용한 회의 내용과 회의 참석자들에 대한 자료가 표시되고 있었다. 오늘 회의의 외부 참석자는 8명이고 이미 그들이 시청사 안에서 사용할 IP는 메인 컴퓨터에 입력되어 있었다. 아마 그들이 시청사에 도착하면 처음에는 조금 익숙하지 않은 공간에 당황하겠지만 곧 RFID와 블루투스로 네트워크화 되어, PDA로 전달되는 메시지를 통해 자신이 가야할 장소를 쉽게 알게 될 것이다.

9시 11분.

10시부터 시작될 "개막식 식전행사인 **서울의 빛**"의 최종 가상 시뮬레이션 겸 협력업체 최종점검 회의를 준비하는데 충분한 시간이다. 컴퓨터를 통해 3D 플로터에 행사장 모형을 프린트하도록 명령하고 프린트된 행사장 주변 모형이 9시 55분까지 회의장으로 전달될 수 있도록 설정했다. 그리고 회의실 주변으로 입체영상을 투영할 수 있는 회의실 확장모듈과 회의에 직접 참석하지 못하는 협력업체와의 연결을 위한 화상회의 모듈 그리고 모형과 컴퓨터의 디지털 공간을 연결할 수 있는 RFID 스캐너 모듈이 10시 20분 회의실에 결합되도록 설정했다.

9시 50분.

캐비닛을 정리한 후 현재 사용하고 있는 업무공간의 사용종료를 컴퓨터에 입력했다. 캐비닛이 저장 공간으로 가기 위해 업무공간과 분리되어 오토트랙쪽으로 향했다. 자리에서 일어나 엘리베이터를 탔다. 예상과 달이 회의실의 위치는 18층이 아니라 20층 정도인 것 같았다. 사실 새로운 시청사에서 몇 층에 있는 공간을 사용한다는 것은 전혀 의미가 없는 숫자에 불과한데, 습관적으로 자꾸 층을 세게 된다. 엘리베이터가 열리고 PDA의 메시지를 따라 내린 곳은 전에 한 번도 사용한 적이 없는 회의실이었다. 지난번에 사용한 회의실과 달리 이곳은 차분하게 가라 앉은 어두운 색조의 내부와 레벨차를 가진 바닥의 상당히 넓은 공간인 것 같았다. PDA를 이용하여 조명을 켰다. 마치 둥근 공의 내부인 듯한 모습의 공간이 시야에 들어왔다.

9시 55분.

행사장 모형을 실은 로봇 카트가 회의실로 들어왔다. 유리로 덮여있는 LCD 테이블 위로 모형을 올려놓고 가지고 온 협력업체의 RFID들 중 하나를 행사장 모형에 놓았다. 불꽃놀이라고 쓴 꼬리표가 붙어 있었다. 시뮬레이션 시스템의 스위치를 켜자 테이블 바닥의 모니터에서 행사장위로 불꽃이 날아가기 시작했다. 행사장 모형과 컴퓨터 디지털공간의 좌표를 동기화 시키기 위해 행사장의 GIS정보의 기준점을 모형에 투영시켰다. 4개의 공간좌표를 맞추자 모형과 디지털공간의 행사장의 공간좌표가 일체화되었다.

10시 00분.

협력업체의 직원들이 엘리베이터에서 내려 회의실로 들어오기 시작했다. 회의에 참석한 인원은 모두 11명 예상보다 2명이 많았다. 최종 가상리허설에 대해 설명하고 좋은 의견의 개진을 부탁했다.

11시 20분.

먼저 최종 가상 리허설을 시뮬레이터 해보기로 했다. 회의실 3개의 벽면이 사라지고 화상회의, RFID 스캐너 그리고 입체영상 투영모듈이 내려와서 회의장에 연결되었다. 먼저 불꽃놀이 계획팀이 가장 최근 디자인 불꽃의 IP번호를 담고 있는 RFID칩을 모형위에 올려놓았다. 회의실 가운데에 행사장 모형의 영상이 투영되고 돔 모양의 천정으로 불꽃이 날아다니기 시작했다. 디자이너가 발사지점을 수정하기 위해 RFID의 위치를 행사장 모형위에서 약간 바꾸고 컴퓨터에 발사각을 수정하여 입력했다. 이어서 PIGI 팀의 레이저를 시뮬레이트하기 위해 그들이 준비한 RFID칩을 모형 위에 올려놓았다. 행사장 모형위에 10여 개의 칩이 올려 질 때쯤 가상공간에서의 리허설이 완성되었다. 회의실 중앙 천정에는 각 협력업체들이 준비한 다양한 디자인의 빛들이 어울려 빛나기 시작했다. 형형색색의 빛과 불꽃 그리고 영상이 돔을 수놓았다.

12시 30분.

마지막 가상 리허설이 끝났다. 시뮬레이션 결과와 그에 따른 수정사항들이 협력업체들의 서버에 전달되었고 이제 5일 후 서울의 밤을 밝힐 빛의 준비는 대략 끝이 난 것 같다. 회의 종료를 컴퓨터에 입력하자 회의실에 연결되었던 기능 확장 모듈들이 다른 회의실과 결합하기 위해 이동하기 시작했다.

새로운 시청사에 들어서면 때로는 마치 슈퍼맨이 된 듯한 착각에 빠지고, 때로는 한없이 무력해지는 느낌이 들곤 한다. 시청사라는 공간이 아닌 거대한 지능 속에 들어와 있는 느낌, '내가 그곳에 대한 지식이 부족하더라도 상상하는 것은 모두 이루어 낼 수 있는 공간에 있는가?' 싶으면 어느 사이 가까운 공간의 방향조차 찾지 못해 길을 헤매곤 한다.

12시 45분.

조금 늦은 점심 식사를 하기 위해 시청사 밖으로 나가려고 복도를 걷다가 복도에 설치되어 있던 단말기로 다가갔다. 마우스를 클릭하자 나의 RFID를 인식한 컴퓨터가 비밀번호를 물었다. 비밀번호를 입력한 후 오늘의 시뮬레이션 결과 중 빠진 부분을 추가했다.

5월의 서울 밤하늘은 화려할거야 !

외부 사용자 C씨의 서울 시청 업무 공간 시분할 임대 사용기

200X/04/03일.

지난 달 졸업하면서 같은 과 동기 4명과 IT관련 업종으로 창업한 C씨는 광화문 근처에 사무공간을 구하려고 했지만 공간을 임대하는데 드는 비용이 부담스러웠다. 학교의 창업지원 센터에서 제공한 **"서울시 유비쿼터스시청사 시분할 업무 공간 임대프로그램"** 정보를 통해 서울 시청에 밤 시간동안(오후 8시-오전 7시 까지) 사무실 공간을 사용하는 공간임대 신청을 했다. 5명이 같이 작업할 수 있는 공간을 신청했는데 그 경우 임대비용이 높아 3명이 같은 공간에서 일하고 2명은 같은 층을 사용하는 조건으로 일반 사무 공

간 임대료의 대략 1/5가격으로 업무 공간을 마련할 수 있었다. 낮에도 업무 공간을 시분할 해 사용할 수 있는데 사용한 시간만큼 임대료가 청구된다. 굳이 낮 시간동안 업무가 진행되어야할 필요가 없는 그들에게는 나쁘지 않은 조건이었다. 낮 시간의 주 사용자인 서울시 공무원들이 퇴근한 저녁 8시 이후에 출근하는 C씨는 유비쿼터스시청사에서 자신과 비슷한 방법으로 회사를 창업한 다양한 사람들과 만날 수 있어 좋다고 생각했다.

저녁 8시 광화문 시청사의 로비로 들어온 C씨는 업무공간으로 가는 길을 알려줄 PDA를 꺼내 화면을 보다가 로비의 대리석 바닥에 비친 자신을 발견했다. 그곳에는 벌써 창업한 지 한 달이 넘어 사업 방향이 정리돼 이제 막 미래로 달려가기 시작한 자신이 서 있었다. 처음 과 친구들과 창업을 결의하고 서울 시청사의 시분할 업무 공간 임대에 대한 설명을 들었을 때를 생각했다. *(서울시 유비쿼터스시청사의 시분할 공간을 임대하면 캐비닛 하나와 블루투스 통신이 가능한 PDA 그리고 RFID가 내장된 노란색 신분증이 지급된다. 캐비닛에는 자신의 업무에 필요한 개인 용품들 즉 컴퓨터와 문방구류 그리고 서류와 자료 등을 저장하고 업무가 끝나 업무종료를 컴퓨터에 알리면 캐비닛은 자신이 일하던 작업공간에서 분리되어 어디론가 사라지고 다음날 다신 출근하면 일할 수 있게 배정된 자리에 와서 도킹되어 있었다.*

PDA는 유비쿼터스시청사에 들어서는 순간 공간을 지각하게 하는 눈이며 두뇌이고 공간 정보를 얻는 안테나가 된다. 블루투스 방식의 단거리 통신이 가능한 것을 제외하면(물론 요즘은 대부분의 PDA가 블루투스기능을 가지고 있다.) 일반적인 PDA이지만 이것이 없으면 시청사 공간은 갑자기 3차원 미로로 변해버려 아무 곳에도 갈 수 없었다. 업무공간의 시분할 사용자는 자신이 사용하는 업무공간이 어디에 위치하고 있는지 알지 못했고 알

필요도 없었다. 단지 PDA에 나타나는 길을 따라 가면 그곳에 자신이 사용할 수 있는 시분할 업무공간이 있다.

C씨가 서울시 유비쿼터스시청사에서 임대한 공간은 3개의 연결된 업무공간과 2개의 떨어져 있는 업무공간 그리고 3개의 캐비닛과 2대의 시분할 사용 가능한 공용컴퓨터이다. 3개의 캐비닛에는 자신들 소유의 컴퓨터를 세팅해 사용하고 나머지는 시청이 제공하는 컴퓨터 임대프로그램에 따라 2대의 공용컴퓨터를 시분할로 임대해 사용하기로 했다. 매번 업무를 시작하기 전에 USB메모리 카드를 꽂아 필요한 프로그램을 로딩해야 하는 것이 조금 불편하지만 당장 컴퓨터를 사는 것 보다 많이 경제적일 것이라고 생각해 임대를 결정했다.)

잠시 지난 일을 생각하는 동안 PDA가 엘리베이터의 도착을 알려주기 위해 깜박거리기 시작 한다. 모니터에 나타난 메인컴퓨터의 메시지를 따라 엘리베이터를 탔다. PDA의 지시를 따라 작업공간에 도착하니 H와 P가 이미 작업공간에 도착해 있었다. 사무실에는 낮 시간에 근무한 서울시 공무원들의 작업 흔적들은 이미 사라져 버렸고 이제 다시 시분할 입대사용자의 업무공간으로 바뀌어 있었다. 나의 캐비닛은 이미 업무공간에 도킹되어 컴퓨터를 부팅시키고 있었다. 컴퓨터가 켜지기를 기다리는 동안 S와 K가 엘리베이터에서 내려 이쪽으로 걸어왔다.

며칠 동안 떨어져 있는 업무공간에서 작업하던 K가

"오늘은 같은 공간에서 일하네."

라며 즐거워한다.

가능한 한 같은 공간에 같은 직장 동료들의 작업공간을 배정하도록 프로그램 되어 있어, 메인컴퓨터는 공간적 여유가 생기면 팀원 모두가 같은 공간에 모여 작업할 수 있도록 한다.

S가 컴퓨터를 조작해 유리창을 불투명하게 바꾸고, 그것을 스크린 삼아 진행도를 투영했다. 유비쿼터스시청사의 공간은 기존의 사무공간과 달리 물리적 업무공간이 사용자에게 고정되어 지정된 것이 아니라, 업무의 형태에 따라 계속 변화되므로 포스트잇이나 스티커를 사무실 벽에 붙여 놓을 수 없어 모든 메모는 "사실상의 고정된 공간인" 컴퓨터의 디지털 공간에 기록하고 이것을 빔 프로젝터로 창에 쏘아 팀이 공유해야할 메모를 전달한다.

지금까지 진행된 작업과정에 대한 S의 설명이 끝나고 각자 오늘 해야 할 업무를 나누어 받고 자신의 업무공간으로 돌아앉았다.

C씨는 밤 10시에 잡혀있는 회의를 생각하며 이동식 회의실이 자신의 업무공간에 연결되도록 컴퓨터를 조작했다. 다행히 그 시간에 사용할 수 있는 공간은 여유가 있어 이동식 회의실이 자신의 업무 공간 근처에 도킹하는 데는 별 무리가 없어 보였다.

오늘 회의 참석자들이 사용할 IP 번호는 이미 IP 보안 발생시스템을 통해 전송했고, RFID에 입력한 임시 출입증을 통해 9시45분-11시30분까지 시청사를 출입하는 데도 별 문제가 없을 것이다.

회의는 다행히 잘 끝이 났다. C씨의 회사가 시도하려는 사업 아이템에 긍정적인 반응들을 보였고 아마 투자유치도 가능할 것 같았다. 회의 참석자들은 밤에 몰래 시청사에 와서 도둑회의를 한 것 같은 기분이 든다고 농담을 하면서 이동식 회의실을 나와 엘리베이터를 탔다. 벌써 11시가 훨씬 넘었는데 이 시간에도 출근하는 사람들이 많은 지 엘리베이터 코어에 연결된 오토트랙은 캐비닛을 업무공간으로 실어 나르기 위해 분주히 움직이고 있었다.

시청사는 이동식 회의실뿐 아니라 다양한 첨단 업무장비-단순히 장비라고 표현하기 어려운, 첨단기능을 가진 공간에 가까운-들이 조합된 이동식 공간이 자신의 업무공간과 결합해서 불가능해 보이던 일을 가능하게 하기에 유비쿼터스시청사 자체가 마치 거대한 인공지능처럼 여겨졌다.
C씨는 사업이 번창해 낮시간에 일해야 하는 상황이 되더라도 광화문 근처에 회사 사무실을 만들고 밤시간 혹은 낮시간에 시분할로 유비쿼터스시청사의 업무공간을 임대해서 서울 시청사가 가지고 있는 첨단 공간과 기능을 계속적으로 활용해야겠다고 생각했다.

민원인 L씨의 시청 방문기

L씨는 시청에서의 민원을 마치고 집으로 돌아가는 길에 세상이 참 많이 바뀌고 있다는 생각을 했다. 민원을 접수하기 위해, 신청사의 증축이후 민원공간으로 사용되는 본관으로 향했다. 안내에서 인허가에 대한 문제를 상의하러 왔다고 하자 대략적인 민원의 성격과 이름 주소를 물어본 민원 안내인은 가슴에 다는 출입증 같은 플라스틱 조각을 주며 본관과 신청사 사이에 있는 정원(윈터 가든; 사계절 사용을 목적으로 겨울바람을 막기 위해 유리온실 안에 지은 정원)으로 가라고 했다.
L씨가 본관과 연결되어 있는 정원으로 들어갔다. 유리로 하늘이 덥혀있는 커다란 정원은 잘 가꾸어져 있었다. 맑은 냇물도 흐르고 길을 따라 꽃과 나무들이 세련되게 심어져 있어 보는 사람의 기분을 즐겁게 하는 곳이었다. 마침 점심시간이라 그런지 곳곳에서 사람들이 가벼운 점심도시락을 먹거나 산책을 하고 있는 사람들이 눈에 띄었다.
도대체 왜 이런 곳으로 가라고 하는지 의아해진 K씨는 무엇을 해야 할지를 몰라 좌우를 두리번거렸다. 그런데 정원곳곳의 나무와 꽃들 사이에 LCD 모니터들이 나무처럼 서 있고 어떤 모니터에는 커다란 꽃이 피고 있고 어떤 모니터에는 새들이 날아다니고 있었다. 이제 어떻게 해야 하는지 난감해진 L씨에게 안내원이 다가와 저기 비어있는(꽃이 피는 장면이나 새가 있는) 모니터 앞에 있는 의자에 가서 앉으라고 했다. L씨는 점점 더 알 수가 없어졌다.

찜찜한 마음으로 안내원의 말을 따라 정원 안으로 들어가 낮은 숲 사이의 비어있는 모니터 앞에 앉았다. 안녕하세요? L 00님 지난번에 신청하신 xx동의 인허가 문제로 민원을 신청하신 것인가요? 모니터의 이미지는 어느새 민원담당자의 얼굴로 바뀌어 있었다. L씨는 당황해 그렇다고 했다. 자신은 재택 근무하는 민원담당자 K 00라고 소개하며 좀 더 자세한 민원의 내용을 듣고 싶다고 했다. 민원상황에 대해 설명을 마치자 L씨가 설명한 말이 모니터 한쪽에 글자로 써지고 있었다.

"이 내용이 맞나요?"

L씨가 그렇다고 동의 하자 모니터속의 민원 담당자는

"지금 하시려는 사업의 허가는 L 00님의 사업장을 설계하고 있는 00설계사무소로부터 제출된 주차면적 산출자료에 문제가 있어 수정을 통보한 상태입니다. 진행상황을 보면 모래 수정된 자료가 제출되기로 되어 있군요. 아마 문제가 해결되면 다음 주초에 인터넷으로 허가 사항을 확인하실 수 있을 것입니다. 만일 더 자세한 상황을 알고 싶으시면 본 인허가를 담담하고 있는 공무원과의 면담을 예약해 드릴 수 있습니다."

L씨는 충분하다 말하고 자리에서 일어나려하자. 모니터속의 민원 담당자가

"다음 주에 좀 더 자세한 상황을 알고 싶으시면 이곳을 방문하십시오! 제가 다시 상담해 드리겠습니다. 그리고 오늘 상담하신 내용의 서면기록이 필요하시면 프린트 하실 수 있습니다. 패용하신 출입증은 출구에 있는 상자에

넣으시면 됩니다."

라고 이야기 한다. L씨가 고개를 끄덕이자 민원신청내용과 그에 대한 향후 진행과정이 모니터 밑으로 프린트되어 나오기 시작했다.

처음 이곳에 왔을 때는 보지 못했는데 이제 보니 L씨 말고도 많은 민원인들이 모니터 앞 벤치에 앉아 자신의 민원에 대해 상담을 하고 있었다.

"흠! 정원에서 하는 민원도 괜찮구만."

5. 초매스(Hyper & Super Mass) 건축

지능 공간 주거(유비쿼터스 초공간아파트) **와 유비쿼터스 업무 공간**(서울시청사) **의 예에서 보듯, 공간의 제어 시스템과 공간 이동장치가 결합한 비선형 구조의 건축 공간**에서는 거주자가 소유하거나, 사용자가 단기간 독점적으로 사용할 수 있는 공간의 확장이 가능해진다. 보편적 건축 공간 개념인 선형 구조의 주거나 업무 등의 건축 공간에서 사용자의 체감 면적은 거주자 혹은 사용자가 장 · 단기간 독점적으로 사용하는 '전용 면적' 으로 제한된다. 이에 반해 비선형 구조의 건축공간인 **지능공간 주거**에서는 사용자가 소유하는 체감 공간이 자신의 '전용 공간' 혹은 장 · 단기 임대 면적인 독점적 전용면적에다가 가상적으로 시분할엘리베이터로 접근 가능하고 건물의 크기에 비례하여 증가하는 수십?수백 개 또는 그 이상의 '시분할 전용공간' 과 '동시 이용 공간' 등의 모든 공간이 합해진 면적이 된다.

유비쿼터스 아파트에서는 시분할엘리베이터로 접근 가능한 공간의 크기와 공간 서비스의 다양성에 따라 사용가능한 혹은 가상적으로 소유하는 공간의 크기가 증가한다. **유비쿼터스 업무 공간**에서는 진행하는 업무에 필요한 공간이 사용자가 사용할 수 있는 가상적 공간의 크기가 된다. 유비쿼터스 공간에서 특정 건물의 거주자가 독점적으로 사용할 수 있는 공간이 자신이 소유한 주거 혹은 독점적 임대 공간에서 가상적 소유공간으로 확대된다.

이에 따라 비선형 구조의 공간은, 다양한 공간적 확장을 가능하게 하는데, 이는 **지능 공간개념**(비선형 구조의 공간 개념)의 건축물이 규모가 증가할수록 체감 공간의 크기와 다양성 그리고 공간 효율이 증가됨을 뜻한다. 즉 건축 공간이 초고층(Super Tall)화 될수록, 혹은 그것을 뛰어 넘어 초 거대화된 초매스(Hyper&Super mass)화가 이루어지면 공간의 효용성은 현재의 건축 사고모형으로는 상상할 수 없을 만큼 증가하는 초공간으로서의 양상을 보이기 시작한다.

체감공간의 크기는 초고층 규모의 건물에서는(최초 지능 공간 아파트가 실현될 수 있는 규모는 25-30층 정도이나 60층 혹은 그 이상의 건물에서 공간 효율이 극적으로 증가한다) 거주자가 소유한 공간에 비해서 사용할 수 있는 주거 공간의 규모와 질이 거대 저택(300-500평 규모로)처럼 확장되나, 초 매스(Hyper&Super mass ; 단일 건물의 면적이 50만평 이상인 지능형 건축 공간)화 될 경우에는 그 공간이 마치 테마공원과 같은 다양한 휴식과 문화를 수용하는 하는 공간으로까지 확장될 뿐 아니라 사회적 구조까지 수용할 수도 있게 된다.

근대 도시가 출현하기 이전 보편적인 공동체의 규모는, 두뇌가 공동체 구성원의 인적 정보를 기억하고 그 정보를 이웃들과의 관계 유지에 사용할 수 있는 생물학적 한계인 200여명 정도였다. 또한 이러한 마을로서의 공동체는 주거공간인 집과 거주공간인 일터가 같은 장소에 있어서 즉, 주거와 거주 공동체의 구성원이 동일하여 하나의 공동체만 이해하면 사회적 관계를 유지하는데 충분한 인적 정보를 소유할 수 있었다.

그러나 근대적 도시의 탄생은 주거와 거주의 장소가 공간적으로 이격되어 있고 각각의 공동체는 다른 구성원들에 의해 형성되므로 생존에 더 큰 영향을 주는 거주 공동체에 편향되는 특성을 보여, 주거 공동체에 대한 무관심이 거대 도시구조가 가진 문제로 대두되었다. 하지만 초매스 건축은 이러한 2개의 커뮤니티를 다시 하나로 통합한다는 점에서 과거의 마을이 가지고 있는 공간의 구조를 닮아 있다. 네트워크로 연결된 정보의 교환은 같은 취미나 성향을 가진 사람들의 공동체 구성을 쉽게 하며, 공간이동장치는 이들의 만남을 용이하게 하여, 취미나 취향에 의해 형성되는 복합 마을로서의 새로운 커뮤니티 구조가 생기는 것을 예상하게 한다.

유비쿼터스 아파트가 초매스(단일 건물 혹은 연결 가능한 인접 건물 군이 10,000세대 이상을 수용한 상태)로 확장 될 경우 초공간 아파트는 내부에서 취미를 공유하는 등의 다양한 커뮤니티가 형성되고, 시간과 공간의 벽을 뛰어넘는 초매스화 된 **지능 공간** 주거는 디지털 네트워크에 의해 연결되는 마을을 형성해 도시 거주자의 단절을 불식시키는 공간서비스를 제공한다.

또한 초매스화에서 기대되는 부가적 이점은 특정 용도의 공간 수요가 발생하면 그것의 목적에 맞는 부지를 선택하고 그 용도를 수용할 수 있는 독립된 건축물을 구축하는 방식의 현재 건축 공간 사용 개념을, 초매스화된 건축 환경에서는 건축물이 용도를 수용하는 독립된 건물로 수평 분리되는 현상을 사라지게 할 수도 있는 것이다.

한 예가 노년층을 위한 양로시설인데, 현대의 노령인구 증가와 핵가족화는, 노년의 안정된 삶을 위해 많은 사회적 지원을 필요로 한다. 그 보편적 해법이 양로원과 같은 노후 복지시설들일 것이다. 현재 사용되는 행정 혹은 건축의 사고모형은, 그러한 서비스를 제공하는 행정과 운영의 편의를 위해 적정한 장소에 부지를 선택하고 양로시설을 수용할 건축물을 신축하거나, 독립된 건축물을 임대 혹은 매입 후 개조하여 목적을 수용할 수 있는 공간으로 개수하고, 서비스를 필요로 하는 사용자를 수용하는 방식을 취하고 있다.

하지만 노년의 감성을 고려한다면, 양로원이라는 새로운 장소에 노인들이 적응하도록 강요하는 것은, 서비스의 대상인 노인들에게는 커다란 심리적 부담이 된다. 공간적 이주나 변화를 싫어하는 노년층에게 특정 목적의 서비스를 제공받기 위해 새로운 환경으로 이주해야 하는 것은 그 서비스를 포기하게 할 정도의 심적 스트레스를 안겨준다.

초매스 공간은 이러한 공간의 서비스와 감성 사이의 충돌을 수용할 수 있는 다양한 여분의 공간적 해법을 가지고 있는데, 한 예가 초매스 공간의 구조를 사용하면 자신의 집에 거주하면서 양로 서비스를 받을 수 있는 것 등이다. 컴퓨터의 공간지능과 결합해서 사용하는 초공간 건축에서는 양로 서비스에 관한 정보가 공간을 제어하는 인공지능에 의해 제공되고, 그곳으로의 이동을 자기(子器) 엘리베이터 같은 장치가 도와주므로 공간적 장애가 사라져 독립된 건축물의 양로서비스에 수용될 필요가 없어지는 것이다.

이러한 공간에서 양로시설이란 인공지능이 알려주는 공간정보를 따라 엘리베이터 버튼을 누르면 불과 1분 안에 갈수 있는 서비스이다. 집에서 기거하면서 양로서비스를 통해 건강관리나 취미생활 그리고 식사 서비스를 제공받고 그곳에서 같은 취향을 가진 노년의 친구들과 친목도모를 하다가 집으로 돌아오는 것이 초매스 공간에서의 양로시설이다.

이러한 양로 서비스를 통해 노년의 사회적 관계를 계속 유지하여 안정감을 얻고, 신체 유지에 필요한 생리적 서비스를 제공받으며, 심리적으로 안정된 자신의 집을 계속 주거 공간으로 사용 할 수 있게 되는 것이다. 공간의 제어 시스템이나 공간 이동장치가 결합한 초매스화된 건축공간의 이런 특성은 의료서비스나 교육, 업무 등의 다양한 분야에 활용될 수 있다.

Ⅱ. 2042년의 도시 Spectrum of Paradigms

"2042년의 도시 Spectrum of Paradigm"은 생태복원 시스템 **Gaia Project를 계획한 2042년의 문명을 그들이 디자인한 도시의 모습**을 통해 찾아보는 작업이다. 2042년에서 바라본 2042년의 "서울" "뉴욕" "파리" 3개의 도시는 우리가 상상하는 미래의 도시와는 조금 다른 모습을 하고 있다. 단지 시간에 묻혀 발전한 과학이 거대한 도시를 만든 것이 아니라 인간이 이해하고 있는 다양한 주변학문이 건축과 결합(학제적 혹은, 최근에는 통섭이라는 말이 등장했다.)하여 도시의 모양으로 나타나는 것이다. 여기서 주변학문은 생명공학, 나노 기술, 마이크로 로보틱스, 유비쿼터스, 디지털 기술, 시스템 공학, 공간 공학, 진화 심리학 등이다. 2042년은 더 이상 콘크리트와 철근만이 도시의 구축재료가 아니다. 식물 세포로부터 만들어지는 섬유질, 나노기술에 의한 자기 조절능력을 가진 유사 세포, 디지털 과 결합한 지능화된 공간, 유비쿼터스의 초공간 혹은 인간의 공간 인지 특성 등이 건축물의 축조 재료가 되는 것이다.

역으로 다양한 주변 학문의 발달이 발생시킨 도시구조의 변화를 통해 2042년의 생활 방식이나 삶의 구조를 예상할 수 있는데, 앞으로 불과 40년의 시간이 20세기 까지 수백만 년 동안 인류가 살아온 삶의 방식을 매우 다르게 변화시킬 것이라는 것을 상상할 수 있다.

1. 2035년 델로스타워 영화속의 미래공간

원더풀데이즈

1) 근 미래의 어느 날

2020년을 지나면서 인류의 삶은 선조 들이 겨우 유지해온 20세기의 불안한 안정을 조금씩 잃어가고 있는 듯 보였다. 계속되는 도시공간의 거대화는 지표면을 공유하던 생명체들의 생존영역을 박탈했고, 많은 종의 생명들이 인간의 생태적 침략을 견디지 못해 멸종했지만, 인간자신은 세상의 중심에 있다는 오만한 세계관을 버리지 못하고 생존의 동반자를 화석으로 땅에 묻고 있었다. 물론 인간들의 무지에서 출발한 것이었지만, 생태계에서 인간 중심의 사고가 얼마나 위험한 결과를 가져오는지는 결국 생태계의 연속적 파괴가 몰고 온 검은 환경을 통해 느끼게 된다. 하지만 정말로 안타까운 것은 자연 역시 단 하나의 생명밖에 가지고 있지 않아 반성의 기회를 줄 수 없다는 것이었다. 이미 자가 치유의 임계점을 넘어선 생태계는 임종을 기다리는 환자처럼 죽음을 맞이하고 있었다.

하늘은 검은 연기로 뒤덮였고, 땅은 그 낙진으로 검게 말라 갔다. 지구표면에서 읽을 수 있는 유일한 생명의 흔적은 뿌연 연기 사이로 보이는 도시의 거친 실루엣뿐이었다. 구름보다 하전 되기 쉬운 불완전 연소의 분진들을 가득 담은 먹구름은 하루 종일 검은 하늘에 보랏빛 번개를 번쩍였고, 햇빛이 도달할 수 없는 대지는 하늘을 흉내 내어 검게 변해가고 있었다. 생태계의 파괴는 인간이 상상해오던 것보다 훨씬 잔인한 결과를 가져다주었다. 대지에는 영화에서 보았던 힘없는 잎을 달고 말라버린 나무조차 보이지 않았다. 눈발처럼 내려앉은 검은 분진이 다시 바람에 날려 공기 중으로 흩어졌다. 급격히 증가하는 이산화탄소가 만든 온실효과 때문에 한대지방에서

녹조류가 증가하여 그것이 분해해내는 산소에 의지하여 호흡하고 있지만, 그것은 인류에게 잠시 제공되는 짧은 삶의 기회였다. 유리 돔이 제공하는 깨어질 것 같은 불안한 삶, 그것이 2035년의 세상이다.

2035년은 불안이라는 단어가 지배하고 있었다. 자연이 인류에게 제공하는 가장 큰 배려가 내일이라는 것을 조금씩 배워가고 있었다. 불안이 생존 본능을 자극했지만, 그들이 유전자 깊이 간직하고 있는 개체 보존과 종족 유지의 오랜 생존 전략은 범지구적 대안을 통해 해결책을 찾으려하는 시도를 오히려 방해하고 있었다. 생명정보의 전일성에 기반을 둔 오래된 생존 전략이라 할 수 있는 방법은, 증식(增殖)가능한 유전 정보를 담은 개체를 보존함으로써 개체의 증식을 통해 다시 종(種)을 구축하는 것인데 이는 적자생존으로 선택된 우성의 종을 구축하는 이기적 유전자의 생존전략에는 의미가 있지만 이타성을 기반으로 해야 하는 범 인류의 공동대처 생존전략에는 취약한 방법이었다.

생태환경이 파괴되어버린 2035년에도 인간은 그들의 유전자가 가지고 있는 생존본능을 충실하게 따르고 있었다. 사냥을 하기위한 그들의 오랜 생존 습성에 따라 인간은 소규모의 협동 조직을 만들기 시작했고, 이러한 조직은 비밀결사의 형태로 나타났다. 21세기의 불안을 반영하듯 세상은 수많은 비밀결사로 가득 찼고 그들 비밀결사는 나름대로 독자적인 생존 방법을 모색하고 있었지만, 이런 노력은 어차피 처음부터 해결책을 제시할 수 없는 것이었다. 2035년의 지표면에는 그들이 사냥할 먹잇감은 더 이상 존재하지 않았다. 그들이 찾아야 하는 것은 먹잇감이 아니라 그것을 수용할 수 있는 공간을 찾는 것이다. 그들의 유전자가 제시하는 생존 전략 - "작은 집단을 만들어라 그러면 그 집단이 너희를 포식자의 공격으로부터 안전하게 지켜줄 것이다" -은 그들이 살아왔던 긴 시간 동안 연약한 인간을 자연으로부터 지켜줄 수 있는 가장 효율적인 생존 전략이었지만, 2035년 그들에게 더 이상 그들을 공격할 자연이 존재하지 않았다. 인류가 알아야 할 가장 중요한 생존구조는 그들의 유전자가 가지고 있는 생존 본능이 이제는 옳지 않다는 것이었다. 자연과 인간의 관계는 개체와 개체 사이의 작용이 아니라 인류와 자연이라는 초개체 사이의 문제인 것이다. 초개체로서의 인류, 그것이 이제 유일하게 그들을 구원할 수 있는 생존 대안이다.

2035년 50억 인류가 똑같이 오염물질을 공유하고 있지만, 컴퓨터를 소유할 수 있는 인간은 그들 중 30%에 불과했다. 70%의 사람들에게 필요한 것은 컴퓨터가 제공하는 지적 욕구의 충족이 아니라 생리적 대사를 유지할 수 있게 해주는 얼마 안 되는 곡식과 오염되는 않은 식수였다. 세상을 뒤덮고 있는 오염물질에서 벗어날 수 없던 사람들은 그들의 자손들이 같은 길을 걸어야 하는 것을 조금씩 깨달아 가고 있었지만, 그것에서 헤어날 수 있는 가능성이 점점 희박해지고 있다는 것까지는 알 수 없었다.

지구상 재화의 95%는 단지 상위 5%의 인간이 소유하고 있다.그 5%, 혹은 그보다 더 작은 범위 속에 들지 못한 인간들의 생존권은 그들이 가지고 있는 자산만큼이나 빈약한 것이다. 가진 자들을 위한 생존 시스템, 그것이 2035년 가을 준비되고 있었다.

21세기에 나타난 수많은 비밀결사중 하나인 H.H.G(Human Heritage Group)는 이러한 부를 바탕으로 만들어진 비밀결사였다. 그들은 막대한 자금을 바탕으로 오랜 기간 인류가 직면한 위험에서 벗어나기 위한 방안을 모색하고 있었다. 다만 그들이 추구하는 것이 인류 전체의 삶을 보존하는 것이 아니고, 그 보존이라는 영역에 자신들의 삶만을 포함한다는 것을 제외하면 그들이 접근한 방법은 확실히 합리적이었다. 막대한 자금력을 동원해 인류가 소유한 모든 지식을 확보한 H.H.G.가 내린 결론은, 현 인류의 힘으로는 지구가 완전히 파괴되기 전에 모든 인간이 같이 생존할 수 있는 방법을 모색할 수 있는 능력이 없다는 것이었다. H.H.G.가 연구해온 생태계 복원장치 ECHOURBAN 5000기를 건설해 지구의 생태계를 예전 수준으로 복원해 내는데 걸리는 시간은 140년. 그리고 소요되는 비용은 2035년의 인류가 소유한 모든 재화의 10배가 넘게 드는, 실현 불가능한 계획안만이 유일하게 인류의 삶을 보장해 줄 수 있었다. 여기서 그들이 내린 결론은 간단했다. 인류가 가진 부의 90%를 소유한 1%의 그들만이 살아남는 것이다.

이제 남은 것은 비밀리에 그들의 삶을 보장해줄 공간을 만들고 그곳으로 이주해야하는 것이다. 그들은 1%에 들지 못하는 인간들이 접근할 수 없는 곳을 찾기 시작했다. 99%의 인간이 접근할 수 없을 뿐 아니라, 아예 찾을 수조차 없는 곳이면 더 좋았다. 첨단 장비를 사용하여 은밀하고 끈질긴 탐색 끝에, 그 장소를 찾았다. 2035년의 지구는 오염된 대기에 의해 알 수 없는 기상현상들이 속출하고 있었다. 목성의 대 적반처럼 특정 영역의 공기는 대기권의 대류에서 벗어난 듯이 고정되어 있었다. 이곳을 지나는 공기는 마치 일부러 피하는 것같이 방향을 돌려 다른 곳으로 선회하였다. 몇몇 기상학자들은 이러한 현상은 극도로 무거워진 대기의 조성에 의해 대류를 간섭하는 파동의 굴절이 일어나지 않아 생기는 현상이라 해석하였고, 이를 2차원 솔리톤이라 명명했다. 지극히 안정된 파동이 주변에 형성돼 외부의 힘에 대항하는 기상현상이 21세기에 등장한 2차원 솔리톤이며, 이것은 후일 ECHOURBAN의 존재를 위협하는 상황을 불러일으키는 원인이 되기도 한다.

2) ECHOURBAN

태평양 한가운데의 작은 섬 Gaia (영화에서는 시실섬-SISIL-이라는 명칭으로 등장). 이곳은 대기가 심하게 오염된 후 특이한 대류구조가 발생해 목성의 대적반 같은 고리모양의 매우 안정된 공기층을 가지게 되어, 수면으로부터는 관측될 수 없었고 공중에서도 일년에 1번 정도 외에는 대기 중에 노출되지 않았다. 지름이 100km에 달하는 구름의 띠는 환형 고리를 만들었고 그 축을 따라 공기는 제자리에서 계속 와류현상을 보였고, 이러한 대류구조는 대기권의 흐름으로부터 이곳을 격리시켜, 공기의 흐름을 거의 발생시키지 않고 있었다. 거대한 도넛모양의 구름에 가려진 섬인 이곳을 H.H.G.의 사람들은 Gaia라 불렀다. 자신들의 삶을 잉태해줄 자궁의 공간, 이곳이 이 이야기가 시작될 섬 Gaia이다. 이 섬에서는 앞서 이야기한 환경의 교란에 의해서 일 년에 하루를 제외하곤 하늘은 늘 짙은 검은 구름으로 덮여 있었다. 공해에 찌들어 검게 변한 하늘을 검은 구름이라 표현하는 것이 옳은 것인지 알 수는 없지만, 하여튼 하늘은 늘 검은색이었고 지표에 도착하는 햇빛 역시 검게 착색되어 있었다. 생명의 흔적을 읽을 수 없는 섬의 실루엣, 그저 몇 개의 바위와 그 밑에 흩어져 있는 자갈, 그리고 검은 습기를 잔뜩 머금은 대지... 그것이 그들이 생존을 독점하기 위해서 이곳에 이주할 때의 섬인 가이아의 모습이다.

Gaia의 짙은 구름의 흐름 사이로 언덕들이 살짝 보이고, 언덕위에는 거대한 꽃처럼 보이는 ECHOURBAN의 녹색 장치들이 자라나고 있었다. 직경이 3.2km인 ECHOURBAN 쉘터를 감싸고 있던 녹색 장치들은 후일 공해의 구름이 걷히고 밝은 태양이 대지를 비추면 긴 잠에서 깨어나 생명을 배불리 먹일 광합성을 시작하겠지만, 검은 구름 아래에 있는 지금은 광자기 디스크에 기록된 ECHOURBAN의 유전정보가 발현된 것에 불과한 그저 의미 없는 장식일 뿐이다. 처음에 ECHOURBAN은 H.H.G.의 생존 프로그램 연구진이 제시한 능동적 생태계 복원 장치중의 하나로 시작됐다. 초기 H.H.G.

의 전략 회의에 제안된 ECHOURBAN은 인간의 생존을 유지하는 장치라기보다 자연환경을 복구하기 위한 오염물질 제거장치로 거론되었지만, 후일 모든 환경 복원 계획이 축소되고 그들만의 생존을 위한 전략으로 개편되었을 때에는 생명 유지 장치로서의 기능만이 남게 되었다.

초기 에코반 계획은 인간중심의 생태계가 아닌, 인간을 그것의 한 부분으로 담고 있는 초유기체 지구를 치유하기 위한 장치로 계획되었다. ECHOURBAN 프로젝트에서 인간이란 모든 결정의 목적이 되어야 하는 최상의 생명체가 아니라 단지 생태계를 구성하는 생명량이 많은 한 종의 생명체로 설정되었다. 따라서 ECHOURBAN의 역할과 인간이 추구하는 -자신의 안녕이 모든 가치기준의 최우선이 되는-합목적성과 상충되었을 때 ECHOURBAN의 선택 과정은 매우 중요하다. ECHOURBAN의 중앙 컴퓨터에 자아(自我)가 삽입된 것은 그러한 이유 때문이다.

ECHOURBAN에 삽입된 자아란 생태계에 존재하는 각 개체 혹은 종이 가지고 있는 생태적 역할로서의 의식을 의미하고, 이 의식은 사고가 아닌 역할만을 수행한다는 것을 의미한다. 즉, 의식의 전 단계에 해당하는 원시적인 의식의 집합인 것이고, 따라서 ECHOURBAN은 이러한 원시 의식의 집합을 통합하는 역할을 한다. 따라서 고도의 이기적 자아를 가지고 있는 인간의 의지와 ECHOURBAN의 자아가 충돌하는 상황이 발생할 수 있고, 그런 상황을 생태적 초개체의 생존 알고리즘으로 이해하는 것이 ECHOURBAN의 생존 특성이므로 때로는 이러한 구조가 인간의 삶을 위협할 수도 있는 것이다. 그렇기 때문에 이러한 극단적인 상황이 벌어졌을 경우 ECHOURBAN을 수동 모드로 전환하여 인간의 의지대로 조정할 수 있는 장치도 마련해 두었다.

3) 델로스 타워의 구조

델로스 타워는 하늘 멀리서 보면 꽃을 닮은 ECHOURBAN의 암술 모양을 하고 있다. 신비한 델로스 호수 가운데 높게 솟아 있는 델로스 타워는 ECHOURBAN에 사실상 생식을 제공하는 암술보다 더 중요한 역할인 생명을 제공하는 장치이다. 델로스 스피어(Sphere), 스피어 코어(Core), 델로스 커넥터(Connector), 그리고 타워(Tower) 4부분으로 이루어져 있는 델로스 타워는 ECHOURBAN이 처음 제안되었던 생태계 복원 장치로서의 기능이 그나마 가장 많이 남아 있는 곳이다. 델로스 타워는 공기 중에 떠도는 오염 물질을 흡수해 플라스마 상태에서 각각의 원자로 분해하고, 이 분해된 원자 중 중수소를 핵연소시켜 그 과정에서 방출되는 에너지를 이용하여 식량을 생산하거나 혹은 ECHOURBAN의 작동에 필요한 에너지를 공급한다. 대량의 오염물질을 플라스마 분해하고 이중 일부분의 수소를 핵 융합시켜 에너지원으로 사용하고 분해 된 기체상태의 분자들(산소, 질소, 수증기, 이산화탄소 등.)은 다시 공기 중으로 방출되므로 오염물질을 제거하고 공기를 정화하는 역할을 한다.

델로스 스피어(Sphere)

델로스 타워 상부의 구형 구조물로, 가장 중요한 역할은 핵융합을 통해 에너지를 발생시켜 그 에너지를 ECHOURBAN에 공급하고, 거주자에게 제공되는 식량의 원료인 탄수화물을 합성하고, 잉여 플라스마를 이용하여 대기 중의 오염물질을 분해하는 역할을 한다. 델로스 스피어를 구성하는 가장 중요한 부분은 헬릭스 토카막(Helix Tokamak)이다. 직경 xx m의 핵융합로인 토카막은 수소를 핵 연소시키는 장치로서 이를 조절하기 위한 다량의 자기장 발생 장치들이 필요하다. 핵 연소를 하기 위한 토카막은 원료를 공급해주는 플라스마 분해 장치와 결합된다. 플라스마 분해 장치는 공기 중의 오염 물질을 흡수해 간단한 분자식을 가진 단순 분자로 분해하며 여기서 분해된 수소는 핵연소 연료로 사용되고 나머지 기체들은 공기 중으로 방출된다. 토카막에서 발생하는 에너지의 상당 부분은 빛 에너지로 방출되는데 이렇게 복사되는 빛 에너지는 광합성유닛에서 탄수화물을 합성하는데 중요한 역할을 하게 된다.

델로스 스피어 막(膜)

델로스 스피어 막의 구조는 물성 응력에 의해 구형의 형태가 만들어지는 것이 아니라 자기장의 섬세한 조합에 의해 스피어를 형성한다. 멀리서 보면 생명체의 투명한 막처럼 보이던 스피어는 가까이 다가가면 3개의 팔을 가진 자기 반발 장치들이 동적 평형을 유지하면서 구형을 유지하고 있는 것이 보인다. 스피어의 마그네틱 막 유닛의 팔을 확대해서 보면 긴 팔과 내부의 짧은 팔이 한 쌍을 이뤄 3개로 보이는데, 짧은 팔은 공 모양으로 형성된 자기장을 따라 마그네틱 유닛을 공중에 고정시키는 역할을 하고, 긴 팔은 온실의 유리막처럼 스피어 내부의 공기를 고정시키기 위해 주변 공기를 이온화시켜 자장을 걸어 흐름을 차단한다.

헬릭스 토카막(Helix Tokamak)

헬릭스 토카막은 스피어의 적도라고 할 수 있는 부분보다 약간 낮은 곳에 위치해 있다. 구형의 델로스 스피어를 지구본에 비유한다면 헬릭스 토카막은 남위 25도에서 북위 15를 따라 델로스 스피어를 일주한다. 외부에서 보면 36개의 조각이 연결되어 있는 것 같아 보이지만 내부는 자기장에 플라스마를 가두어 두기 위한 콩팥 모양의 단면을 가진 하나의 튜브로 되어 있다. 헬릭스 토카막의 외부측면에는 융합로에서 발생하는 빛 에너지로 광합성을 하는 장치가 있는데, 이는 기계적 형상을 가진 스피어 내측의 융합로 외벽에 비해 유기적인 형상을 띈다.

플라스마 분해 장치

델로스 스피어와 델로스 커넥터 사이에 있는 플라스마 분해 장치는 핵융합로에서 발생하는 잉여 열을 이용해서 공기 분자를 원자 상태로 분해하는 장치이다. 이러한 과정은 공기 중에 함유된 높은 밀도의 오염물질들을 원자 상태 혹은 이산화탄소 같은 저 당량의 분자로 분해하여 핵융합로가 필요로 하는 수소를 공급하고, 나머지 기체는 공기 중으로 방출하여 대기 오염을 줄이는 역할을 한다.

광합성 장치

광합성 장치는 융합로에서 발생하는 다량의 빛 에너지를 화학적 에너지로 전환하는 장치로서, 이곳에서 탄수화물의 화학적 에너지로 전환된 빛에너지는 ECHOURBAN 주민의 식량원으로 사용 된다. 광합성 장치로부터 합성된 단순한 구조의 단당류는 몇 번의 화학적 변환과정을 통해 여러 종류의 다당류로 바뀌고, 다당류는 다시 화학적 과정을 통해 단백질과 지방이 된다.

스피어 코어(Core)

스피어 코어는 델로스 타워의 대사(代謝) 장치이다. ECHOURBAN은 1000년 이상 사용될 것을 목표로 설계되었으므로, 각 부품의 내구연한을 그에 준하여 제작하는 것은 사실상 불가능 하다. ECHOURBAN의 설계자들은 이러한 한계를 극복하기 위한 방법으로 ECHOURBAN에 살아 있는 생명체와 같은 대사 기능을 삽입하였다. 파괴되기 쉬운 단백질 블록으로 구성된 생명체가 대사과정을 통해 자신의 몸을 구성하고 있는 노후한 단백질 분자를 새로운 것으로 교체해 오랜 시간 신체를 유지하는 것과 같이 ECHOURBAN을 구성하고 있는 모듈들은 계속 새것으로 교체돼 내구성을 연장한다. 특히 ECHOURBAN의 가장 중요한 장치들이 모여 있는 델로스 타워는 극단적인 환경에서 운전되므로 다른 부분에 비해 부품의 소모가 심하다. 따라서 델로스 타워는 대사 장치가 커다란 비중을 가질 수밖에 없다. 이러한 대사과정을 관리 유지하는 것이 스피어 코어의 역할이다. 스피어 코어는 코어 플레이트, 수선 플레이트, 시스템 조정 장치를 겸한 자체 에너지 집광 장치 등을 가지고 있다.

코어 플레이트

ECHOURBAN의 델로스 타워가 디자인 될 때 설계자들은 시스템 운영에 대한 몇 가지 철학적 질문에(이때까지 ECHOURBAN의 디자이너들은 이 시스템이 인류전체를 위한 제안이라고 믿고 있었다.) 빠졌다. ECHOURBAN의 정체성이란 무엇인가? ECHOURBAN은 생태계에서 그것의 동작 효율을 높이기 위한 극단적 방법으로 그 자신이 독자적인 생존 알고리즘을 가지고 있었다. 아이작 아시모프의 로봇 3원칙처럼 생태계의 복원을 위한 목적이라면, 스스로 개체를 보존하기 위한 판단을 할 수도 있다는 권리를 가지고 있었다. 이러한 ECHOURBAN의 자아의식에 비유될만한 판단능력은 때로 인간의 생존에 관련된 위험 요소가 될 수 있으므로 극단적인 경우 ECHOURBAN을 재프로그램 할 수 있는 장치를 가지고 있어야 하였다. 하지만 ECHOURBAN의 리프로그래밍은 그것 자체가 그곳 거주자에게 위험 요소가 될 수 있으므로 누가 그 시스템을 수동으로 조작할 수 있는 열쇠를 쥐게 할 것인가를 결정하는 것이 결코 쉽지 않았다. 논의 끝에 결정된 안은 기계적 열쇠만으로 ECHOURBAN을 수동으로 전환시킬 수 없게 하는 것이었다. 그즈음 진화 심리학은 마음의 모듈과 발성(發聲)이 깊은 연관을 가지고 있다는 이론을 내어 놓았다. 즉 유전적 형질의 심리적 표현인 마음의 조각 즉 마인드 모듈(Mind Module)은 사람이 가지고 있는 유전적 형질을 반영하고 그것은 발성과 밀접한 연관을 가지고 있다는 것이다. 음악의 리듬이나 화음과는 또 다른 진화 심리학의 발성은 인간의 심리패턴을 발현하는 것이고, 개인의 발성을 분석해 행동을 예측할 수 있다. ECHOURBAN 설계팀은 ECHOURBAN의 수동 조작으로의 변환에 가장 적합하다고 생각되는 심리적 상태들, 즉 인성을 담고 있는 발성 구조를 찾아내었고 그의 발성과 디지털 키 스픽이 동시에 접속되어야 ECHOURBAN을 수동으로 조작할 수 있게 하였다. 코어 플레이트의 중앙은 이러한 사건이 일어날 수 있는 유일한 장소이다. ECHOURBAN의 조정자로 선택되어진 사람은 "평화의 노래"를 불러 수동 전환 예비모드를 준비하고 나서 스픽을 끼워 시스템을 수동으로 조작할 수 있다.

코어 플레이트의 또 다른 기능은 대사 장치이다. 델로스 스피어는 정상적 작동을 위해서 끝없는 부품의 공급을 필요로 한다. 코어 플레이트는 이러한 부품을 스피어의 각 구조부에 공급하는 장치로, 델로스 타워 합주에서 자동으로 생성되는 부품을 스피어의 각 기관으로 공급하는 역할을 한다.

집광 장치, 음향 공명장치 (국화꽃 모양의 날개들)

스피어의 내부 바닥에 국화 꽃잎처럼 펼쳐져 있는 집광장치는 스피어가 작동하는데 필요한 에너지를 핵융합로에서 모으는 장치이다. 핵융합로로부터 스피어 내부로 방출되는 빛 에너지는 10cal/min으로 지표에 복사되는 태양광의 20배에 해당한다. 이렇게 집광 장치에 복사되는 핵융합로의 빛을 이용해 델로스 타워의 작동에 필요한 에너지를 마련한다. 집광장치의 또 하나의 역할은 공명을 일으키기 위한 음향 반사 장치이다. 만일 델로스 타워를 수동으로 작동시키려 한다면 발성 유전자를 가지고 있는 사람의 목소리를 공명시키기 위해 집광판이 음성을 반사시키도록 조작해야 한다.

구조체

델로스 타워의 구조는 비 물성 반발력에 의존한다. 타워를 받쳐주는 응력은 재료에 의한 내응력이 아니라 컴퓨터에 의해 조작되는 자기장의 섬세한 변화이다. 같은 극의 자기장은 자속의 밀도에 비례하고 거리 제곱에 반비례하는 반발력을 갖는다. 이러한 자기장의 반발력은 물질의 전기적 반발력에 의해 발생하는 내응력과 같이 질량을 중력장에 반발시켜 공중에 띄워둘 수 있다. 중력장과 마찬가지로 장(場, field)을 형성하는 자기(磁氣)는 같은 맥락으로 중력에 반하는 장을 형성해 그것을 상쇄할 수 있다. 하지만 자기장은 극단적 방향성을 가져 자기장의 방향과 직교하는 힘에 대해서 비탄성 응력 성향을 가지므로, 여러 방향에서 발생하는 힘에 대응하는 것이 사실상 불가능하다. 이러한 직교방향에 대한 비탄성 응력은 자기장의 동적 평형을 통해 흡수하는 것이 가능한데 예를 들면 근육같이 외부의 변환에 반응해서 응력을 조절하여 평형을 유지하는 것이다. 물론 이러한 동적 평형은 영구자석의 고정된 자기장이 아니라 컴퓨터로 정교하게 조종할 수 있는 초전도체이어야 한다.

2042년 7월 1일 화요일, 두 개의 태양이 함께 빛나고 있는 무더운 여름날이 벌써 일주일이나 계속되고 있다.

2. 2042년의 Hyper Gate 도시서울

'2042년 서울'은 실체와 비실체가 등가(等價)의 질량을 가지는 도시이다. 서울에서 "디지털 공간의 비트(Bit)가 형성하는 객체지향의 정보 입자(粒子)와 진공을 떠도는 양자적 파동의 확률 분포인 원자"는 동일한 인력을 발생시키는 등가의 질량을 가진 물성 질료들이다. 물론 이들이 분류되는 원소 주기율표상의 위치는 다르지만, 2042년 서울에서는 두 입자 군을 분류하는 주기율표는 같은 페이지위에 그려진다.

지하 1Km까지 뻗어있는 기간시설을 고려했을 때 서울시의 물리적 질량이 약 1조9360억 톤인 반면 정보의 무게는 20조 톤이 넘는다고 사람들은 이야기한다. 원자의 양보다 몇 배 더 큰 정보 입자의 질량을 가진 공간이 2042년의 서울이다. 하나의 원자가 수십 개의 정보입자에 의해 동기화 되어 원자는 이제 디지털적 속성을 갖는다. 입자가 존재하는 공간상의 위치나 시간축은 의미를 잃어버리고 오직 원자와 정보 입자의 관계성이 공간의 구조를 결정한다.

물리적 입자와 그것의 대칭 입자인 객체화된 Bit사이에는 섭동이 일어나 디지털 공간의 객체들이 변화되고, 동시에 물리적 공간 객체의 관계 변화를 일으키고, 다시 물리적 공간 객체의 위치 변화는 디지털 공간의 대칭객체의 관계구조를 변화시킨다. 물리적 공간계와 디지털 공간계가 하나로 합쳐진 공간의 동역학적 특성을 기술하는 새로운 물리학 패러다임이 만들어지는 곳인 서울을 사람들은 물질과 비물질을 연결하는 Hyper-Gate의 도시라 불렀다.

Hyper-Gate의 도시 서울에는 3종(種)의 인간이 살고 있다. 자신이 가장 정상적 인간이라고 믿는 종의 인간과 자신이 그들보다 더 정상적이라고 믿고 있는 종의 인간, 그리고 마지막으로 그들의 비정상성을 바라보는 종의 인간... 이들 3종의 인간이 2042년의 더운 여름 서울이라는 공간을 비좁게 공유하고 있다.
물론 그들을 다른 종으로 분류하는 기준은 유전자에서 발현되는 형질 차이가 아니라, 그들이 기억하는 인식의 정체성에 있다. 유전적 복제를 통해서 태어나는 시민 객체가 더 많은 2042년 서울을 살고 있는 사람들은 20세기 그들의 조상들보다 유사성이 높은 유전자가 합성한 더 동일한 단백질들의 배열을 가진 사람들이다. 린네의 생물 분류체계로는 나눌 수 없지만 2042년의 인류학은 서울을 공유하고 있는 사람들을 3개의 다른 종으로 분류한다.

"실체인간"이라 부르는 첫 번째 종의 인간은 그들이 디지털 공간을 삶의 장소로 사용하지만 그들의 **정체성이 물리적 실체에 있다고 믿는 사람들**이다. 그들의 의식은 디지털 공간에 저장되어 있다. 수면을 제외한 대부분의 시간동안 그들의 의식(意識)을 디지털 공간의 네트워 속에 담아놓고 있지만(어쩌면 잠든 의식조차 디지털 공간을 유영하고 있겠지만.) 자신의 정체성은 물리적 공간에 있다 믿고 있다. "실체 인간"들은 Bit의 공간이 자신의 의식이 존재하는 삶의 중요한 부분이라고 생각하지만, 원자로 이루어진 세상이 자신의 실체와 더 닮은 공간이라고 생각한다.
현실 공간이 가지고 있는 다양한 시공간 장애들, 비가역적 절대성, 확률적이지만 구체적인 입자의 중력, 집합의 비선형적 관계성으로서의 공간계들이 그것을 받아들이고 싶지는 않지만 세상의 일부라고 믿는다. 그들은 죽음이 자신들과는 무관한 개념이지만 존재할 수 있는 현상이라고 인정한다.
"실체인간"들이 **"배양체"**라고 조금 경멸적인 뜻을 담은 말로 부르는 **두 번째 종**의 인간은 **그들의 실체가 디지털 공간에 있다**고 생각한다. 자신의 몸을 형성하는 원자의 존재에는 무관심하고 인간의 정체성은 오직 디지털공간에서 교류되는 의식에 기반 한다고 생각한다. 디지털 공간을 통해 전달되는 공간의 구조, 디지털 공간에 저장되는 인식, 공간차원의 네트워크로 전달되는 의식이 세상을 구성하는 입자들이고 자신의 존재는 단지 디지털 공간의 인식 과정으로 있을 뿐이라고 믿는다.

그들에게 생명의 정체성은 유전자의 생명정보로부터 발현되는 생물학적 현상이 아니라 디지털 공간의 객체화된 정보 입자들이 형성하는 집합의 구조이다. 어떤 정보가 어떤 구조의 계를 형성하는가? 어떤 가상의 막으로 둘러싸인 계인가? 어떤 정보들로 연결되어 있는가? 등이 생명 현상이다.

자신과 몇 개의 튜브로 연결되어 있는 대사 장치들로 생물학적 신체를 유지하고, 두뇌의 전기신호를 픽업하기 위해 장착한 "신경 연결 칩"을 통해 세상에 나선다. 그들은 한번도 자신의 눈으로 세상을 바라본 적이 없다. 그들이 바라보는 세상은 "실체 인간"들이 자신의 눈으로 보는 모습으로서가 아니라, 디지털 공간에 존재하는 가상의 카메라들에 의한 것이다. 무한개의 카메라가 제공하는 무한개의 시점 그것이 그들이 바라보는 세상의 모습이다.

세 번째 종의 인간은 **디지털공간에서 태어난, 물리적 실체가 없는 단지 디지털 서킷에만 존재**하는 인간이다. 디지털 공간이 점차 미케노 스피어의 양상을 띠기 시작했고, 폭발에 가까운 진화를 이어오던 프로그램 인격체들이 2032년 자신에게 인권을 부여해줄 것을 주장하며 네트워크 즉, 디지털 공간을 장악했다. 디지털 공간으로부터 단절된 현실의 공간은 더 이상 실체의 세상이 아니었다. 대기권이 갑자기 사라져버린 것처럼 지구의 대사는 순식간에 마비되었다. "실체인간"과 "배양체"들은 이제 서울은 두 개의 대기권을 가지고 있음과, 디지털 공간에서 배태된 새로운 종의 생명이 호모

사피엔스로 진화해 왔음을 깨달아야 했다. 3년 뒤 그들은 인간으로 인정되었고 인간의 의무와 권리를 공유하게 되었다.
3가지 종의 인간이 살고 있는 서울은 3개의 다른 모습을 하고 있는 공간들의 집합이다. "관성에 지배되는 공간" "관성에 지배되는 인식을 담은 공간" 그리고 "관성에 이격된 인식을 담은 공간" 이다.

관성에 지배되는 공간 뉴튼의 공간 패러다임 그리고 상대성과 양자장, 복잡성의 모습을 가진 입자의 인력으로 이루어진 세상은 물리적 공간 인식의 그리드에 잘 일치하는 세상이다. 눈금과 눈금 사이의 공간은 그 다음 눈금 사이의 공간의 모습을 예측할 수 있게 한다. 비록 그것이 리만의 곡률공간의 휘어진 눈금일지라도 하나 이상의 눈금을 보면 그다음 눈금에 담겨있는 공간은 예측 가능한 모습을 하고 있다. "관성에 지배되는 공간" 에서 공간은 입자를 존재하게 하거나, 입자가 발생하기 위한 에너지를 확률적으로 담고 있는 장이다.
광량자를 흡수하는 입자의 벽으로 인간의 의식에서 공간은 분절되고 차단되며, 이런 공간의 분절은 의식을 차단한다. 공간 의식은 관성에 지배되는 공간에서 잉태된 생존 프로그램이므로 공간의 물리적 특성을 가장 잘 반영한다. 물리적 현상을 따라 내재자 시점으로 바라보는 세상에 적응한 사고장치로서의 인간 의식이 "관성에 지배되는 공간" 이다.

관성에 지배되는 인식을 담은 공간 이제 디지털 공간은 양자 간섭으로 만들어지는 현실세계를 의태하고, 그곳에 존재하는 인지객체를 끌어들여, 그곳을 현실과 구분되지 않는 공간으로 모방하려는 경향을 보여준다. 물론 "관성에 지배되는 인식을 담은 공간" 이 모방하는 현실공간의 모습은 객체의 인지적 속성일 뿐 그것의 형태는 아니다.
물리적 공간에서 진화한 인간의 의식은 고유의 공간 이해 구조들을 가지고 있다. 학습된 객체 정보가 가지는 즉물적 화상 정보에 대한 우선 선택, 운동특성과 형상의 분리와 재구성, 부분과 전체의 분리와 재구성, 전체와 부분이 별개로 인식되는 것 등이다. 이러한 의식의 구조를 따르는 공간이 "관성에 지배되는 인식을 담은 공간" 이다.

관성에 이격된 인식을 담은 공간 고양이과 포식자의 공포에서 벗어나기 위해 문명이라는 집단 방어시스템을 형성하면서 경험했던 인지의 혼란을 추상적 객체(이해할 수 없는 두려움 같은 감성혼란을 스스로에게 설명하기 위해 초자연적 현상을 끌어들여 아이콘으로 만든)로 대체하는데 성공했던 인간은 물리적 세상에 존재하지 않는 다양한 허구를 만들어 내었다. 학문 역시 이 허구로부터 진화한 섬세한 추상적 실체의 성공적 예이다. 이 공간에서 관성은 더 이상 의식을 지배하는 틀이 되지 못하다. 두꺼운 원자의 벽이 광량자의 투과를 허용하고 객체에 삽입된 숫자가 객체의 모습을 이해하는 것에 우선한다.
오랜 관성공간에서의 생존 습성은 관성이 존재하지 않는 공간에서 폐기되어야할 다양한 마음의 모듈인 두뇌의 인식 영역들을 만들어 냈지만, 짐짓 관성과 무관하게 보이는 다양한 인식모듈들이 존재한다. 이러한 모듈들이 이해하는 정보구조를 담고 있는 공간이 관성에 이격된 인식을 담은 공간이다.

다른 두 인간 종들로부터 커다란 반발을 받을 준비가 되어 있지 않다면, 2042년 서울에서 현실세계라는 단어로 물리적 공간을 호칭하는 것은 위험한 시도다. 그 두 종의 인간은 세상의 실체가 디지털 공간이라고 믿고 있다. 그들은 자신의 몸을 돌고 있는 붉은 피의 존재에 대해서 부정하면서, 자신을 디지털 생명체로 보고 그들이 살고 있는 세상인 디지털 공간이 세상의 실체라고 믿기 때문이다. 자신을 디지털 생명체라고 믿고 있는 현실공간의 생명체, 그리고 디지털 공간에서 태어난 자존적 아바타라 불리는 생존 본능을 내장한 프로그램 생명체 등 그들이 2042년 서울에 살고 있는 인간 종들이다.

서울은 하나의 거대 지능이다. 이곳에 살고 있는 사람들은 그들이 디지털 생명체이든 현실에 기반한 생물학적 생명이든 모두 서울이라는 거대 지능에 네트워크화 되어 있다. "서울"은 더 이상 20세기의 지명(地名)이 아니라 2042년 이곳에 위치한 네트워크 지능을 이르는 말이다. 수만 개의 제타 플롭스 CPU가 병열 연결된 서버 Seoul-21과 인간의 두뇌의 결합은 인간의 지능과 컴퓨터의 병렬 연산을 통해 새로운 형태의 네트워크를 넘어서는 지능을 만들어 냈다. 디지털 공간이 가진 네트워크는, 네트워크를 더 이상 두 점을 잇는 가장 짧은 경로들의 합이 아니라 와이어 상의 거리를 0으로 수렴시켜 네트워크 자체가 다차원 공간이 될 수 있게 했고, 이 공간과 결합한 인간의 지능은 정보의 두뇌간 병렬 연결이 가능해져 지능 혹은 사고를 공유할 수 있게 되었다.

서버 Seoul-21은 다차원 공간구조의 네트워크를 통해 두뇌간 병렬연결 회로를 제공하고, 이 공간에 동시에 접속한 두뇌들의 연결을 제어해 각 두뇌의 정보이해 구조에 맞는 주소를 제공하는 것이다. "가장 똑똑한 도시-서울"이라는 수식어가 갖는 의미이다.

3. 2042년의 모든 것의 도시 뉴욕

2042년 뉴욕은 Gaia Project가 탄생한 도시다. 모든 것이 수용되고 모든 것을 배타하는 도시다. 중후장대 경소단박이 공존하는 복잡한 도시 **뉴욕은 생물학적 디지털과 전기적 디지털, 광전자적 디지털 그리고 생물학적 디지털이 뒤섞여있다.** 뉴욕을 대표하는 언어는 디지토포이다. 20세기말 생태적 유휴지를 의미하는 단어 지오토포에서 따온 디지토포는 디지털 공간의 전기적 생명체와 화학적 생명 그리고 생물학적 생명이 공존하는 공간적 유휴지를 의미한다. 생존자원을 가장 효율적으로 사용하기 위해서 환경변화에 따라 끝없는 생태적 지위를 형성하는 자연의 생명 종들은 자신들의 생존 공간 이외의 다른 종이 사용하는 공간이 존재하지 않는 것같이 무시하는 것처럼, 뉴욕의 다양한 공간구조들은 자신이 담고 있는 생명체 사이에서, 상대의 생존 공간을 자신의 인식 영역에서 제거해 그것의 존재를 인정하지 않는다.

인간이 만든 모든 이성적 그리고 비이성적 사고를 담고 있는 도시를 사람들은 뉴욕의 특성이라 불렀다. 인간이 쌓아 올린 온갖 거대한 것들부터 가장 미세한 것들까지로 만들어진 뉴욕은 그 도시의 실루엣을 형성하는 복잡하고 기이한 구조체들 만큼이나 다양한 생각들을 담고 있었다. 맨해튼 중심의 대부분을 덮고 있는 자기 돔은 겉으로 드러나는 거대한 구조와는 달리 그것은 직경 45mm의 아주 작은 블록으로 만들어져 있었고, 또한 높이가 1000m를 넘는 마천루의 대부분은 생명체의 발생 과정에서 일어나는 세포의 개체 형상화 과정을 이용한 자동 구축 모델을 통해 지어졌다.

21세기 초반 유행했던 공간 언어인 비선형 구조 공간을 가장 충실하게 실현한 도시 공간으로 평가 받는 뉴욕은, 겉으로 드러나는 그 도시의 모습과 구조가 전혀 다른 의미를 지닌 것이다. 지표면을 가득 메우고 경적을 울려

대는 노란색 택시와 하늘을 거미줄처럼 연결화고 있는 초전도 트랙이 서로 같은 공간을 달리고 있다는 것을 이곳에 처음 온 사람에게 설명하기는 쉽지 않다. 노란 택시(Yellow Cab)가 사용하는 공간 위상이 초전도 튜브와 동일해 초전도 튜브를 흘러가는 보행자의 흐름을 택시가 다니는 공간이 38초 뒤늦게 따라가는... 이런 구조로 두 개의 시스템이 운영될 경우 각각의 시스템이 균형을 이루면서 가장 높은 효율의 이동 서비스를 제공할 수 있게 된다.

그곳은 모든 복잡성이 혼재한다. 더 이상 도시의 물리적 공간 좌표계는 객체의 위치를 알려주지 못하고, 물리적 공간으로부터 박리된 디지털 공간 정보는 공간 좌표를 가지지 못한 신기루이다.

맨해튼 메트로돔 초전도 튜브는 이스트 리버 (맨해튼과 부루클린을 가르는 강)위, 7번 튜브가 메트로돔으로 연결되는, 19번 게이트를 들어서고 있었다. 진한 보랏빛의 이스트 리버에 잠겨 있는 커다란 수정공 같은 매트로 돔의 매끄러운 표면을 따라 산란된 아침 햇살이 무지갯빛을 뿜어내고 있다. 메트로돔의 껍질 안으로 맨해탄의 초고층 건물들이 돔의 곡면을 따라 반구형의 스카이라인을 형성하며 해파리의 내장처럼, 흐릿한 실루엣으로 돔의 표면에 투영되고 있었다. 초전도 튜브가 이스트 리버를 따라 남쪽으로 선회하면서 메트로돔의 그림자 속으로 들어가자, 산란광으로 흐릿했던 고층건물이 소나기에 씻긴 풍경처럼 투명하게 다가 왔다.

강 너머에 가느다란 선으로 보이던 측지선 돔(Geodesic Dome)의 구조체가 엄청나게 거대한 모습으로 메트로돔을 받치고 있었다. 애니미즘적 경외감을 불러일으키던 거대한 세코야 나무들처럼, 절점을 받치고 있는 구조 튜브들의 거대함이 그것을 보고 있는 사람들에게 전율을 느끼게 했다. 단면이 원형인지 아니면 타원형인지 정확하게 분간을 할 수 없는 노란 색 틴트를 띤 금속 튜브들은, 시선이 다다를 수 없는 곳까지 6각형 절점으로 연결돼 메트로돔의 곡면을 따라 하늘로 뻗어 올라갔다.

이음새 하나 없는 매끄러운 금속 표면 같은 측지선 튜브도 게이트 가까운 곳에서 자세히 들여다보니 무수히 많은 작은 조각들로 짜 맞춰져 있는 것이 보였다. 메트로돔은 처음 설계 될 때부터 도시의 수명과 같이 반영구적인 구조물로서 맨해탄 하늘을 받치도록 요구되었고, 디자이너들은 생명체들처럼 대사를 가진 영원히 살아있는 구조물로 돔을 설계했다. 즉 메트로돔을 형성하는 측지선 튜브와 절점 유닛은 고정된 부재가 아니라 세포를 구성하는 단백질 분자처럼 지속적으로 새것으로 교체되어진다.

완전히 조립된 상태의 돔에서 측지선 튜브는 안전율 3.5의 부재로 디자인되었고, 1/6의 응력 단면을 가진 18개의 다른 프로토타입으로 구성된 960개의 작은 모듈로 쪼개어 지고 이것은 다시 직경 45mm의 부품 모듈로 이루어져 있다. 응력 센서를 가진 튜브의 모듈들은 각 부재에 작용하는 하중을 0.2초 간격으로 측정하여 돔의 메인 컴퓨터에 전송하고, 이 자료들을 분석한 메인 컴퓨터는 낡은 부품이나 센서에 이상이 있는 부재는 곧 다른 모듈로 교체했다. 메트로돔의 부재들은 55년의 수명을 가지도록 디자인되었고, 돔이 건설된 후 이미 수많은 부품 모듈들이 새것으로 교체되었다. 19번 게이트 위의 측지선 튜브의 중간에도 튜브 모듈을 교환하기 위해 6각형의 거미처럼 생긴 노란 수리 로봇이 녹색의 플라즈마 불꽃을 내면서 이음쇠를 용접하기 위해 매달려 있는 것이 보였다.

돔과 강의 수면이 맞닿는 면을 따라, 물고기의 핏줄처럼 투명한 초전도 전송 튜브들이 도시의 여러 곳을 연결하기 위해 긴 곡선을 그리며 사방으로 뻗어 나갔다. 이스트 리버를 따라온 물류 시스템과 도시를 연결하기 위해서 강물을 가로지르는 튜브들이 스치듯이 옆을 지나가고 있고, 이런 튜브 속으로 사람들과 도시를 살아 있게 해줄 수많은 물자들을 흘려보내고 있었다. 물에 잠긴 튜브를 따라 빛나고 있는 빨간 색 경고등의 광점들은, 메트로돔을 마치 꿈틀거리고 있는 거대한 발광 해파리처럼 보이게 했다. 어두운 강바닥을 생명체의 우아함만큼이나 활력 있게 움직이면서 이 도시를 이루고 있는 모든 부분들은, 어쩌면 생명의 본질을 가지고 있으며, 메트로돔 역시 한 마리의 거대한 유기체인지도 모른다.

거대한 도시 뉴욕을 덮고 있는 맨해탄 메트로돔에서는, 살아 있는 생명체의 생명 현상들이 모두 일어난다. 외부의 자극에 반응하고, 환경의 변화에 적응하며, 대사를 통해서 도시가 살아가는데 필요한 모든 재료들을 스스로 공급하고 있었다. 메트로돔은 도시 구조물들을 스스로 수정하는 능력을 가지고 있어 파괴된 도시의 부분 부분들을 복구하고, 심지어 자기 복제를 통해 돔 내부의 구조물들을 변형시킨 정보를 다음 부재에 전달하거나 개체의 수를 증가시키는 진화의 알고리즘도 가지고 있다.

누구나 한번쯤 메트로돔의 거대 구조물이 환경의 변화에 민감하게 반응하는 것을 본다면, 이 도시가 얼마나 섬세한 생명체의 모습을 가지고 있는지 자연스럽게 느낄 것이다. 메트로돔을 이루는 구조체의 역학적 메커니즘을 표현하는 측지선 프레임의 각 절점들은, 일반 측지선 구조의 절점과 달리 고정되어 있지 않고, 각 절점을 이루는 부재가 감각기를 가진 유압 튜브로 되어있어서 신축이 가능하여 각 절점이 자유로이 변형될 수 있다.

이스트 리버 넘어 롱 아일랜드 시티에서 바라다보면 강에서 100m높이쯤 되는 곳에 6개의 튜브가 만나는 지상에서부터의 첫 측지선 절점들이 수평의 띠를 그리며 돔의 곡면을 따라 루즈벨트섬 쪽으로 이어져 있는 것이 보인다. 측지선 튜브에 비해 약간은 붉은 틴트를 띤, 검은 색의 절점 유닛들은 측지선 튜브의 양단을 이곳에 고정시키기 위해, 눈송이처럼 펼쳐진 6개의 팔은 가지를 가지고 있다. 육각형의 원판을 따라 뻗어 나온 것 같은 모양을 한 절점 유닛의 팔은 돔의 모양을 변형시킬 수 있게 신축이 가능하도록 하기 위해서 복잡한 디테일을 가졌다. 각각의 팔은 크고 작은 12개의 유압 실린더로 절점 유닛의 중심에 동심원을 그리며 연결되어 있고, 동심원에서 약간 벗어난 이심 축을 따라 신축되었다. 측지선 튜브를 연결하기 위해 원반에서 뻗어 나온 여섯 개의 팔 자체가 절점 유닛의 가장 커다란 유압 로드 중에 하나이다. 단면의 장반경이 5m 정도 되는 이 신축팔은 8.2m 측지선 튜브의 축 방향을 따라 늘어날 수가 있고, 절점 유닛에 연결된 3개의 유압 실린더에 의해서 돔의 곡률로부터 상하 3.8도 접혀 질 수가 있었다. 검은색 실리콘 고무로 덮여 있는 대부분의 변형 조절 장치들은 붉은 색 금속 빛을 띠는 절점 유닛의 다른 장치들과 쉽게 구분되었다. 절점 유닛의 중심에서 수직으로 길게 뻗어 나온 안테나 끝에는 다른 방향을 향하고 있는 18개의 반사경과 레이저 빔 조사기가 연결되어 있다.

이 특이한 구조로 인해 매트로 돔은 거친 바다 속을 부드럽게 헤엄치는 해파리처럼 그날의 환경에 가장 적절한 구조로 돔의 모양을 변형시킬 수 있다. 바람이 강한 날은 돔 구조가 낮아지고, 기압이 낮은 날은 돔 구조를 높여 돔 내부의 미세 기후를 조절해 기상 환경에 적응할 수 있을 뿐 아니라, 돔 내부에서 일어나는 행사 혹은 맨해탄 시가 가진 정치 · 사회적 요구의 변화에 따라 돔 구조를 만들어 낼 수가 있다.

오후 6시가 되면 맨해탄 도시계획국의 메인 컴퓨터는 다음날 메트로 돔에서 행사계획을 가지고 있는 사람들로부터 컴퓨터에 입력된 일정표와 공간계획과 행사의 성격 그리고 날씨 등을 분석해, 예상되는 환경에 맞추어 메트로돔의 모양을 변형시키는 작업을 시작한다. 메트로돔 각 절점의 레이저 측정기는 절점의 정확한 좌표 상의 위치를 읽기 위해 사방의 기준 점으로 불꽃놀이를 하듯 빔을 쏘아 대고, 예상 위치를 계산한 측지선 절점의 유압 튜브는 이 데이터에 맞추어 원하는 돔의 모양을 찾기 위해 절점의 위치를 변경한다.

900만 개의 절점 위치를 6개의 방향으로 3개의 차원에서 동시에 조정해야 하는 이 작업은 엄청나게 빠른 계산을 컴퓨터에게 요구한다. 돔의 변형 작업이 시작되면서 각 절점에 있는 센서들은 모든 절점의 물리적인 상황들을 측정하여 도시계획국의 광소자 컴퓨터로 전송하면, 메트로돔의 홀로그램 모형에 데이터들이 입력되면서 0.05초 간격으로 각 지선의 위치를 시뮬레이트하게 된다.

메트로돔의 변형 작업이 진행될 때는 마치 파충류가 작아져 버린 껍질을 벗기 위해 탈피 과정을 거치듯이, 천천히 그리고 아주 조심스럽게 너울거리며 내일의 모양을 찾아 꿈틀거리는 모습을 볼 수가 있다. 돔의 한 면이 꺼져 버릴 듯이 움푹 들어갔다가 다시 부풀어 오르곤 하면, 정말 생명체의 탈피처럼 너무 힘들어서 주저앉아 버리지는 않을까? 하는 우려 속에 넋을 잃고 돔의 변형 과정을 지켜본다.

특히 해가 일찍 져 버리는 겨울철 루즈벨트섬 너머 롱아일렌드시에서 이 과정을 보고 있으면 돔이 자신의 모양을 찾기 위해 꿈틀거리는 모습은 생명보존을 위해 벌이는 행위만큼이나 절실하게 느껴진다. 석양이 이스트 리버 아래로 잠길 때쯤 투명한 돔 내부의 건물들 사이로 새어 나와서 돔의 껍질에 비치는 날카로운 불빛과 이스트 리버에 반사된 붉은 노을은, 메트로돔을 핏빛으로 물들여서 마치 전신에 피를 흘리는 거대 생명체를 바라보고 있는 듯 한 느낌을 준다.

PS-1 빌딩 초전도 튜브가 30가를 지나면서 GAIA System사 시뮬레이션 챔버가 있는 PS-1 빌딩 10층으로 접근하기 시작했다. 30층 정도 되어 보이는 몇 개의 실린더가, 이보다 조금 더 큰 직경으로 촘촘하게 엮인 철골 트러스 안에 장난감 나무 블록처럼 엇갈려 쌓여져 있는 모습을 하고 있다. 한 유닛의 실린더가 끝나는 부분에서 다음 실린더가 시작되는 곳까지는 3-4층 정도의 공간에서는 코어 부분을 제외한 나머지 부분이 빈 공간으로 남아 있고, 접시 모양의 플레이트 홈은 트러스 밖으로 돌출되어 넓은 공중 정원을 만들었다. 공중 정원에는 짙은 녹음이 우거져 있고, 키가 아주 커 보이는 열대 나무들도 보였다. 접시 모양의 플레이트 홈 밑에는 도넛 모양의 유리 튜브로 둘러진 식당이 있고, 이곳에는 벌써 맨해탄의 아침을 바라보며 차를 마시고 있는 사람들이 있었다.

2개의 실린더가 반복되어 스쳐지나갈 때마다 시뮬레이션 챔버처럼 보이는 커다란 스피어가 불안한 모습으로 트러스 밖으로 3개씩 매달려 있었다. 투명한 유리 실린더와 가는 트러스 사이에 매달려 있는 밝은 금속 빛의 스피어가 왠지 서로 다른 건물들인 것 같이 보였다. PS-1 빌딩의 스피어는 모두 6개로 직경이 15-40m 정도의 다른 크기를 가지고 있었다.

대략 10층마다 초전도 튜브들이 유리 실린더를 관통하고 지나갔다. 초전도 튜브와 실린더가 만나는 부분은 커다란 구멍이 뚫려 있는 것처럼 보이고, 이곳을 관통하는 코어에는 튜브가 연결되어 있었다.

N. Y. IIM (NEW YORK City, Individual Identification Module : 크레딧 카드 크기의 음성 및 화상 인식 컴퓨터 - 무선 네트워크를 통해 뉴욕시 도시운영국의 메인 컴퓨터와 연결되어 있다. 입력한 일정표에 따라 가려는 목적지를 분석하여 초전도 튜브의 트랙을 자동 선정해 주거나, 필요로 하는 데이터도 제공받을 수 있으며, 메모한 기록을 자료로 사용할 수도 있다.)를 통

해 목적지를 알고 있는 컴퓨터는 초전도 튜브의 흐르는 속도를 점점 느리게 해 10층 로비 쪽 트랙위로 몸을 밀어 놓았다.

PS-1 빌딩의 공간을 보여주는 지도에는 다음과 같이 적혀있다.

"다과회장	지상 280층"
"헬리포트	지상 273층"
"Gaia System사	지상 101층"
"메리오트 호텔	지상 75층"
"J.C.백화점	지상 34층"
"지상 아트리움	지상 1-3층"
"지역교통	지하 5층"
"암 트랙(미국 철도망)	지하 9층"
"오리엔탈 특급	지하 15층"
"유로 익스프레스	지하 18층"
"행성간 로켓	지하 33층"

보행자 공간 걸어서 지나가는데 20분 정도 걸리지만 보행자를 위해 디자인된 이 길은 뉴욕의 환경 재개발 계획들 중에서 가장 성공한 프로젝트 중의 하나로 손꼽힌다. 보행자 공간으로 들어가는 많은 진입로 중의 하나가 힐튼 호텔의 로비와 연결되어 있고, 5층에 있는 호텔의 로비에서 유리 튜브 속의 자기보행 보조 장치[5]를 통해 2개 층 정도 더 높은 곳으로 올라가면 그곳에는 공중을 가로질러 메인가의 초전도 튜브 역과 연결된 보행자

5) 초전도 코일의 자기 반발력에 의해 형성된 자기장 위를 걸어가도록 디자인된 보행 보조시스템, 자기장의 반발력으로 체중을 1/10 정도로 줄여주므로 보행자의 적은 힘으로 높은 곳으로 이동할 수 있도록 도와준다. 지금의 에스컬레이터와 같은 기능을 가지고 있으나, 보행자 스스로가 자신의 근력을 이용해 공간을 이동한다는 기본 개념 안에서, 보행자의 공간 이동을 힘들이지 않고 할 수 있게 도와주는 장치

공간이 있다.

이 보행자 공간은 자기 반발력으로 공중에 떠 있는 타원형의 단면의 튜브 구조로 되어 있는데, 금속과 플래스틱이 섞인 재질로 된 뼈대를 강화 플래스틱 표면재로 감싸고 있어 지상에서 보면 투명한 꼬치고기가 구름 섬이 떠 있는 푸른 하늘의 바다 속을 헤엄쳐 가고 있는 것 같아 보였다.

다과회장 PS-1빌딩의 280층에 있는 다과회장은 맨해탄 풍경이 파노라마처럼 펼쳐져 있는 투명한 막으로 둘러싸인 공 모양의 방이었다. 맨해탄 메트로돔을 받치는 수퍼 프레임의 측지선과 만찬장 스피어의 금속 프레임이 다중 소실점을 만들어 움직일 때마다 영상이 겹치는 모레인 패턴이 생겨났다. 상대적으로 멀리 떨어져 있는 맨해튼돔의 측지선 프레임은 다과회장 스피어를 지지하고 있는 프레임에 비해, 시점이 변할 때 시각의 변화가 적어 다과회장 안을 걸어 다니면 과장된 입체감이 일어나 주변의 경치가 모레인 패턴 속으로 사라졌다. 그것을 바라보고 있는 사람은 공간 착시에 의해, 마치 자신이 중력의 구속을 받지 않고 하늘을 떠다니고 있는 것 같이 느낀다.

6각형 격자 모양 바닥은 지름이 1m쯤 되고, 은빛을 띠는 반투명 타일과 크리스탈 같은 투명한 타일이 교차되어 있다. 바닥 타일은 시간이 지나면서 서로 투명한 상태에서 은빛 틴트로 바뀌었다. 타일의 변화에 따라 바닥에 축하 메시지, 그리고 가이아 회의에 참가한 회사들의 로고 등이 나타났다. 변화하는 바닥 패턴과 맨해탄의 경치가 합쳐져서 마치 바닥이 울렁거리는 느낌을 줘, 출렁이는 물위에 떠있는 것과 같이 거북하게 느껴졌다.

하이브리드 구조물 초전도 하이브리드 구조물들은 맨해탄에서 쉽게 발견할 수 있는 건축 양식이다. 특히 2000년대의 초반 맨해탄의 가장 번화한 지역이었던 5번 에비뉴를 따라 40가에서 70가에 이르는 지역은 그 시대에 지어졌던 고전적인 형태의 모더니즘 혹은 포스트모더니즘의 초고층 건축물이나 초전도 현수 구조의 건축물이 합쳐져 복합 구조를 이루고 있다. 바둑판 모양을 한 맨해탄 그리드를 따라 90-200층 사이의 고층건물이 기둥처럼 솟아 있고 이 그물처럼 연결된 초전도 구조의 튜브들이 건물 사이로 혹은 건물을 뚫고 지나간다. 구조적으로는, 이런 복합 구조물의 장기 하중 대부분을 고층건물의 내 응력부에 현수선을 걸고 그것에 올려놓은 개념이다. 초전도 튜브를 타고 이곳을 지나가면 복잡하게 얽혀버린 실타래 속을 돌아다니고 있는 기분이 든다.

4. 2042년의 시뮬레이션 생명도시 파리

시뮬레이션상의 시간이 200년쯤 지난 파리를 보면서, Gaia System사 연구원들은 무언가 잘못되어 가고 있음을 알았다. 파리는 그들이 전혀 예상하지 못한 방향으로 변해갔다. 물론 생태계의 진화 모델을 적용해 도시를 디자인하고 미래에 나타날 그 도시의 모습을 시뮬레이션할 경우, 기대하지 못했던 종과 개체군이 도시에 형성되는 것이 흔한 일이지만 **La Paris 500**의 시뮬레이션 공간에 나타나고 있는 파리에서의 현상은 그것들과는 달랐다.

디지털 시공간에서 그리는 파리에는 그들이 전혀 예상하지 못했던 격렬한 종 사이의 생존 경쟁과 프로그램에서 차단시켜놓은 기존 도시구조물들에 대한 공간적 침범까지 일어났다. 덩굴모양의 유기체들이 건물을 휘감으며 자랐고, 200m가 넘는 거대한 나무들이 도심의 빌딩 사이를 차지하기 시작했다. 예상보다 훨씬 더 다양한 종의 생명체들이 도시의 지표와 건물의 표면에서 동시에 자라났다. 나노 조립자로부터 변화한 것으로 보이는 네잎클로버를 닮은 거대 생명체는 도시의 경계를 뛰어 넘기 시작했다. 특히 네잎클로버 모양의 종에서는 동물적 특성이 관찰되기도 했고, 단순한 성장과정에서 발생하는 특성과는 다른 유전자의 후성(epigenetic)구조가 나타났다.

연구원들은 비연속적 진화인 유전적 쉬프팅(Genetic shifting)으로, 즉 개체의 생존 경험이 환경의 선택에 의해 생물학적 자손으로 전달되는 것이 아닌 생존 정보가 직접 다른 생존 개체로 삽입되거나 자신의 유전자를 개체 스스로 조작해 재사용하는 현상으로, 파리의 시뮬레이션에서 벌어지는 이상 현상을 설명하려고 했지만 그것 역시 명확한 답변은 되지 못했다. 고생대 고사리 같은 양치식물의 숲을 연상케 하는 모습으로 나타난 파리의 시뮬레이션은 어떤 추론으로도 그 이유를 설명할 수 없을 것 같이 기이한 모습이었다.

La Paris 21은 공해로 파괴된 도시 **파리를 나노 기술을 사용해 생명 언어로 복원하려는 파리의 디지털 공간 시뮬레이션**이다. La Paris 21은 물리적 공간에 실재하는 도시가 아닌 "도시 복원 계획프로그램(computer Simulation program)"에 도시객체들 즉 생명체를 비롯한 모든 도시구성 요소를 객체지향형 데이터로 입력하고, 그 계획을 통해 도시가 건설되면 각각의 단위 시간이 흐른 후 도시가 어떤 모습들을 갖게 되는지 관찰하는 것이다.

2029년 여름 파리 파리 시장 xxx는 더 이상 파리는 지구상에 존재하지 않는 도시라는 침울한 성명을 발표했다. 검게 차려 입은 슈트로 비장함을 전달하려 했지만, 그의 기대에 공감하는 사람들은 없었다. 지난 5년간 파리 시장이 보여주었던 환경에 대한 무지는 파리를 -인간을 제외한- 생명체들이 살 수 없는 도시로 만들어버렸다.
우기인 겨울철이면 산성비에 대리석 건물이 우유처럼 녹아 내렸고, 콘크리트의 종유석이 건물의 실루엣을 바꿔놓았다. 도장이 벗겨져 붉게 녹슨 르노와 시트로앵의 자동차가 탄산칼슘이 질퍽거리는 거리를 어지럽게 굴러다니고, 불이 켜지는 픽셀이 반도 안 되는 전광판에서는 내용을 알 수 없는 영상이 비춰지고 있었다.

2032년 여름 파리 Neo-Paris 계획에 따라 이주한 사람들은 종교의 순례자들처럼 파리를 찾았다. 반쯤 꺾인 에펠탑의 녹슨 잔해 너머에서 자신들의 추억을 찾아내는 것으로 귀소 본능을 채우려 했지만 점점 흐려져 가는 도시 실루엣만큼이나 자신의 기억도 사라져가고 있는 것을 알게 되었다. 그렇게 잃어버린 기억의 갈증은 향수의 귀소본능과 충돌을 일으켜 심한 분노로 변해가고 있었다.

2036년 여름 파리 파리를 다녀온 사람들은 자신들의 추억을 덮어버린 잡초에 대해 분노를 보였다. 전쟁의 잔해처럼 변해 버린 도시위로 자라기 시작한 잡초들은 산성비의 공격도 아랑곳하지 않고 자신들의 키를 넘어 간직하고 싶은 추억 위로 자라나고 있었다.

2039년 여름 파리 파리 복원 계획이 시작되었다. 파리가 복원될 수 있다는 희망은 아이러니하게도 그들이 분노하던 잡초의 생명력이 제공하고 있었다. 뉴욕의 Gaia System사는 파리 시정부를 위해 파리 복원 계획을 진행했다. 그들이 디자인한 파리 복원계획은 2040년부터 5년 동안 파리 복원 시뮬레이션 프로그램 La Paris 500에서 그들이 디자인한 디자인 요소들 사이의 반응을 실험하는 것으로 시작되었다. 파리의 복원 작업에서 타당성 연구에 주어진 시간은 5년뿐이었으므로 도시 시뮬레이터 SimCity 6000을 기반으로 한 파리 복원 시뮬레이션 La Paris 500은 먼저 2년여의 실제시간을 가상의 파리에서는 500년으로 늘리는 작업을 시작했다.
맨해탄 Ps-1 빌딩의 가이아 시스템사 신경 병렬 컴퓨터의 시뮬레이션 모듈 La Paris 500속에서 흐르는 파리의 시간은 세상 밖의 시간보다 380배 빠르다. 모니터를 통해 바라보는 파리의 시간은 느린 움직임을 읽기 위해 찍은 저속 카메라의 영상처럼 급속히 흘러갔다.

2041년, 2140년 여름 파리, La Paris 500 도시의 잔해들을 덮고 있는 잡초의 밀도가 조금 더 높아진 것 외에 별다른 변화가 없는 2041년 여름. 시뮬레이션 공간의 파리 La Paris 500에서는 2140년이 되었다. 100년의 시간이 흐르면서 가이아 시스템에서 생태계의 복원을 시뮬레이트하기 위해 심은 세코야-2 나무가 하늘을 찌를 듯이 자라나고 있었다.

2042년, 2240년 여름 파리, La Paris 500 시뮬레이션을 시작한 지 200년이 흐른 La Paris 500속의 파리를 보면서 Gaia System사 연구원들은 무언가가 잘못되어 가고 있다는 느낌을 지울 수 없었다. 파리는 그들이 기대하지 않은 모습으로 변했다. 도시에는 무엇인지, 출현을 전혀 예상하지 못한 생명체들이 유기체처럼 자라났다.

디지털 생태학자들이 사이버 공간의 La Paris 500속으로 들어가기 시작한 것은 그로부터 며칠이 지난, 사이버 공간의 파리에서는 3년의 시간이 흐른 후였다. 시간 인식 보정기를 장착한 디지털 생태학자들이 시뮬레이션 공간의 파리로 들어갔을 때 그들 눈앞에 펼쳐진 파리의 모습은 모니터로 관찰한 파리에서는 상상할 수 없는 모습이었다. 라데팡스의 시뮬레이션 공간의 입구를 통해 파리로 들어가자 가장 먼저 디지털 생태학자들의 눈앞에 나타난 것은 라 그랑드 아르슈의 계단을 젤리처럼 흘러 내려오는, 식물로부터 변이를 일으킨 것으로 보이는 생명체였다. 동물인지 식물인지 구분할 수 없는 이 생명체의 피부는 광합성이 가능한 엽록소를 가지고 있었지만, 지면에 고착된 뿌리가 없어 흐르듯 움직여 다녔다. 피부에 엽록소 외에 원시적인 광수용체를 가지고 있는지, 연구원들의 존재를 알아채고는 다가와 다리를 휘 감았다. 다행히 공격성을 가지고 있는 것 같지는 않았지만, 이 생명체에 다리를 휘감긴 연구원은 식은땀을 흘리면서 동료들을 바라보았다. 의지에 따른 행동이 가능한 지 신체의 일부분을 들어 연구원의 무릎 부분을 접촉하던 생명체는 또다시 미끄러지듯이 다리에서 풀어지며 이번에는 계단을 따라 올라가 광장으로 사라졌다.

디지털 생태학자들이 바라본 파리의 디지털 생태계의 구조 즉 미케노 스피어는 200년이라는 짧은 시간에 지상의 생태계보다 더 복잡하게 진화해 있었다. 그들이 분석한 파리는 4개의 생명 현상으로 나눌 수 있다.

1) 생태적 공생

생태적 공생 단계에서 HebitaSp.는 자연의 생명체들과 생명 정보를 공유하지 않는다. 그들은 다만 생태적 수준에서 자연의 생명체들과 공생하는 것이다. 인간을 수용하기 위한 HebitaSp.(건축물과 같이 인간의 행위를 수용하기 위해 계획되는 장치들)와 자연의 생명체들 사이에 생리적 교류는 없지만 생명체로서의 정의를 종으로 확대한다면, 종들과 HebitaSp.들은 하나의 생명체로 결합되어 생리적 대사를 진행하고 있다

2) 이종(異種) 접합

마이크로 테크놀로지(Micro Technology)들이 생명체들과 결합된다. 초기 유전적 조작에 의해 본래 크기의 두 배로 성장할 수 있게 변형된 세코야 나무는 불과 100년 만에 200m 키에 하단 부의 직경이 20m가 넘는 거대한 생명체로 자라났다. 물론 세코야 나무의 생장환경은 무척 까다롭지만, 파리의 온화한 기후라면 충분히 좋은 생존조건을 제공할 수 있다. 하지만 유전적으로 조작된 세코야 나무는 여러 가지 한계점을 가지고 있었다. 예를 들면 생명체의 질량이 체적에 비례하고 그 체중을 지탱하는 뼈의 응력은 단면적에 비례하므로 단면적과 부피의 비가 적정 수준으로 수렴해 생명체의 크기가 결정되듯이 200m가 넘게 성장한 세코야 나무는 자신의 목질부(木質部) 만으로는 나무의 자중을 받쳐줄 수 없었고 따라서 기계적 보조 장치들이 필요했다.

이러한 문제를 해결하는 방법으로 나무를 사이보그화 하는 것인데, 하중을 보조하는 장치를 장착하는 것이다. 사이보그화된 나무는 그 나무가 가진 생물학적 영역성에 인간의 삶을 수용하는 반면 나무의 생존은 기계적 메카니즘이 돕는 것이다. 싸이보그화된 나무는 자연의 유전 정보와 인간의 문명의 유전정보인 Meme이 결합된 생명체이다.

3) 유전자조작(공간 정보의 유전적 삽입)

이종 접합과정에서 발전한 유전자 조작기술은, 유전자 조작에서 유전자 조립(組立)과 디자인으로 발전했고, 인간의 행위를 수용하는 장치의 공간 정보를 유전 정보로 해석하는 것이 가능해 졌다. 그렇게 변형된 공간의 유전 정보들이 생명체의 유전자에 삽입되었고 그 유전자로부터 발현되는 생명체는, 인간이 원하는 공간적 수요를 공급할 수 있게 되었다. 그 예가 La Paris 500계획에 사용된 세코야-3 나무일 것이다. 세코야 나무는 약 50년 동안 길이 성장을 한 후 줄기의 직경이 굵어지기 시작하는데, 굵기 성장 기간 동안 세코야 나무는 자신의 줄기에 사람이 살 수 있는 거주 공간을 만든다. 이 나무는 두 가지 종류의 가지가 있는데 주거 공간으로 사용할 공간을 만드는 가지 type B는 가지의 길이가 약간 짧고 급속히 굵기 성장을 한 후 커다란 옹이를 만들고 줄기에서 떨어져 나온다. 직경 5m가 넘는 옹이는 나무의 성장에 의해 발생하는 이격에 의해 분리되어 쉽게 떨어지는데 이렇게 생긴 공간을 사람들의 주거에 사용한다.

옹이가 빠져나가면서 만들어진 구멍의 외벽은 투명한 이끼류 식물이 자라나 창과 출입구가 만들어지면 중층을 가진 준2층 주거 공간이 된다. 이 주거공간의 내벽 즉 세코야-3 나무의 목질부는 그것을 분해하는 박테리아에 의해 식용이 가능한 다당류로 변화되는데 매일아침 빵이 열려있는 벽을 상상하면 세코야-3 주거 공간의 모습과 비슷하다. 저녁이 되면 천장 부분에 서식하는 발과 박테리아가 발산하는 형광을 사용해 조명으로 삼고, 나무 대사의 수액이 음료수가 되는 주거가 유전자에 공간 정보를 입력해서 발현시킨 주거공간이다.

4) Nano Technology

이제 인간의 행위를 수용할 공간 제공을 위해서 더 이상 생명체의 유전정보를 조작할 필요가 없어졌다. 유전자 조작을 통해 생명체로부터 HebitaSp.를 얻으려 했던 이유는 인간이 아직 자기(自己) 조립자(組立者)를 만들어낼 수 있는 능력이 없었기 때문이다. 생명체의 화학적 조립자인 RNA가 아미노산으로 단백질을 조립하듯이 인공적인 플러렌이나 화학적 중합체를 만드는 조립자가 디자인 되었고, 그것이 생명 메커니즘으로 사용되기 시작했다.

Ⅲ. 2042 Gaia Projects

어린 시절 SF를 좋아했던 사람이라면 한번쯤 먼 미래로의 시간 여행을 꿈꿔 봤을 것이다. 타임머신을 타고 혹은 신비한 4차원의 문을 통해 때로는 우주여행 중 시공간의 주름을 따라 자신이 사는 시간이 아닌 낯선 시공간에 있는 나를 발견하는 것이다. 이런 상상 여행에서 방문하는 곳은 현실이 만족시키지 못하는 욕구를 시간이 용융된 진보한 과학이 제공하는 이상향의 미래 시간일 것이다. 미래의 시간은 상상한 모든 꿈이 과학의 힘으로 실현되는 곳이다.

동면에서 깨어나 죽지 않는 영원한 생명을 얻고, 오감을 동시에 자극하는 합성 음식을 비만의 걱정 없이 먹을 수 있으며, 보석과 귀금속이 일상의 재료가 되고, 첨단 주거환경에서 다양한 미디어를 즐기며 빛보다 빠른 우주선을 타고 세상 너머로 날아다니는 상상이다. 우주선 홀로데크의 승무원은 우주 건너 지구의 가족과 함께 앉아 자신의 모험담을 일상처럼 이야기 한다. 그의 가족이 살고 있는 지구는 구름을 가르는 수백층짜리 초고층건물의 숲과 그곳을 날아다니는 반중력 자동차로 덮여 있고, 달과 화성은 우주 식민지용 돔(Dome)으로 가득 차 있다.

하지만 1984년 이후 SF를 읽기 시작한 사람들이 상상하는 미래는 조금 다르다. 윌리엄 깁슨의 사이버 펑크 뉴로맨서에서 인간은 인공 지능을 따라서 기괴한 디지털 공간과 누추한 현실을 넘나든다. 디지털은 인간에게 더 이상 전기적 환영(幻影)이거나 실존의 그림자가 아니라 의식을 담고 있는 실체의 공간이다. 디지털 공간은 컴퓨터의 연산 속에 존재하는 공간 좌표가 아니라 마음이라는 또 하나의 삶을 수용하는 공간인 것이다. 1984년, 마침내 미래에는 디지털 공간이 물리적공간과 등가를 이루게 될 세상의 기초를 만들게 되었다.

매트릭스에 갇혀있는 네오는 우리에게 좀 더 실존적 질문을 던진다. 장자가 보았던 나비와 나비가 꿈꾼 장자의 모호함이 두뇌의 상상 공간을 떠나 디지털의 현실 공간으로 이행한다. 시뮬레이션은 현실과 상상사이에 걸쳐 있는 인간의 인지능력을 희롱한다. 인간의 두뇌에 입력되는 영상이 현실로부터 투영된 것인지 전자의 공간 파동이 일으키는 연산에 의한 것인지 이제 구분할 수 없다. 단지 두뇌의 뉴런을 흐르는 전기 화학적 신호가 실리콘 위의 전기적 신호로 치환되는 것 외에 현실과 비현실사이의 차이가 없다.

1차원 광섬유로 연결된 물리적 공간의 네트워크가 디지털 공간에서 3개 이상의 공간차원을 동시에 가질 수 있음을 보여준다. 네트워크는 두 개의 점을 연결시키기 위한 최단의 경로로서가 아니라 디지털 위상공간과 결합하면 와이어(Wire) 사이의 거리가 0으로 수렴하는 적분 가능한 차원으로서의 공간의 구조를 띈다.

2005년 오늘, 미래는 이미 현실이 되었다. 인간의 유전정보는 이제 염색체를 떠나 디지털 공간에 기록되어 복제되고 조작된다. 공간은 더 이상 데카르트의 공간좌표를 바라보는 인간의 의식이 아니라 매트릭스를 바라보는 가상 카메라의 인공지능이다.

마음을 수용하는 디지털 공간은 현실의 실체와 연결되어 그 실체의 의미를 증강시키는 공간으로 존재한다. 현실공간에 존재하는 사물은 이제 인간의 기억에서 벗어나 자신의 기억을 디지털 공간에 저장하고, 공간구조를 띄고 있는 네트워크를 통해서 사용자와 복제된 혹은 조작된 기억을 공유한다. 이 기억들은 서로 네트워크를 형성하면서, 물리적 현실공간에 존재하는 객체들 사이의 거리는 디지털 공간에 사상(寫像; mapping)된 객체의 관계로 치환되고 객체의 질량은 허브의 인력으로 대체된다.

공간구조 방정식으로 표현 가능한 몇 개의 법칙으로 이루어진 우주는, 언젠가 인간이 모든 입자의 위치를 연산할 수 있는 우주컴퓨터를 가지게 되면 모든 현상을 이해하고 결과를 예측할 수 있을 것이라 믿었다. 뉴튼 패러다임으로 대표되는, 시공간의 한 점에 고정된 절대적 공간 좌표계는 오랜 시간동안 인간의 의식을 지배해 왔고, 우리가 상상하던 미래의 시간도 그 절대성의 공간 사고 안에 존재했다. 하지만 막상 디지털 연산기계(컴퓨터)의 등장은 역설적으로, 그것이 이룰 수 없는 꿈임을 알려 주었다. 단지 공간의 확률함수로 존재하는 양자적 파동의 불확정성은, 입자가 더 이상 견고한 실체가 아닌 시공간을 떠돌아다니는 옅은 안개의 확률적 존재가능성에 불과하며, 비선형 동력계로서의 세상은 우리가 바라보고 있는 현실세계가 그것의 수많은 가능성 중에 하나의 모습으로 나타나고 있을 뿐임을 이야기 한다.

시간 여행이 절대 공간 좌표계에서 시간 축으로의 이동에 의해서 발생하는 것이라면, 이제 공상과학에서의 시간 여행은 존재하지 않는다. 더 이상 공간차원을 벗어난 독립된 시간축이 존재하지 않고, 시간축이 움직여지면 각 시간 그 시간의 공간에 존재하는 입자들은 예측할 수 없는 파동의 다양성으로 그곳에 있어, 우리가 보게 되는 다른 시간의 세상은 혼돈에 불과할 것이다. 선형에서 비선형으로, 단순함에서 복잡함으로 우리가 존재하는 시공간 현상계에 대한 이해 구조가 바뀐 것이다. 시간이 움직이면 그 시간의 공간에 있는 입자의 확률적 존재 가능성들은 전혀 다른 세상의 모습으로 나타난다.

이에 비해 디지털 세상의 공간 구조는, 시간 여행이 시공간의 한 축을 따라가는 것이 아니라, 공간을 구성하는 시공간 객체의 장(場)을 가로질러 가는 다양한 경로들이라는 점에서 구체적이다. 양자역학의 시간개념에서는 파동인 입자가 과거와 미래의 시간을 동시에 가지고 있는 것 같이 행동하듯, 디지털 공간은 그것이 선택적이기는 하지만 시간축에 대해 양방향성을 가진다. 즉, 결정론적 시공간을 닮아, 현재에서는 미래를 알 수 없지만 과거는 이미 결정된 미래를 가지고 있고, 그 미래는 과거로의 방향성을 가져 그곳으로 여행이 가능한 공간이다. 이러한 시공간에서 원인과 결과는 시간축을 따라 등가의 가치를 가진다.
하지만 디지털 시공간은 결정론적 시공간이라는 점에서 시간여행을 가능하게 하지만 미래를 꿈꾸지 못하게 한다. 미래는 현재의 결과가 아니라 어느 결정되어진 시간까지, 과거 · 현재 그리고 미래가 동일한 좌표상의 객체들이기 때문이다. 미래를 알고 있는 과거 그리고 현실을 구성하는 미래의 객체들로 가득한 세상에서 미래를 꿈꾼다는 말은 의미를 잃어버리고, 인과율은 확률적 유령으로 상자 안을 떠돌던 슈뢰딩거 고양이의 먹이가 되어버린다.

1995년 아직 양자론적 시공간과 디지털 공간이 오늘에서 보는 미래를 지배하지 않는다. 1995년 양자역학의 도움으로 인터넷과 MS윈도우가 등장했지만, 아직 미래는 현재의 다양한 결과들 중 하나이며 오늘은 내일의 원인으로 존재한다. 미래는 현재의 시간에서 꿈꿀 수 있는 세상이고, 미래는 현재를 바라보는 공간이다. 시공간이 절대좌표를 중심으로 존재하는 마지막 시간에 서서 미래를 꿈꾸고 싶다. 어릴 적 보았던 공상과학의 세상으로 타임머신을 타고 여행을 떠나 그곳을 보고, 그 시간을 그려보고 싶다. **가이아 프로젝트는 마지막 절대 시공간에서 떠나는 시간여행이다.**

1. Ecourban-S1 복잡한 도시

유기건축 "유기건축"은 생태계의 종들이 생명을 보존하는데 필요한 생존 알고리즘(Algorithm)을 공간언어로 해석하여, 유형의 건축언어로 만드는데 사용하는 디자인방법이다. 알고리즘은 개체 혹은 종 자신의 생존 환경에 대한 대응이나, 면역체계 · 발생과정 · 유전정보 등의 보존과 전달이나, 개체간 혹은 종간의 협력을 위해 개체군을 형성하는 네트워크를 가능케 하는 무형의 정보체계... 등을 말한다.

"복잡한 도시" 이야기 "복잡한 도시"란 앞서 말한 "유기건축"적 공간 사고모형(Paradigm)과 '20세기의 인류가 보유하고 있는 지식을 결합하면 어떤 건축이 만들어질 수 있을까? 를 추정하는 사고실험이다. 과학자들이 자신이 기대하는 사유의 결과를 도출하기위하여 실험실 조건을 단순화하는 것 같이, 인류가 보유한 지식의 건축적 적용과 그것으로부터 도출될 수 있는 **공간의 가능성**이라는 결과를 유도하기 위해 "복잡한 도시" 사고실험에서는 직접 관련된 정보만을 사고 전개의 조건으로 사용한다.
이 작업은 건축적이라기보다 **"건축적 시각으로 바라보는 다음세대의 생활방식에 대한 예측"**이라고 하는 것이 타당할 것이다. 그 이유는 이 실험이 단순히 건축적 환경이라기보다, 건축 주변 사고모형 속에서 진행되었기 때문이다.

(본 사고 실험과 시나리오 작성, 그리고 공간 디자인 작업은 1988년에 진행된 것이므로 현재와는 다소 다른 환경 — 인터넷이 아직 상업화 되어 있지 않아 TV가 주요 정보획득 수단의 역할을 했던 점 등. —묘사들이 있다)

첫 번째 시나리오. 20xx년 x월 x일

저녁 뉴스 화면에 서해안 대륙붕 한 지점에서 직경 10M 정도의 검은 물체가 바닷물에 잠기고 있는 장면이 보였다. 파도를 막기 위해서인지 10여 척의 배가 기포를 내뿜으며 둥글게 바다를 둘러싸고 있고, 그 가운데 있는 쌍동선 선체의 실험선 크레인에 매달려 반쯤 물에 잠긴 검은 물체가 일렁이는 파도에 씻기며 하얀 물거품을 만들어 냈다. 가끔 커다란 물결에 부딪힌 검은 물체가 흔들리면서 크레인이 삐거덕 거리는 소리를 냈다. 검은 물체의 둘레에 장착된 부이(Buoy)들이 팽창하면서 검은 물체는 상부만 수면위에 내어 놓은 채 물결을 따라 일렁거렸다. 잠시 후 검은 물체와 연결되어있던 크레인의 줄이 제거되자 주변을 둘러싸고 있던 배들로부터 방출되는 기포의 양이 증가하면서, 쌍동선이 옆으로 비켜나자, 배들에 둘러싸여 있던 곳의 수면이 호수처럼 잠잠해졌다. 부이를 달고 있는 검은 물체의 흔들림이 사라지자 고기잡이배에 길들여진 바다 갈매기들이 먹이를 찾아 검은 물체위에 내려앉았다가 바람을 맞으려 다시 떠올랐다. 잠시 후 카운트다운이 시작되고 부이의 바람이 빠지면서 검은 물체는 천천히 바다 속으로 사라졌다.

리포터는 이 물체가 20년 후 사람들이 이주해 살게 될 "반능동형 해양생태계 복원도시" 인 "복잡한 도시"를 만들 씨앗으로, 광자기디스크에 저장된 생명정보를 사용해 성장과 증식이 가능한 유사 생명체라고 설명을 덧붙였다.

"씨앗? 해양도시를 위한 씨앗이라니? 건물을 바다에 그것도 식물처럼 심는다는 것일까?"

리포터의 설명이 궁금증을 해소하기에는 턱없이 부족했다. "도시를 만들기 위한 씨앗?" 궁금증은 밤새 꼬리를 물고 이어졌다. 머릿속의 상상은 여러 가지 도시의 모습을 떠올리고 있었지만, 정작 그것의 실체가 무엇일까에 대한 궁금증을 풀어주지는 못했다. 다음날 아침 마침 토요일이어서 "도시를 만드는 씨앗"에 대해 자세히 알아보기 위해 가까운 도서관으로 갔다. 도서관에서 관련 서적과 잡지를 뒤적이면서 여러 자료를 찾는데 오전을 보내고 그 자료들을 읽으면서 오후 늦게 가 되어서야 겨우 건물 씨앗이 무엇인가를 알 수 있었다.

화면에서 보았던 검은 물체는 분화 가능한 줄기세포나 착상된 수정체, 혹은 파종된 씨앗이나 수정된 달걀처럼 발생 전 세포와 같은 상태의 것이었다. 즉, 정자와 난자의 역할을 하는 두 개의 유닛(unit)이 결합된 수정체로, 가운데 둥근 것이 난자의 역할을 하는 중심핵이었고 주변에 돌기처럼 삐죽 튀어나온 것이 정자와 같은 팔 부분이었다.
중심핵에는, 환경에 대한 정보를 축적하고 경험을 통해 발생상황을 판단해 그 상황에 최적의 상태가 되도록 부분의 성장을 제어하면서 자기복제의 시기를 선택하며, 또한 기억된 정보를 다음세대에 전해주는 인공지능이 있다. 더불어 각 부분의 발생정보를 저장하고 있는 장치와, 자신이 성체로 성장한 후 자신을 복제할 수 있는 복제 시스템과, 바닷물에 무한히 존재하는 중수소와 삼중수소를 추출하여 생존과 성장에 필요한 에너지원으로 사용할 수 있는 핵융합장치 등이 들어있다. 게다가 돌기 부분에는 해수에 존재하는 각종 광물질이나 염류 혹은 해저면의 미네랄 등을 흡수하여 그것을 재료로 자신을 자라게 할 수 있는 로봇화된 성장시스템을 가지고 있다. 이러한 유닛들은 상호 협동하여 스스로를 성장시키고, 주변해수를 생명체가 사는데 최적의 조건이 되게 오염물질을 흡수하고, 성체로 성장하면 자신을 복제해 개체수를 늘려간다. 성체로 성장한 유닛은 주거용으로 전용할 수 있는 여분의 공간을 발생시켜 사람이 살 수 있는 주거 공간을 제공한다.

생물체와 "복잡한 도시"의 정보장치 DNA는 생명체가 성장하고 · 생존하며 · 종을 보존시키는데 필요한 생명정보를 기록하는 문자이다. DNA는 나선형으로 꼬인 사다리 모양의 분자로 Deoxyribose-Phosphate의 연쇄구조를 가지고 있다. 4종류의 염기를 3개씩 모아 하나의 문자인 코돈을 만들고, 이것이 모여 아미노산을 합성해 단백질 형질을 발현하는 유전자가 되고, 10만 개의 유전자가 엉킨 실타래처럼 말려있는 것이 염색체이다. 모양과 기능이 다른 근육세포나 간 그리고 두뇌의 신경 세포 등 신체를 구성하는 모든 세포는 동일한 유전정보를 가지고 있다. 같은 유전정보를 담은 세포들이 다른 형질의 세포로 발현되는 것은 염색체의 전반부에 기록된 transcription factor가 시간의 흐름에 따라 DNA에 기록된 정보의 특정 부분이 발현되도록 조종을 하거나, 혹은 다른 신호에 의해 transcription factor 자신이 수정되기 때문이다. 그 이유는 transcription factor가 처음 만들기는 어렵지만 이것을 수정하기는 용이해서, 외부 시그널을 기록하여 각각의 세포가 그 정보에 적응할 수 있도록 하기 때문이다. 즉, 몸 어디에서 떼어낸 하나의 세포가 지닌 유전자는, 또 다른 나를 복제하기에 충분한 정보체계인 게놈을 가지고 있다. 보통 한 개의 DNA 분자는 약 20억 개의 염기를 갖고 있으며, 이것을 풀어내면 한 개의 세포 속에 있는 DNA 분자 총 길이는 약 1m 정도이고 정보량은 테라바이트(tera byte)정도이다.

"복잡한 도시"를 구성하는 기본단위인 육각형 유닛(씨앗에서 가운데의 둥근 부분이 성장한 것으로 이 부분을 "도시세포"라고 부르기로 한다.)은 많은 부분에서 생명의 특성을 닮은 광자기 DNA를 가진 유사생명체이다. "도시세포"의 정보처리 구조는, 생물체와 같이 두뇌와 유전자의 상보적 관계에 있다. 예를 들면 하위 정보처리는 두뇌가 하고, 여기서 걸러진 정보를 transcription factor에 저장해서 DNA 정보를 선택적으로 발현하듯이, "도시세포"의 인공지능도 생명체의 두뇌와 같이 주변의 환경을 학습하여 경험을 두뇌에 축적하고, 이 경험을 통해 새로이 입력된 정보를 분석하고 판단하는 과정을 반복한다. 이런 과정을 거쳐 검증된 생존정보는 "도시세포" 광자기 유전자에 기록되어 다음세대로 전달된다.

"도시세포" 코어의 주요장치는 정보처리와 에너지 공급기관인데, 미토콘드리아가 영양물질을 분해하여 에너지를 유지하고 그 일부를 ADP · ATP 사이클로 환원해서 운동에 사용하고 나머지는 열로 방출시키는 것과 같이, 에너지 공급장치는 바닷물 속에 무한히 존재하는 중수소와 삼중수소(바닷물 30리터에 약 1그램이 존재하는 중수소를 핵융합하면 가솔린 9,500리터에 해당하는 에너지를 방출하는데, 바닷물은 같은 부피의 가솔린에 비해 321배의 에너지 밀도를 지닌다.)를 추출하여 핵융합하고 그 에너지로 자신의 생명을 유지한다. "복잡한 도시"가 바닷물에서 복제되고 성장하도록 설계된 것은, '그 환경이 제공하는 생물학적 안정성' · '생태계와의 교감' · '미지의 열려진 공간을 인간에게 새로운 생존 환경으로 제공할 수 있는 점' 등의 이유 때문이기도 하지만, 가장 큰 이유는 '바다가 "도시 세포"의 생존을 가능하게 하는 에너지원을 제공해 줄 수 있는 장소'이기 때문이다.

중앙코어가 세포의 핵과 같은 역할을 한다면, 코어주변에 돌출한 3개의 팔은 마치 세포체와도 같은 성장과 대사를 위한 기관들이다. 바닷물 속에 녹아 있거나 콜로이드 상으로 존재하는 무기물이나, 해저에 깔려있는 미네랄, 그리고 토사(土砂)마저 이들에게는 좋은 먹이가 된다. 진공 흡입기와 로봇 팔은 주변에 부유한 무기물이나 해저면의 물질을 흡수하여, 금속성 물질을 중앙 유닛에 있는 소형 용광로에서 가공하여 성장에 사용할 부품으로 만들어 저장한다.

"도시세포" 의 유닛은 약 5년 동안 성장을 하고, 세포의 성장이 완료되면 약 2년의 자기 복제기간을 통해서 코어가 된다. (위너는 사이버네틱스(cybernetics)구조의 자기증식 기계에 관한 실험적 모델에서, 자기복제(自己復製)를 위한 알고리즘의 복잡성이 임계점을 넘을 경우 시스템은 자신보다 복잡한 시스템의 복제가 가능하다는 것을 수학적으로 증명하였다.) 만일 주변의 환경이 이 씨앗의 성장에 완벽한 조건을 제공하게 된다면, 30년 후에는 전체 세포의 수가 1024개인 완전한 생명체로 성장하게 된다.

사람들이 세균의 역할을 해낼 수 있을까? "복잡한 도시" 의 성장이 1024개체에 이르면 사람들은 "복잡한 도시" 를 숙주로 삼아 마치 균처럼 생존하는 삶의 역할을 시작한다. 복잡한 도시가 원시생명체로서 1024개의 군체로 모여 있다는 의미는 사람들이 이 인공생명체를 주거공간으로 개조하는 과정에서 몇 개의 세포를 파괴하더라도 이웃세포들이 서로 생존역할을 분담하며, 군체를 형성해 생명체로 살아남을 수 있는 잠재적 생존의 면역성을 갖게 된다는 것을 의미한다.

사람들의 공격이 계속되어서 더 이상 방어시스템에 의한 자기보존이 불가능하게 되면, 새로운 세포로 성장하기 위해서 중앙의 코어유닛이 세포로부터 분리되어 또 다른 씨앗처럼 방출되게 된다. 코어가 방출된 유닛은 생식능력은 잃어버리지만, 개체보존을 위한 대사는 계속 수행할 수 있어 생명체로서는 살아남아 이웃의 도시세포들과 생명을 공유한다. 사람들은 계속해서 각 세포를 파괴함으로 삶을 위한 공간을 확보하려고 하고 "복잡한 도시" 는 개체의 보존과 종족의 유지를 위해서 복제와 성장을 계속할 것이다.

두 번째 시나리오 20xx+20년 x월 x일 아침.

성하는 식사를 마친 뒤 강의실로 가기 위해서 집을 나섰다. 며칠 전 친구들과 강의가 끝난 뒤 사이버스페이스 버전(Cyberspace Version) 스타워즈5를 보기로 약속을 했는데, 영화를 본 사람들의 이야기를 들으면 상당히 재미있을 것 같아서 잔뜩 기대하고 있었다. 집 앞마당에 서서 항상 휴대하고 다니는 캡슐 호출기의 단추를 누른 후 잠시 기다리자, 저만큼에서 초전도 트랙을 타고서 무인자기캡슐 CR-2가 다가왔다. (캡슐은 하나의 "도시 세포" 유닛에 살고 있는 36가족이 12대의 캡슐을 공유하고, 캡슐 한 대 값의 1/3에 대한 비용을 지불하면 캡슐을 시분할해 공동으로 사용할 수 있다. CR은 커뮤니티 고유번호이고「2」는 두 번째 차를 말한다) CR-2는 나와 가장 친한 캡슐로, 만일 다른 사람이 사용 중에 있지 않으면 호출기 번호를 인식하고 나의 호출에 우선 반응한다. 다가온 CR-2는 문을 열어주며 인사를 건넨다.

「안녕 성하, 학교에 가니?」

CR-2의 음성 발생기는 언제 들어도 친절하고 상냥하다. CR-2의 마이크로컴퓨터는 나와 특히 친하지만, 우리 이웃에 있는 36가족 모두에 대해서도 잘 알고 있다. CR-2를 탈 때마다 많은 이야기를 나눠서 나의 취미, 내가 자주 가는 곳, 내가 좋아하는 것 그리고 나의 강의 시간표와 강의실 등에 대해서 잘 알고 있다.

「응, 오늘은 학교에 갔다가 오후에는 친구들과 스타워즈5를 보러 가기로 했어」

「아! 그 영화 사이버스페이스 버전이지? 나도 그 영화에 대한 정보를 가지고 있는데, 아마 네가 좋아할 거야. 건축 공부하는데도 상당히 도움이 될 걸... 거기에 나오는 공간들이 상당히 환상적이야! 내 데이터베이스 안에도 들어 있는데 굉장해! 혹시 예고편 봤니? 내 기억공간에 저장되어 있는데 볼

래? 강의실에 도착할 시간까지는 충분히 볼 수 있을 텐데... 게임 버전으로 하기에는 시간이 조금 부족한 것 같기도 하고 음...」

성하는 예고편을 보고서 본 영화의 느낌을 흐리고 싶지 않아 CR-2의 제안을 사양했다.

어느 시뮬레이션 챔버가 스타워스 보기에 가장 좋은지 CR-2 너는 알고 있니? 친구들이랑 같이 갈건 데」

「그럼 알고 있지. JS 세포위에 있는 멀티플렉스가 가장 강력한 모션 시뮬레이터와 고해상 영상 렌더러를 가지고 있어서, 거기서 보면 가장 풍부한 공간감을 느끼면서 영화를 볼 수 있을 거야. 내가 오후에 갈 수 있도록 사용계획 프로그램을 수정해 놓을게.」

CR-2가 학교를 향하는 동안 성하는 1년 전, 이 해양도시 "복잡한 도시"로 이사할 때를 생각했다. 해양기상 전문가인 아버지의 직장을 따라 가족이 이곳으로 이주하게 되었는데, 몇 년 전부터 "복잡한 도시"의 "도시세포"가 서해안에서 성장하는 모습이 자주 뉴스에 보이더니, 드디어 3년 전부터는 사람들이 이 해양도시로 이주하기 시작했다는 소식을 들었었다.

성하는 처음 해양 도시로 이사할 때의 느낌을 잊어버릴 수가 없었다. 헬기에서 해양도시를 내려다보았을 때, 도저히 사람들이 살 수 있을 것 같지 않은 낯선 모습이었다. 망망대해 한 가운데 떠있는 금속성 육각형 부유물, 그 위에 삐죽삐죽 솟아 있는 타워, 그것들을 연결하는 초전도 트랙, 끝없이 펼쳐지는 육각형 모양의 해상 플레이트홈, 그리고 신기하리만치 무성한 숲 등은 마치 실험용 우주기지나 생태계 연구용 바이옴(biome)을 바라보는 느낌이었다.

헬리포트에 내리자, 운전사도 없는 자기부상자동차가 우리 가족을 싣고 공중에 연결된 트랙을 이리저리로 바꾸면서 가더니, 다시 수직으로 연결된 초전도 엘리베이터 트랙을 따라 수중에 있는 "도시세포"로 내려와, 긴 터널 같은 보행자 튜브를 지나 지금 우리가 살고 있는 CR 커뮤니티에 정차했다.

「우리는 지금 해수면 밑에 있는 거야.」아버지가 말했다.

천창 밖으로 보이는 얕은 해수면위로 금빛 햇살이 부서지고 있었다. 공중에서 보았던 물속의 작은 육각형 유닛이, 복잡한 도시의 가장 작은 단위인 이웃 개념과 비슷한 커뮤니티였다. 복잡한 도시의 도시세포 하나를 개조하여 36세대가 살 수 있게 만든 커뮤니티는, 공간적 이웃으로 복잡한 도시의 여러 시스템을 공유하고 있었다. 복잡한 도시에 처음 왔을 때 가장 적응하기 힘들었던 점은 이곳 복잡한 도시의 가장 중요한 교통수단이 보행이라는 점이었다. 얼핏 공간의 이동에 관해서만 이야기한다면 인간의 근력을 이용한 가장 원시적인 형태의 공간 이동방식이었지만, "복잡한 도시"에서 걷는다는 것은 공간이동 외에 많은 의미를 포함하고 있었다. 걷는다는 것은 문화와 감정의 표현이기도 하고, 대화의 시간이기도 하며, 휴식과 사색 그리고 사랑마저 포함하는 많은 의미가 담겨있다. 그런 개념으로 설계된 도시여서 그런지 보행공간은 가장 쾌적한 환경을 지닌 곳이었다. 창밖으로 보이는 바다에는 온갖 수중생물의 모습들을 볼 수 있고, 그것과 섞여서 벽면에는 항상 다양한 영상들이 비춰지고 있었다. 이곳에서 걷는 것은 하나의 유희이다. 사람들은 다양한 행위와 놀이를 함께하면서 걷는다. 걸으면서 이야기 하고, 걸으면서 영상을 보고, 걸으면서 게임을 한다. 심지어 걸으면서 간단한 식사를 하기도 한다. 이제 이곳에 적응한 성하는 제법 먼 거리도 걸어서 다닌다.

또 하나의 교통수단은 초전도 트랙이다. **초전도 트랙에 의한 물리적 공간 이동으로부터의 해방과 인공 지능화된 무인자기캡슐의 사용**은 공간개념을 조금 다르게 전개시킨다.

일상의 현실공간에서의 거리 '공간이동' 의 양이 그것을 위해 소비되는 시간과 에너지의 양과 비례하는 지상의 생활(일상의 현실 공간에서 벌어지는 물리적 현상들)은 물리적 공간의 거리가 그것에 대한 지각적 공간의 거리와 비교적 잘 일치한다. 예를 들면 "100m 떨어진 건물" 은 보행이라는 수단을 사용해서 공간을 이동할 때 발생하는 시공간의 감성적 물리량인데, 이 감성적 물리량은 다양한 공간 정보를 포함하고 있다. (인간은 초능력을 사용해 공간 워프를 하거나 날아다닐 수 없는데서 발생하는 물리적 한계). 즉, 100m라는 거리는 단순히 100m의 물리적 길이를 의미한다기보다, '그 거리를 걸어가는데 대략 1분30초의 시간이 소요되고, 그 시간동안 대략 몇 걸음을 걸어야 하며, 그에 따라 발생하는 근육의 피로도와 생리적 변화는 무엇이며, 그리고 공간이동시 얻어지는 시각 · 청각 · 후각 · 노면으로부터의 촉각 등의 공간정보는 어떨 것이다' 라는 등등을 모두 포함하는 말이다.

따라서 현실공간에서 거리(距離)란 그것의 물리량이나 인식량에 비교적 비례한다. 10Km의 거리를 걸어서 얻어진 인식거리는, 자동차를 운전해 이동하더라도 시각적 공간정보에 의해서 그 공간의 물리적 양과 비슷한 양으로 지각된다.

일상의 현실공간에서의 공간 정보 만일 당신이 시청 앞에서 전화로 30분 뒤에 친구와 종각근처의 XX카페에서 만나기로 약속했고, 이 카페의 위치에 대해서 정확히 모른다고 가정을 하자. 어떻게 목적지를 찾아갈 것인가? 우선 "종각 근처의 XX카페" 라고 말한 것은, 정보전달 매체로서의 언어와 두뇌의 기억용량이 가지는 한계를 극복하는 층위구조를 통해서 처리해야할 카페정보를 압축시켜 양을 최소화하는 방법이다. 즉 당신의 두뇌는 서울시 전체의 지도와 모든 카페에 대해 기억할 정보 저장 공간을 가지고 있지 못하므로, 당신은 카페와 연관지어 자신이 인지할 수 있는 가장 가까운 랜드 마크에 관해서 친구에게 물을 것이다. 그리고 그것을 단서로 랜드 마크인 종각과 현재 위치 사이의 공간정보를 검색하기 위해, 축약된 기억 속 3차원 지도를 펼치고 접근로를 찾을 것이다. 접근로가 결정되면 그 노상을 따라 현재의 위치와 랜드 마크를 기준으로 거리를 계산하고, 시간을 맞추기 위해 걸어갈 것인가, 뛰어갈 것인가, 택시를 탈 것인가를 판단하게 될 것이다.

종각까지만 도착하여 당신은 친구로부터 얻은 구강 언어로 기술된 공간 정보를 즉물적으로 관찰되는 공간정보위에 덧대어 약속한 카페로 찾아 가던가, 그것이 여의치 않으면 주변 사람들에게 XX카페의 위치에 대해 물어보고 약속장소로 접근할 것이다.

당신이 빛과 같은 속도로 공간을 이동할 수 있고, 어떠한 장애물도 통과할 수 있으며, 무한히 큰 기억 능력을 가지고 있어서 지구상의 모든 장소를 다 기억할 수 있다면?

만일 당신이 빛의 속도로 이동할 수 있는 질량을 가지고 있지 않은 여행자라고 가정한다면, 앞서 이야기했던 시청 앞의 어느 지점에서 종각의 XX카페로 가는 것과 뉴욕 맨해탄으로부터 종각의 XX카페로 가는 것은 어떤 차이가 있을까? 두 개의 출발점이 가지는 차이는 공간 좌표상에서 두 출발점과 약속장소의 물리적 이격 거리일 뿐, 각 출발점에서 XX 다방으로 접근하는 방식에는 별 차이가 없다. 당신이 빛의 속도로 약속장소를 향해 이동한다면, 시청에서 약속장소로 가는데 소요되는 시간은 2/300,000초이고, 맨해탄에서 약속장소로 가는 데는 8000/300,000초이다. 따라서 각 출발점에서 약속장소로 이동하는데 사용되는 시간은 분명히 약 4000배 차이가 나지만 이 두 량은 모두 여행자가 인식할 수 없는 아주 짧은 시간이다.

사용자의 인식에서 0.1초와 0.000025초는 기계적으로 측정하고 물리적으로 적용하는데 이 4000배의 시간은 엄청난 차이를 가진 숫자이지만 인간의 감성이 가진 시간감에서는 별반 차이가 없는 물리량이다. 차라리 1분과 한 시간의 사이의 단지 60배의 차이가 훨씬 크게 느껴진다.

무한히 큰 용량의 지리정보 데이터베이스를 가지고 있다면 특정 공간을 찾아가기 위해 랜드 마크를 사용하여 공간 정보를 압축 처리해서 목적지의 위치를 유추할 필요가 없다. 친구와 만나기로 한 장소가 종각이든, 부산의 광복동 한 모퉁이이든, 뉴욕의 뒷골목이든, 각각의 장소는 자신의 공간 인식체계 안에서 동일한 의미로 인식될 것이다.

이렇게 공간 기억을 저장하고 있는 인식체계에서 공간정보란, 주변의 풍경에서 얻는 공간정보와 지난 경험에서 축출하여 기억해낸 장소성 혹은 특정 위치 공간이 가진 기능성을 결합해 자신이 원하는 공간 서비스를 제공하는 공간으로 접근하는 것이 아니라, 공간좌표로 치환된 위치정보와 그것에 동기화된 공간의 기능이 될 것이다. 내가 가려고 하는 공간의 위치를 찾기 위해 공간 기억의 위계를 따라 검색하는 것이 아니라, 공간의 좌표와 기능이 하나의 공간 기호가 되고 그 기호의 위치가 자신이 가려는 장소이다.

빛처럼 공간을 이동하고 모든 공간과 장소를 기억할 수 있는 생명체는 자신의 공간을 어떤 방향으로 분류하고 연관지으려 할까? 이런 가정 하에서 공간의 정의는 공간 좌표상의 물리량 보다는 목적의 동질성 · 사회적 관습 · 공간 감성 등의 정성적 정보 거리에 따라 공간을 정의하려고 할 것이다. 이러한 공간에서 장소의 물리적 위치의 특성은 소멸되고, 그 공간의 특이성이나 혹은 그 장소의 정성적 성질만이 우리가 느껴야할 공간적 가치가 된다.

초전도 트랙에 의한 물리적 공간 이동으로부터의 해방 이 도시의 크기 즉 공간좌표상의 거리와 비교하면, 이곳 복잡한 도시의 초전도 캡슐은 빛의 속도로 움직일 수가 있어서 도시안의 장소를 이동할 때 그 장소사이의 이격거리는 사실상 의미를 잃는다. 한 예로 성하가 살고 있는 CR커뮤니티에서 가장 멀리 떨어져 있는 ZK커뮤니티까지는 가장 가까운 CS커뮤니티까지의 물리적 거리에 비해서 100배가 넘는다. 그러나 그곳에 가는데 소요되는 시간은 초전도 캡슐의 공간이동 특성상 결국 비슷하다. 수중에 있는 커뮤니티에서 출발한 초전도 캡슐이, 수직 이동트랙을 따라서 지표에 해당하는 플레이트 위의 트랙으로 상승한 후 다시 수평트랙을 따라 움직이기 위해서 준비하는 시간에 비해서, 플레이트 위의 수평트랙을 이동하는데 걸리는 시간은 극히 짧다. 때문에 복잡한 도시의 모든 장소로 가는데 걸리는 시간은, 비슷하게 대략 2분30초에서 3분사이이다.

인공 지능화된 무인자기캡슐의 사용 또한 성하와 가장 친한 캡슐 CR-2의 컴퓨터와 중앙 정보제어 컴퓨터는, 성하의「건축설계 강의실」이 SRP21A-23에 위치한 것과,「구조역학」강의실이 ASR31Q-26에 있는 것과, 그리고 그와 친구들이 자주 가는 에베레스트 등산 시뮬레이션 챔버(simulation chamber)가 RAA524-B2에 위치한 것 등의 "복잡한 도시"의 모든 공간 정보를 기억하고 있다. 성하 자신은 강의실들과, 자신이 좋아하는 장소뿐만 아니라, 자신의 집이 물리적으로 어디쯤에 위치해 있는지 전혀 알지 못한다. 똑같은 모양을 하고 다만 번호로만 구분되는 커뮤니티 코어와, 플레이트 위의 건물들을 두뇌의 공간지각을 위한 틀로 사용해 장소와 공간을 구분하는 것이 사실상 불가능하기 때문이다.
공간에 대한 모든 정보는 중앙공간제어 컴퓨터의 기억공간속에 저장되어 있고, 이것으로부터 전송되어진 정보에 따라 무인자기캡슐 CR-2는 GPS와, 복잡한 도시의 위치정보 단말기가 연동하는 GIS정보를 비교하여 성하가 가야하는 공간으로 데려다 주는 것이다. 성하는 자신이 살고 있는, 반능동형 해양생태계 복원도시를 사람들이 줄여서 "복잡한 도시"라고 부르는 이유 중에 하나가 이 도시의 공간구조 때문이라고 생각했다. 사용자의 인식이 컴퓨터의 공간정보와 분리된다면 이 도시는 도저히 빠져나올 수 없는 미로가 되지만, 컴퓨터의 공간 정보와 결합하면 공간을 마치 초공간처럼 사용할 수 있는 곳이다.

복잡한 도시의 공간은 두 개의 구조를 가지고 있다. 하나는 거주자가 복잡한 도시의 여러 메커니즘과 결합되어 생활하는 공간이고, 다른 하나는 기계와 독립되어 거주자 자신의 능력만으로 생활하는 공간이다.
후자는 주거 유닛이나 교통 캡슐 등의 복잡한 도시 시스템으로부터 분리되어, 거주자의 자력과 의지로 살아가는 공간을 말한다. (주위 유닛의 산책로, 작은 광장, 아이들 놀이터, 해상 플랫폼으로 가기 위한 엘리베이터, 초집향성 음향 터널, 화상 벽, 해저 조망대, 강의실, 극장) 이러한 공간의 대표적 예는 보행자 통로이다. 보행자 통로는 거주자가 자신의 공간지능과 보행능력만을 사용해야 하는 공간을 말한다. 사용자가 보행을 가장 편하게 할 수 있는 물리적 구조라 할 수 있는 경사도의 완만한 변화 · 리듬을 가진 노폭 · 보행에서 벗어날 수 있는 공간 등을 가지고 있는 동시에, 즐겁고 쉽게 공간을 인지할 수 있게 하는 다양한 정보들도 있어서 자신의 공간 기억만으로 원하는 목적지에 갈 수 있다.

전자는 복잡한 도시의 인공지능과 교통캡슐이 결합되어서 거주자가 사용하는 공간으로, 정보화된 유기적 공간이다. "지상도시"의 일반적인 패턴은 상호 연관되거나 동일 목적을 갖는 공간들을 같은 장소에 모아 놓는데, 이것은 공간의 특정 목적에 대한 정보를 얻기 쉽게 하기 위한 방법이다. 지상의 도시가 사용자의 인간공학적 개념을 중심으로 설계되었다면, 복잡한 도시는 인간의 구조적 한계를 인정하고, 복잡한 도시의 메커니즘이라 할 수 있는 인공지능 · 순환체계 · 신진대사의 시스템이 인간과 상호 유기적으로 혹은 신체의 일부분으로 작용하여 인간의 능력을 확장하도록 설계되었다. 즉, 복잡한 도시와 결합한 그 확장된 능력이 도시의 또 다른 공간으로 작용하도록 한다. 앞에서 예를 들었듯이 성하 자신은 건축설계 강의실(SRP21A-23)에 대한 3차원 좌표상의 위치를 알지 못하지만, CR-2나 중앙 정보제어 컴퓨터의 공간 정보에 의해서는 성하 자신이 원하는 강의실에 갈 수 있다.

마지막 시나리오 성하는 강의가 끝난 후, 친구들과 스타워즈5를 보기 위해 시뮬레이션 챔버(chamber)로 갔다. 스타워즈 챔버는 그리 크지 않은 공간으로, 몇 개의 조종간과 비행좌석, 콕피트의 계기들이 있고, 그리고 그 위에 HMDU(Head Mount Display Unit, 사이버 고글)가 놓여 있다. 아마 이번 영화는 우주선 조종을 많이 하게 되는 것 같다. 성하는 의자에 앉아 HMDU를 쓰고 안전벨트를 조여 맸다. 곧이어 카운트다운이 시작되고, 의자가 흔들리면서 눈앞에 여러 대의 우주선이 출발하기 시작했다.

순간순간 성하의 판단과 친구들의 의지가 상호 결합하여, 제국의 침략자를 쳐부수고 무사히 멋진 우주여행을 마칠 수 있었다. 성하에게는 오랫동안 기억될 영화이다. 그 아름다운 우주 공간의 신비한 현상들, 시간여행, 위기에서 구출한 아미달라와의 사랑 등... CR-2의 말대로 성하가 건축을 공부하는데도, 이번 공간의 체험은 오랫동안 영향을 줄 것이다. 집으로 돌아가는 길은 걸어서 가고 싶었다. 천천히 걸으면서 이번 영화의 공간체험을 잘 정리해서 기억하고 싶기도 하고, 다음 주 설계 강의시간에 발표할 공간계획도 짜고 싶기도 하고....

보행자 튜브에는 사람들이 많았는데, 반쯤은 사이버 고글을 쓰고 있었다. "복잡한 도시공간" 에서 같은 좌표상의 점을 지나고는 있지만, 그들은 결코 같은 길을 걷고 있지 않았다. 중앙 정보제어 컴퓨터가 제공하는 가상 환경 유닛과 영상 투영 모듈에 의해서, 어떤 사람은 바다 위를 걸으며 집으로 돌아가고, 어떤 사람은 산속의 오솔길을 따라 집으로 돌아가고 있었으며, 또 어떤 사람은 비록 혼자 걷고 있지만 연인과 같이 고궁을 산책하고 있었다. 물리량 중심의 환경에서 정보중심의 공간으로 변화한 공간. 그것이 바로 사이버스페이스(cyber space)와 결합된 공간이다.

(이 작업을 처음 시작한 1988년은 마크와이저가 유비쿼터스라는 개념을 처음 제시한 해로, 아직 널리 알려지지 않은 유비쿼터스 환경이라는 개념을 이해하고 있지 못했다. 때문에 이 글에 나오는 디지털 정보와 동기화된 물리적 공간의 정보는 대부분 현실공간과 결합한 사이버 공간으로 표현되고 있다. 따라서 유비쿼터스 환경에서의 디지털과 물리적 공간의 결합만큼 매끄럽게 두 개의 공간이 연결되지는 못했다.)

2. Ecourban-H1 수동적 생태계 복원시스템

수평 선형도시(水平 線形 都市) 모니터에 울창한 숲이 비춰지고 있다.

카메라가 가까이 접근하면서 나무들이 자세히 보이기 시작한다. 거대한 크기로 보아 세코야[6] 나무의 숲이거나 그 크기를 더 키우기 위해 유전자 조작한 변종인 것 같다. 최근에 성장 속도가 기존의 세코야 나무보다 20배 이상 빠르고 생장 환경도 자연 상태의 세코야 나무보다 넓은, 유전자 조작된 세코야 나무가 만들어졌다는 소식을 유전 공학 저널을 통해서 읽은 적이 있다. 아마 지금 보이는 컴퓨터 그래픽 속의 나무 모델은 그 거대한 크기로 봐서 유전자 조작된 세코야 나무를 모델로 사용한 것 같다.

나무에 비해서 난쟁이 같이 작아진 사람들이 오솔길을 따라 산책을 하고, 나무들 사이의 빈터에서는 아이들이 놀이에 열중하고 있다. 장난이 심한 녀석이 쓰러진 나무 그루터기 위를 언덕마냥 뛰어다니며, 연신 깔깔거리는 웃음소리가 숲으로 퍼져 나며 긴 잔향(殘響)을 남긴다. 겨울 숲을 시뮬레이트한 것인지 곳곳에 쌓여 있는 눈 더미가 깊은 한기를 느끼게 한다. 카메라가 옮겨가면서 겨울의 햇빛을 즐기기 위해 안락의자처럼 깎아진 나무 그루터기에 기대앉아 하늘을 바라보며 담소를 나누는 사람들의 모습이 보인다. 세코야 나무의 크기에 비해 나무 잎이 워낙 적은 탓일까? 나무들이 빽빽하게 들어차 있는 숲 속인데도 햇볕이 제법 따갑게 지면(地面)까지 닿아 야생화들이 화려한 겨울 정원을 이루고 있다. 나무줄기와 커다란 그루터기를 따라 야생 다람쥐와 토끼가 바쁜 듯이 달려가고, 사람들이 앉아 있는 곳에서

6) 남부 캘리포니아 세코야 공원에 자생하는 침엽수; 세코야 나무는 수 천년 이상 성장하며 키는 100m에 가깝고, 성장하면 무게가 6000톤에 달한다. '제너럴셔먼' 이라 이름붙여진 세코야 나무는 그 밑동의 직경이 12.4m이고, 가장 큰 가지의 직경은 3.8m나 된다. 지구상에 존재하는 가장 커다란 생명체인 이 나무는 수령이 3,000년이 지난 지금도 가장 빠른 속도로 성장하고 있다.

조금 떨어진 관목 뒤에는 사슴이 숲을 뛰노는 아이들을 구경하고 있다. 비록 겨울 풍경이지만 생명력이 가득하게 느껴진다.
그러나 아무리 보아도 수백 년 전에 쓰러져 버린 것 같은 세코야 나무의 거대한 잔해 외에, 수평선형 도시 시뮬레이션이 보여주려는 **도시**(都市; Ecourban-h1)는 커녕 사람이 살 수 있는 공간이라곤 오두막집조차도 보이지 않는다. 숲의 정취에 빠진 사람들의 모습이 아니라면, 이곳이 사람들이 살고 있는 곳이라고 추측할 흔적은 겨우 나무사이를 오가는 좁은 오솔길이나, 평평한 지면위에 잘 다듬어진 잔디가 덮인 공간들 그리고 빈터에 서 있는 나무로 거칠게 만든 목마들뿐이다.
"가죽옷을 걸쳐 입고 돌도끼라도 한 손에 들고 나무 그루터기 속에서 살란 말인가? 이런 원시림이 사람들이 사는 공간이라면.... "
화면에 레이저 포인터가 그리는 붉은 십자선이 특정한 위치를 비추면서 클로즈업 되었다. 포인터가 지나가는 선을 따라 위치한 지면은 다른 곳보다 불룩하게 나와, 마치 두더지가 땅을 헤집고 지나다닌 흔적인 것처럼 이리저리 뻗어 있었다. 포인터가 계속 오른쪽으로 움직여가고 그것을 따라 카메라가 움직이자 오른쪽 화면 끝에서 둑으로 보이던 것이 낮은 경사로 천천히 지면으로 솟아오르고 있었다. 여전히 표면은 짙은 풀과 이끼로 뒤덮여 있지만 오래전에 쓰러져 한 끝이 땅속에 묻힌 나무처럼 일부는 지표면에서 조금 떨어져 있어 더 이상 불룩한 둔덕으로만 보이지는 않았다. 점차 나무와는 다른 다양한 단면을 가진 구조물의 형상으로 보이고 표면을 따라 무성하게 자란 이끼류 식물 사이로, 창문과 출입구인 듯 흐릿한 유리 구조물이 보였다.
화면이 조금씩 옆으로 이동해서 시점이 바뀌면서 숨겨져 있는 창과 그 창 너머로 강렬한 색채를 지닌 세련된 디자인의 구조물들이 눈에 보였다. 둑

같이 혹은 쓰러져있는 커다란 나무둥치같이 보이던 구조물 내부에는 제법 커다란 주거용으로 보이는 공간이 있고 그곳에 살고 있는 듯이 보이는 사람들이 음식을 조리 하거나 아이들과 이야기 하는 모습이 보인다. 내부공간을 비추고 있는 면조명은 온기를 띄우고 있다.

다시 카메라의 방향이 위로 향하면서 세코야 나무의 가지가 있는 곳에는, 세코야 나무와는 모양이 조금 다른 커다란 가지 같은 것이 나무에 기대어 공중으로 복잡하게 뻗어 있었다. 그러나 자세히 보면 이 가지들은 원형이 아닌 삼각형에 가까운 단면을 가지고 있고, 특히 마디부분은 투명해서 햇살이 투과되고 있다. 카메라의 시점이 좀 더 높은 곳으로 이동하면서 투명한 창 사이로 아까 보았던 지표의 주거와 비슷한 디자인의 공간들이 보인다.

컴퓨터 그래픽으로 만들어진 **수평 선형도시**(水平 線形都市; Ecourban-h1)의 모습이 화면에서 반투명하게 페이드 아웃되며, 그것에 겹쳐진 화면위로 구조물들의 기계적 단면 이미지들이 투영되고 있었다. Ecourban-h1의 대략적 구조는 숲의 지표와 지하에 3 개의 튜브가 단면상으로는 삼각형으로 배치되어 지면을 따라 뻗어 있고, 대략 그 삼각형의 중심이 되는 곳에 조금 직경이 작아 보이는 관이 놓여 있다. 이 네 개의 관은 175m 마다, 이것을 직각으로 연결하는 작은 구경의 관으로 이어져서 네 개의 튜브가 서로 연결된 구조이다.

시뮬레이션에서 본 **수평 선형 도시 Ecourban-h1의 튜브**의 모습을 정리해 보면 다음과 같다.

A 부분 (물류관 物流管**)** : 지하에서 오른쪽에 위치한 복잡한 단면의 여러 작

은 관으로 조합된 튜브는 물류관이다. 수평으로 조금 긴 단면의 물류관은 3부분으로 나뉘어져 위층 공간에는 기체가, 아래층 공간은 액체가 흘러 다니며, 좌측으로 치우친 중간층의 공간은 고형물질이나 소량의 분리가 요구되는 기체 혹은 액체를 담은 컨테이너를 운반한다.
튜브를 흐르는 각기 다른 종류의 액체는 하나의 튜브를 통해 흘러가지만, 튜브를 흐르는 액체의 위치와 시간에 의해 분리된다. 즉, 성질이 다른 액체가 하나의 튜브를 시분할 사용해 흘러가는데 예를 들어 액화 가스의 시작과 끝에 그 가스가 가지고 있는 특성 · 목적지 · 처리 방법 등의 정보가 입력된 메신저 칩을 띄워 보내면, 칩은 관 내부에 있는 센서와 정보를 교환해 성격이 다른 액체를 분리하여 목적한 곳으로 흘러가도록 튜브의 개폐를 조절한다.

B **부분 (트랜스포테이션 튜브)** : 물류 튜브 좌측으로는 평행하게 트랜스포테이션 튜브가 지나간다. 단방형 타원의 튜브 공간은 물류 튜브와 같이 두 부분으로 나눠지는데, 두 개로 분리된 튜브의 위층 공간에서는 흰색의 초전도 슈트(컴퓨터에 의해 벡터량이 변환되는 자기장(磁氣場)에 떠서 트랜스포테이션 튜브 안을 이동할 수 있게 하는 자기복(磁氣服), 이것을 입으면 이 옷과 튜브 내부의 자기장이 반발을 일으켜 사용자를 공중에 뜨거나 전후좌우로 이동할 수 있게 한다.)를 입은 사람들이, 슈트와 튜브의 자기 반발력에 의해 바닥에서 약 25cm 정도 떠올라, 미끄러지듯이 튜브 안을 30~45km 정도의 속도로 이동한다. 슈트의 입력 슬릿에 꽂은 소형 컴퓨터에 입력한 목적지까지 튜브의 자기장을 조절해 이동할 수 있게 한다.
트랜스포테이션 튜브의 **아래층 공간**에는 장거리 이동을 위해 진공튜브 속을 고속 이동캡슐들이 자기 반발력으로 시속 500 ~ 2000km의 속도로 달리고 있었다. 튜브는 5800m 마다 한쪽으로 마디가 굵어져 있어 이곳에 진공

터널로부터 빠져 나온 고속 이동캡슐이 정차할 수가 있다.

수평 선형도시 Ecourban-h1의 **교통시스템**은 크게 네 가지로 구성되는데 장거리 고속이동을 위한 **진공터널의 고속이동캡슐**, 주거 튜브의 보행자 공간, 그리고 **보행자 공간**과 진공 터널 고속 캡슐 중간 속도의 **초전도 튜브공간**과, **부유 엘리베이터**이다. 이 네 개가 결합한 교통 시스템은 모두 사용자의 휴대용 컴퓨터에 내장된 항법(航法 Navigator)장치와 연결되어 있어 거주자가 가려는 목적지를 입력하면 캡슐을 호출하거나 트랙의 선택 방향 그리고 보행자를 위한 가로의 선택 등을 제어해, 트렌스포테이션 유닛과 공간을 이동하는 거주자들이 정보를 주고받아 유기적으로 도시 공간과 교통시스템을 사용할 수 있게 한다.

C부분 (비상용 튜브) : 네 개의 튜브 중에서 삼각형의 중심에 있는 가장 작은 단면을 가지고 있는 원형단면관은 정보전송 케이블을 수용하는 공간과 3개의 공간을 연결하고, 비상시 다른 3개 튜브의 역할을 대신하거나 이동이나 수리를 위한 예비 공간을 가지고 있다. 이곳이 가진 또 하나의 기능은 선형도시의 인공 생명체들이 사는 외부의 자연과는 다른 디지털 혹은 기계적 생태계를 담고 있는 공간인 점이다. 미케노 스피어라 할 수 있는 이곳은 선형도시 시스템을 유지하는 로봇화된 기계와 디지털 생명들이 살고 있다. 이곳에 사는 기계 혹은 디지털 생명체들은 Ecourban-h1의 성장과 유지에 필요한 정보와 기계적 장치이면서, 또한 독립된 시스템으로 개체화되어 버린 이들은 이곳에 살면서 선형 도시 Ecourban-h1의 각 부분을 성장시키거나 유지하는 역할을 한다.

D 부분 (주거공간 튜브) : Ecourban-h1을 구성하는 네 개의 튜브 중 가장 높

은 위치에 있는 주거 튜브는 숲 속으로 복잡한 선형패턴을 보이면서 펼쳐져 다른 주거 튜브와 보조관으로 서로 이어져 있거나, 근린 커뮤니티를 위한 접시형 구조물에 연결되어 있다. "주거 튜브"는 단면상에서 보아 4개의 영역으로 나눌 수 있다.

첫째, 오른쪽 작은 단면의 **낮은 삼각형의 튜브**는 유보도(流步道)와 보행공간으로 구성된 이동 공간으로, 근린 생활 시설과 주거공간을 연결시켜 주거나 장거리 트랜스포테이션 튜브로 가기 위한 공간이다. 유보도는 낮은 속도(시속 5-15km)로 튜브를 흐르는 보행 보조 장치로 거주자의 행동반경을 넓혀주는 근린 생활의 기본 설비이다.

수평 선형 도시는 숲과 같이 육상 생물이 번성한 생태계와 공존하는 거주공간으로, 기존의 생명이 자라는 장소 혹은 영역을 피하기 위해 공간 유연성이 높은 튜브형 구조를 선택했고, 그 결과 거주자의 공간 이동 거리가 길어졌으므로 유보도는 선형도시를 구성하는 중요한 역할을 한다. 하지만 보행자 튜브는 공간 이동 역할뿐 아니라 공동체를 유지하기 위한 매개 공간(마을의 골목길과 같은)으로 거주자의 심리적인 포만감을 끌어내기 위한 요소를 가지고 있어야 한다.

보행자 튜브는 길이가 25m로 가장 작은 모듈인 "세그먼트"로 나눠지고, 5개의 "세그먼트"가 모여 하나의 "섹터"를 이루며, 5개의 "섹터"가 모여 "길" 을 만든다. 다시 5개의 길이 모여서 하나의 "선"이 되고, 이 선은 3125m로 "튜브"의 단위 부분이 되는 것이다. 튜브 하위의 모듈은 상위 모듈이 가진 위계를 따라서 분해된다. 만일 상위 위계인 "선"의 공간분할 속성이 색(色)이라면, 하위의 "길" "섹터" 유닛 역시 같은 영역을 의미하는 색을 가진다.

둘째, 튜브의 표면은 주거 튜브와 외부의 자연을 연결 혹은 차단하는 선택적 투과성을 지닌 완충공간이다. 완충공간의 역할은 선형 도시의 설계 개념인 생명체로서 인간 생명 유지에 필요한 대사를 제외한 모든 행위를 자연에서 격리시키는 것이다. 즉 숨을 쉬거나 · 자연에서의 휴식을 취하거나 · 음식을 먹거나 · 배설을 하거나 등의 생태계 사이클 내에서 이루어지는 것과 똑같은 행위 이외의 모든 것이 주변 자연으로부터 격리되는 것이다. 이 튜브들은 물리적 공간에서는 자연과 함께 있지만, 생태적으로는 분리되어 인간 자신을 제외한 도시에서 생산되는 모든 물질들이 자연으로 배출되는 것을 제한하는 역할을 한다.

완충 공간은 튜브를 따라 숲의 모든 곳으로 갈 수 있지만, 도시 문명체로서의 자신과 관련된 행위가 튜브 밖으로 연장될 수는 없다. 즉, 도시 거주자가 튜브 밖의 자연 환경으로 나갈 때 공업적 생산물을 가져갈 수 없다. 자연과 선형도시는 지표상의 같은 점을 공유하지만, 이들은 서로 다른 생태 공간에 존재한다.

셋째, 선형도시의 메타볼리즘을 외부의 자연과 격리시키기 위해 폐쇄 루프로 이루어진 순환 **튜브**이다. 이 튜브는 생명체가 열린 계(系)를 형성하여 생명을 유지하는 것 같이, 외부 자연 환경에서 분리시키고 이 폐쇄회로를 통해서 대사(代謝)를 유지한다. 선형도시 거주자의 배설물조차 도시의 대사를 위한 물질로 재생되는데, 거주자의 호흡에서 발생하는 이산화탄소를 제외하면 어떠한 부산물도 폐쇄계 밖으로 누출되지 않고 회수되어 광합성 유닛에서 산소와 탄수화물로 재합성되어 선형 도시 거주자와 다른 생명체의 식량과 공기로 공급된다.

넷째, 왼쪽에 가장 큰 단면을 가진 공간으로, 선형도시의 주거 유닛들이다. 삼각형 단면의 두 공간은 개폐를 조절할 수 있는 껍질로 둘러싸여 있어, 외부와 단절되기도 하고 자연에 개방되기도 한다. 주거 공간을 따라가 보면 밋밋한 튜브처럼 보이나, 자세히 보면 단일의 긴 튜브가 아니라 기차처럼 조금씩 다른 단면을 가진 각각의 모듈이 연결되어 있다.

선형 도시(Ecourban-hl)의 기본 구조는 모든 시설이 튜브로 연결된 폐쇄 회로여서 인간이 문명을 유지하는 과정에서 발생시킨 부산물들이 회로 밖의 자연에 영향을 주지 않으면서, 내부공간은 외부환경에서 발생할 수 있는 위험으로부터 보호되는(숲의 화재같이 돌발적으로 발생하는 위험으로부터) 두 개의 목적을 이루고자 하는 모양이다. 즉 생태계가 번성해있는 자연 공간을 있는 그대로 보존하면서 그곳에 도시를 지어, 자연 환경의 친생명적 공간을 인간의 삶으로 끌어 들이는 것이다. 기존의 생태 요소들이 그대로 생태계 속에 보존되면서 인간이 생존하는 공간으로 전용되어야 하므로, 이 도시에서 도시 문명의 구성단위로서 인간의 행위는 생태계로부터 격리된다.

3. Ecourban-V1 능동적 생태계 복원시스템

1) 수직선형도시(垂直線形都市)

수평 선형도시 Ecourban-h1이 생태계가 번성한 곳에 자연과 공존하는 도시공간으로 지어져 더 이상의 자연 파괴가 진행되지 않도록 하는 수동적 '생태복원' 구조를 띠고 있다면, 수직 선형도시 Ecourban-v1은 자연이 이미 파괴되어 생명이 살수 없게 된 환경을 생명체가 번성할 수 있는 공간으로 재활하는 능동적 생태계 복원 계획이다. Ecourban-v1의 번성은 유기생명체가 살 수 없는 극한의 환경을 인간과 자연이 함께 살아갈 수 있는 온화한 공간으로 변화시킬 수 있으므로, 생태계를 지구상의 불모지에까지 확장해 지구의 생명 밀도를 높이는 도시 디자인이다.

기온이 아주 낮은 지역이나, 사막 혹은 고원 같이 건조하여 생명이 살 수 없는 조건의 환경에 Ecourban-v1이 파종되어 성장하면, 인공생태계로서의 도시 구조물 Ecourban-v1이 의사(擬似) 생명체로서 대사에 의해 여러 부산물을 주변에 방출하고, 이 과정이 척박한 주변 기후를 생물들이 살아갈 수 있는 온화한 환경으로 바꾸는 것이다.

그 예로, Ecourban-v1의 광합성 모듈 크로로팬-3(CHLORPAN-3)는 광합성 과정에 대량의 지하수를 사용하는데, 지하수 중 일부는 탄수화물로 합성되지만, 대부분은 광합성 공정에서 촉매 혹은 반응 환경유지 등의 보조 역할을 한 후 대기로 방출된다. 이렇게 방출된 수증기는 대기의 습도를 높여 기온변화를 완화하는 등의 생존 조건을 조절해 주변의 미세기후(micro-climate)를 생명체가 살기에 적합하도록 변화시킨다.

Ecourban-v1은 사막화 과정을 역으로 뒤집는다는 개념에서 출발했다. 자연에서 발생한 유기 생명체들은 몇몇 종을 제외하고는 사막과 같은 극단의 환경에서 생존할 수 없고, 사막 환경의 적응에 성공한 종일지라도 종족보존 보다는 개체유지의 생명 알고리즘으로 진화되어 주변 환경을 변화시키는 환경 대사 능력들이 극히 감소한 종들이다. 이러한 종들의 진화는 자신의 생존 환경을 능동적으로 생존에 유리한 공간으로 변화시키기보다 그 환경에 적응하는 것에 초점을 맞춘다.

만일 사막에 아주 깊게 뿌리를 내릴 수 있는 종의 나무들이 있다면, 거대한 호수를 지하 깊은 곳에 가지고 있는 사막의 지표공간에 서식하면서도 그 지하수를 사용하여 광합성을 할 수 있고 그 결과 온화한 기후의 대기로 변환시킬 수 있을 것이다. 깊고 강인한 뿌리를 가진 Ecourban-v1에게 사막은 호수처럼 물로 가득찬 공간이며, 무한의 생존 에너지를 제공하는 강렬한 햇살이 맘껏 비치는 최상의 서식 장소가 된다.

지구가 가진 물의 87%가 해수인 반면, 지표의 표층수는 0.03% 밖에 되지 않는다. 사막에는 그나마 표층수가 거의 존재하지 않는다. 하지만 표층수의 430배에 달하는 지하수는 생명체가 그것을 사용할 능력만 가지고 있다면, 사막은 가장 풍부한 수원을 가진 생존 영역이 되는 것이다. 1km가 넘는 Ecourban-v1은 뿌리로는 사막의 깊은 곳에서 흐르는 지하수를 끌어들여 광합성을 하고, 성장하면서는 개체수를 늘려 군집을 형성하여 공기 중으로 증발시키는 수분의 양이 증가시키고, 그 결과 습도가 증가한 사막을 주야간 기온 변화의 폭이 작아져 동식물이 살 수 있는 온화한 기후로 변화시킨다. 이렇게 변화한 기후는 대기에 더 많은 수분을 저장하고, 그 결과 강우량이 증가하는 양(PLUS)의 피드백을 반복하게 된다.

생태계 역시 초기에는 비교적 건조한 지역에서 자라는 식물이 서식하지만 점점 더 커다란 바이오매스를 가진 식물이 번성하게 된다. 그 결과 동물이 살 수 있는 환경으로 변화한 지역은 더욱 더 많은 종의 동식물을 불러들여 결국 풍성한 생태계를 형성할 수 있을 것이다.

광합성 과정에 의한 또 하나의 중요한 작용은 대기 중 이산화탄소의 감소이다. 광합성을 통해 이산화탄소를 흡수하고 그것을 탄수화물의 형태로 저장한다면 대기의 이산화탄소 함유량은 감소하고 기온은 떨어진다. 이러한 생태계가 주도하는 환경의 변화는 지구상에 원시 생명이 출현한 이래 계속되어온 과정이다.

성체로 성장한 후 Ecourban-v1의 공동공간(空洞空間: 인간이 거주할 수 있도록 비어 있는 공간)이 인간이 거주하는 도시로 전용되는 것만이 의사 생명체 Ecourban-v1의 생명 본질이 아니다. 몸속에 살고 있는 세균들이 인간은 자신들을 배양하기 위해 만들어진 껍질이라 주장하는 것이 인간들 입장에서는 별로 유쾌하지 않는 것처럼, 수직 선형도시가 설계되었을 때 Ecourban-v1은 생태계의 한 부분으로 즉, 생물권내에서 생태 사이클의 한 부분으로 존재하는 것에 의미를 두고 디자인 되었다.
Ecourban-v1과 동의어인 수직 선형도시가 가진 의미의 대부분은 인간을 수용하기 위한 도시구조물로써가 아니라, 생태계를 이루는 하나의 종으로 다른 생명들과 함께 조화를 이루며 자연에 존재하는 것이다. 인공생명체 Ecourban-v1의 첫 번째 씨앗은 인류 문명에 의해 잉태되어 생태계로 옮겨졌지만, 자연 속에서 스스로 성장해 자손을 낳고 꿈꾸며 언젠가는 자아를 발견하게 될지도 모른다.

수직선형 도시 Ecourban-v1의 모양과 성장 알고리즘은, 작지만 깊고 억센 뿌리를 가진 민들레가 척박한 박토에서 성장하는 과정을 차용한 것이다. 들풀인 민들레와 Ecourban-v1을 구성하는 물질의 분자구조가 전혀 다르지만, Ecourban-v1의 광자기 유전자가 간직하고 있는 생존 알고리즘은 민들레가 가진 유전자에서 읽어내 디지털부호로 기록한 것이므로, 이 두 종의 생명체를 생물학적 분류체계로 나눈다면 같은 종에 포함시켜야 할 것이다. 봄이 오면 민들레는 겨울을 보낸 씨앗상태에서 깨어나 잔뿌리를 땅에 내리고, 햇빛이 떡잎을 자극하게 되면 유전자는 잎의 세포에서 엽록소를 만들어 낸다. 엽록소는 땅속을 흐르는 물과 공기 중의 이산화탄소 그리고 햇빛을 섞어 자신의 생존에 필요한 유기물을 합성한다. 민들레의 유전자는 언제 잠에서 깨어나고 어떻게 자라나서 자신과 닮은 자손을 복제해야 하는지를 알려주는 정보를 담고 있다. 그리고 자신의 유전자를 그 자손에게 물려준다. 이러한 생존의 과정은 그대로 디지털 정보로 해석되어 Ecourban-v1의 광자기 유전자에 기록되고 광물질 세포를 통해 발현된다.

2) Ecourban-V1의 성장

Ecourban-VDS, 발아기(發芽期) 컴퓨터의 가상 사막의 어느 장소에 Ecourban-v1의 씨앗인 Ecourban-VDS가 심어졌다. 검은색 금속 질감 표면의, 대략 장반경 35m 단반경 20m인 타원형 Ecourban-VS는 지표면으로 부터 17도 기울어진 상태로 모래에 반쯤 묻혀 있다. 극지방 같이 저온의 환경에 심어지는 Ecourban-VDS는 햇빛을 잘 흡수할 수 있는 검은 색 표면을 가지고 있다.

커다란 박씨 모양의 Ecourban-VDS는 지표면에서 약간만 묻힌 상태로 파종된 후 씨앗의 바닥에 있는 바퀴모양의 굴착장치 몇 개가 흙을 헤집고 땅 속으로 파고 들어갔다. 땅 속으로 들어가는 속도가 너무 느려 그 변화를 읽을 수 없었지만, 1개월 정도 지나면 씨앗은 완전히 흙 속에 묻혀 지상에서는 그 모습이 보이지 않는다. 지상에서는 자세하게 보이지 않아 씨앗이 파고 들어간 흔적을 찾기 힘들지만, 공중에서 보면 Ecourban-VDS 씨앗이 파종된 사막에는 군데군데 곤충이 파헤친 흔적처럼 흙더미가 약간씩 솟아올라 흩어져 있는 것이 보인다. 이런 흔적이 있는 곳의 지하에서는 Ecourban-VDS 씨앗이 깨어나기 위한 바쁜 움직임이 일어나고 있다.

Ecourban-VDS의 내부는 유기생명체들의 체액과 비슷한, 불투명한 액체로 가득 차 있다. ECO-BLD32-B4 현탁액으로 불리는 인공 생명체의 체액(혈액)은 검붉은 색깔을 띠면서 불투명하고 꿀처럼 점성이 강한 액체이다. 이 체액은 순환 공간을 천천히 흘러 다니면서 Ecourban-VDS가 씨앗에서 깨어나서 성장하고 생명을 유지할 대사가 지속되도록 필요한 재료들을 각 기관에 전달하는 역할을 한다.

동물의 혈액과 비슷한 특성의 체액이 식물을 닮은 Ecourban-v1의 성장 메커니즘이라는 것이 낯설지만, 거대한 크기의 Ecourban-v1이 지속적으로 빠른 성장을 하기 위해서는 능동적인 물질 공급이 필요하기 때문에 두 개의 개념을 하이브리드 시켰다. Ecourban-v1의 성장과정에서 동물의 혈액에 해당하는 ECO-BLD32-B4 현탁액의 중요한 역할들은, 다른 유기동물들의 혈액과 마찬가지로 물질(혈액이 영양소와 산소를 운반하는 것)의 운반과 순환기 시스템의 자정기능과 자가 면역 기능이다.

큰 비중과 점성의 ECO-BLD32-B4 현탁액은 혈장을 떠다니는 백혈구와 적혈구 그리고 혈소판같이 몇 가지 입자들을 가지고 있다. 그 입자들은 크게 두 가지로 나눌 수 있는데, 그 하나가 현탁액을 부유하는 부품 모듈들이고 다른 하나는 조립 장치를 담고 있는 컨테이너로써 부품모듈과 비교했을 때 부피가 커 쉽게 구분할 수가 있다. 부품모듈은 직경이 50mm 정도 되는 작은 구형의 입자들로 현탁액의 흐름과 함께 순환기 공간을 흘러 다닌다. 이 부품 모듈들은 다시 두 가지로 나눌 수가 있는데, 하나는 부품으로 가공되지 않은 물성재료로서의 금속입자들이고 다른 하나는 이미 가공된 부품 입자들이다. 전자는 그저 단순히 물질 재료를 필요로 하는 과정이나 기관에 전달되어 그것을 가공해서 사용해야하는 원료인 것에 반해, 후자는 이미 가공된 금속 혹은 세라믹재의 고유번호를 가진 표준부품이다. 이 금속 재료들은 현탁액과 함께 Ecourban-v1의 순환 시스템을 돌면서 성장이나 보수를 위한 부품을 필요로 하는 각 기관으로 전달된다.

ECO-BLD32-B4 현탁액에 부유하는 또 다른 입자들은 직경이 약 1m 정도 되는 둥근 원반형의 부드러운 표면을 가진 컨테이너들이다. 컨테이너는 보다 복잡하게 조립된 장치나 부품을 직접 전달하거나 정상적으로 작동하지 못하는 순환 시스템을 보수하는 기능이 있다.

앞서 말한 부품모듈이 순환기 속을 떠다니면서 현탁액이 흘러가는 데로 이동하다가 그 부품을 필요로 하는 곳에 도달하면 흡수되는 것에 비해, 컨테이너는 현탁액으로 방출될 때부터 특정 목적지를 가지고 있고 그 목적지로의 능동적 이동이 가능해 빠른 반응을 요구하는 과정에 적당하다. 하지만 이 컨테이너는 현탁액의 전체적인 흐름과 상충되어 부품입자의 진행을 방해할 가능성이 있으므로 현탁액을 방출하는 것을 최소화하여야 한다.

Ecourban-VDS의 몸체가 땅속에 묻힌 후 1년의 시간이 흘렀다. Ecourban-VDS가 성장할 주변 환경에 대한 자료들이 배아 컴퓨터의 자료파일에 모아졌다. Ecourban-v1의 기계생명이 시작될 시간임을 판단한 배아 제어 컴퓨터는 광자기 유전자를 담고 있는 메인컴퓨터의 스위치를 켰다. 광자기 디스크가 유전자 모듈의 나선형 선반을 따라 회전하기 시작했다. 레이저 픽업이 나선형 선반에서 빠져 나온 첫 번째 광자기 디스크를 읽어 나갔다. 유전자 모듈에 담겨 있는 생존 알고리즘을 메인컴퓨터에 전송하면서 Ecourban-v1의 생명은 시작됐다.

생존알고리즘이 해야 할 첫 번째 작업은 심장을 뛰게 하는 일이다. 배아 컴퓨터에서 주변 환경에 대한 자료를 읽어 온 메인컴퓨터는 심장을 뛰게 할 프로그램을 짜기 시작했다. 메인컴퓨터는 깊은 생각에 잠긴 것처럼 한참 동안을 아무런 움직임 없이 입력된 환경자료와 씨앗이 가지고 있는 성장능력을 비교하고 있었다. 씨앗은 이미 자신이 가지고 있던 에너지를, 주변 환경 분석 작업에 많이 소비했기 때문에 핵융합로를 가동시킬 때까지 심장박동에 사용할 에너지의 정확한 예측이 필요했다.

〈 정상 가동 상태에서 3분 16초마다 1회의 박동 〉

심장을 움직이는 모터가 낮은 쇳소리를 내면서 회전하기 시작했다. 느린 고동소리로 Ecourban-VDS의 심장이 ECO-BLD32-B4 현탁액을 혈관으로 밀어냈다. 천천히 심장의 고동이 씨앗으로 퍼져 나갔다. 메인컴퓨터는 연결된 센서가 보내는 정보가 아니더라도 혈관 벽을 타고 전해 오는 느린 리듬에 의해 심장이 정상적으로 작동하고 있음을 느낄 수 있었다. 씨앗의 심장이 첫 박동을 시작했을 때 혈관 속을 흐르는 현탁액의 대부분은 뿌리가 만들어지는 기관으로 흘러갔다.

뿌리를 만드는 기관인 ECO-RT-A는 주변을 지나가는 가까운 혈관에 부품모듈 분리장치를 연결시켜 혈관을 흐르는 현탁액으로부터 뿌리를 만드는데 필요한 부품모듈을 걸러냈다. 세척된 부품모듈들이 조립장치에 의해서 지하 암반을 굴착할 수 있는 커다란 장비로 만들어 졌다.

일단의 굴착장비들이 조립되기 시작하면서 씨앗이 가지고 있는 모든 성장능력은 지하수를 찾는데 동원되었다. 메인컴퓨터의 연산능력은 단지 지하수의 위치를 시뮬레이트하는 작업에 사용되었고, 순환기 공간을 흐르는 현탁액을 떠다니는 부품모듈은 모두 굴착장치를 조립하기 위한 것들이었다. 메인컴퓨터는 에너지 소모 비율을 측정하면서, 지원 가능한 모든 시스템을 동원하여 지하수를 찾았다.

배아컴퓨터의 데이터가 가지고 있는 지하수의 위치를 따라 굴착관들이 암반을 뚫고 지하로 내려갔다. 지표면에서 350m쯤 내려갔을까? 사막의 지하를 천천히 흐르고 있는 물줄기의 차가운 느낌이 굴착관의 센서에 전해져 왔다. 배아컴퓨터가 가지고 있는 지하수위 데이터가 계절적인 변화를 고려하면 58cm의 오차가 있었다. Ecourban-VDS는 게걸스러울 정도로 급하게 지하수를 빨아들이기 시작했다. Ecourban-VDS는 파종된 유기생명체의 씨앗보다도 더 절실하게 물을 찾았다. 유기생명체에게 있어서 물이 대사에 필요한 에너지를 나르는 매개물이라면, Ecourban-VDS에게서 물은 개체를 보존하기 위한 생명에너지 그 자체이다. 지하수에서 분리해 낸 중수소와 Ecourban-VDS의 삼중수소가 중앙에 있는 핵융합로에서 에너지로 변환되어, Ecourban-v1의 주 핵융합로가 만들어지기까지 Ecourban-VDS의 생명을 유지시켜 준다.

지하수에서 분리된 중수소(Deuterium)기체가 단열재로 두껍게 싸인 가는 금속관을 따라 토카막 핵융합로에 공급되었다. 교반기 탱크에 중수소 가스가 가득찬 것을 알리는 센서의 경고음이 핵융합로를 조정하는 시스템의 굵은 회로를 타고 메인컴퓨터로 전달되었다. 메인컴퓨터는 무엇인가 복잡한 생각(연산)을 정리하기 위해 잠시 멈추어선 듯 보이다가 마침내 자그마한 검은 합금재 탱크의 밸브를 열었다. 빨간색으로 칠해진 튜브를 따라 강한 방사선을 내뿜는 삼중수소가 핵융합로의 교반기 탱크로 흘러들었다. 교반기의 두꺼운 탱크 안에서 빠른 속도로 회전하는 날개에 의해서 지하수에서 분리해 낸 중수소와 Ecourban-VDS가 지난 3년 동안 간직하고 있던 삼중수소가 섞이기 시작했다.

몇 분쯤 지나자 반대편 밸브가 열렸다. 혼합된 수소기체가 예열기의 세라믹 탱크로 옮겨졌다. 예열기는 혼합 기체를 4000도 까지 가열했다. 수소 핵의 주변을 맴돌던 전자들이 자유전자로 분리되어 플라즈마 상태가 된 수소와 토카막 핵융합 장치의 토로이달 공간으로 흘러들어 갔다. 가열된 고온의 수소 기체들이 전자를 잃어버린 플라즈마 상태에서 강력한 자장에 묶여 도넛 모양을 한 융합로 고리모양의 축 중심으로 몰려들었다.

붉은 불덩어리같이 보이던 수소원자가 계속 가열되면서 수은등처럼 푸르스름하게 빛나기 시작했다. 여러 개의 레이저 빔이 수소 플라즈마를 더 높은 온도로 가열하기 위해 한 곳으로 집중 조사되었다. 가끔 레이저 빔이 만나는 곳에서 임계온도까지 가열된 중수소와 삼중수소의 핵이, 높은 온도에 못이겨 핵융합을 일으키면서 아크 방전 같은 밝은 빛을 방출했다. 수소원자가 한 번 반응을 일으킬 때마다 토카막 핵융합로의 작은 창에서 뿜어져 나오는 빛은 피사체를 하얗게 만들어 버리는 과노출 사진처럼 모든 것들을 지워 버릴 듯이 퍼져 나갔다.

복사 온도계가 가리키는 노심의 온도가 1억 5000만도에 도달했다. 급격하게 온도가 상승하다가 노심의 온도가 2억도를 가리키자 핵융합로에서 방출되는 에너지를 흡수하기 위한 시스템들이 작동되었다.

1, 2, 4, 8 메가와트 . . .

마침내 핵융합로의 운전이 설계 용량에 도달했다. 토카막 융합로는 8 메가와트의 에너지를 방출하기 시작했다. 이 순간부터 진정한 의미에서 Ecourban-VDS는 생명을 갖게 되었다. 에너지원의 확보는 Ecourban-VDS를 생명의 가능성을 가진 씨앗에서 그 생명을 꽃피우는 수직 선형도시 Ecourban-v1으로 탈바꿈시키는 것이다. 이 기계생명은 이제 스스로 생각하고 지하수에서 에너지를 계속 흡수할 수 있으며, 그 에너지를 이용해 스스로를 조직해서 개체를 보존하고 종족을 유지하는 생명체의 특권을 공유[7)]

하게 된다.

Ecourban-v1의 코어기(期) 5번째의 굴착관이 설치된 것은 Ecourban-v1에게는 매우 중요한 의미를 가지고 있다. 발아기의 굴착관이 에너지원인 지하수를 흡수하기 위해 설치되었다면, 5번째 굴착관은 암반을 채굴해 자신의 몸체를 만들기 위한 것이다. Ecourban-v1의 성장모듈은 사막지하의 석영질의 모래를 이용해 유리섬유를 생산하고, 그것으로 Ecourban-v1의 영구 몸체를 만드는 것이다. 그것은 Ecourban-v1에게는 자신의 몸을 만드는 것을 의미하지만, 생존알고리즘에게는 이제 Ecourban-v1의 영혼인 알고리즘 자신이 거주할 공간이 만들어짐을 의미한다. 그리고 훗날 사람들에는 생존 장소로 사용될 공동(空洞) 도시가 건설되기 시작한 것이다.

성장모듈이 Ecourban-VDS의 성장에 필요한 원료인 유리섬유와 용융콘크리트를 만들기 위해, Ecourban-VDS가 심어져 있는 지하 부분의 석영질 암석을 잘게 부수어 자하수와 함께 흡입하면서 지하에는 빈 공간이 생겨났다. Ecourban-VDS가 지하로 깊게 내려갈수록 지하의 빈 공간은 커져 갔고, 나무의 뿌리처럼 자신을 그 공간에 채우며 성장했다.

석영질 암석을 가공해 거친 유리섬유를 만들어 Ecourban-VDS 위의 지하공간에 광자기 유전자의 설계도에 따라 대략 3m 높이로 다관절 팔을 가진 거미모양의 로봇이 유리섬유를 펼쳐 놓는다. 넓은 우물 속 같은 지하공간에

7) 다만 Ecourban-v1이 유기 생명들과 다른 점이라면 조그만 씨앗에서 그 생명을 시작해서 신장이 1600m 가 넘는 거대한 성체로 성장할 때까지 단세포 생명체로 남아 있게 되는 것이다. Ecourban-v1의 그런 성장 방법은, 사실 기술적인 한계에서 온 것이다.
진핵 세포 생명체들같이 각각의 세포에 생명을 유지할 수 있는 리보소옴같은 메커니즘과 정보 저장 장치를 가지고 있다면 한두 개의 세포가 파괴되어도 생명체는 살아남을 수 있는 등 여러 가지 생존 잇점이 있지만, 이러한 설계 개념을 Ecourban-VDS에 적용한다는 것은 초정밀 마이크로 로보틱스 기술을 모든 세포 모듈에 적용해야 하는 매우 복잡한 설계를 가정한 것일 뿐 2042년 현재 인류가 가진 기술로는 경제성이 없는 설계 방법이다.

펼쳐진 유리섬유는 야광 봉처럼 탁한 노란빛을 공간에 뿜어냈다. 지하 공간의 벽을 채워가는 유리섬유의 면적이 점점 더 넓어졌다. 거미처럼 생긴 기다란 8개의 로봇 팔들이 협력해서 높이 12m 정도 되는 한 유닛 벽면의 보강 유리섬유 설치를 마치면, 고정액을 분사하는 로봇이 지나가면서 유리섬유를 지하 공간의 벽면에 고정시켰다. 유리섬유에 고정액을 분사하면 유리섬유의 망상 구조는 용융콘크리트의 분사에 대응할 수 있을 만큼 튼튼하게 고정된다.

망상 구조 유리섬유에 트랙이 설치되고, 그것을 따라 고온으로 가열된 암석 분말(용융 콘크리트)을 분사하는 로봇이 유리섬유 사이로 용융된 암석을 분사했다. 소화전의 관창처럼 생긴 노즐에서 사출되는 용융콘크리트는 춤추듯 복잡한 패턴을 그리면서 고정액으로 굳어진 유리섬유위에 뿌려졌다. 어떤 곳은 잘 훈련된 미장공의 솜씨처럼 매끈한 면으로 뿌려졌고 그곳에서 몇 미터 떨어진 벽은 유리섬유가 그대로 드러나 있었다. 좀 더 안정된 부재의(유리섬유와 용융콘크리트) 응력 배열을 찾고, 용융콘크리트의 액상상태를 좀 더 오래 유지하기 위해서 반구형 적외선 조사장치의 붉은 빛이 용융콘크리트에 비추어 졌다. 분사된 암석의 용융액은 강한 적외선에 의해 천천히 냉각되면서 치밀한 화강암의 조직이 된다.

이 작업이 4번 정도 반복되면 두께 2m의 Ecourban-v1코어 껍질이 만들어진다. 이렇게 만들어진 Ecourban-v1의 몸체는 철근으로 보강한 콘크리트처럼, 인장에는 유리섬유가 대응하고 압축응력은 냉각된 화강암 질의 콘크리트가 대응하여 안정된 내응력[8] 형성하게 된다. 코어는 전체적으로 원기둥 모양을 하고 있어 토압에 대응하도록 설계되어 있다.

8) 탄소섬유나 FRP제품들이 이런 응력 구조를 가진 재료들이다. 압축과 인장에 대응하는 재료를 다르게 조성하는 복합재는 단일 재료보다 힘에 대응하는 내응력 효율이 높아 비교적 적은양의 재료로 큰 외력을 지탱할 수 있다.

대략 Ecourban-VDS 씨앗이 성장을 시작한 후 1년이 지나자 깊이 100m의 Ecourban-v1 코어로 성장을 했다. 코어 부분의 단면은 수세미 혹은 해면의 모습을 닮아 있었다. 기다란 원기둥 모양을 한 코어부분을 가까이 가서 들여다보면, 속이 전부 빈 관 모양이 아니라 수세미의 단면처럼 벽과 천장으로 막힌 작은 방으로 쪼개어져 있다. 이 작은 공간들을 밖에서 보면 불규칙한 단면을 가진 기다란 관처럼 서로 연결되어 있어서, 마치 혈관처럼 액체들이 이 공간을 따라 코어의 모든 곳으로 흘러 다닐 수 있다.

Ecourban-VDS의 현탁액 생성모듈은 성장을 거듭하면서 그 역할이 씨앗에 필요한 체액을 보충하는 것에서, 코어의 순환기를 채울 현탁액을 만드는 것으로 바뀌었다. 투명한 검붉은 색의 체액은 아직 코어부품 모듈을 담고 있지 않아 현탁액이라 부를 수 있는 단계는 아니지만, 점성이 강한 ECO-BLD32-B4 체액이 끈적거리는 아스팔트처럼 느린 속도로 코어의 순환기 공간으로 흘러들어갔다. 순환 공간으로 흘러간 현탁액이 코어의 순환 공간과 연결해 주는 튜브에 도착하자 커다란 사이폰이 현탁액을 잡아당기기 때문에, 씨앗에서 만들어지는 현탁액은 코어의 혈관 속으로 빨려 올라갔다. 차츰 혈액이 코어의 혈관 속에 차올라 순환 공간을 가득 채우자, 씨앗의 작은 방들에 저장되어 있던 부품모듈들이 현탁액으로 쏟아져 나오기 시작했다. 현탁액은 아주 천천히 코어의 순환기 공간과 씨앗의 혈관을 연결하고 있는 튜브를 따라 부품모듈을 머금고 흘러 올라갔다. 처음 Ecourban-v1의 인공혈액이 코어로 흘러들어갔을 때, 혈액에는 정상 상태의 현탁액 보다 많은 컨테이너가 떠있는 것이 보였다.
컨테이너에는 이미 완성된 조립부품들이 빠른 속도로 각 기관을 구성하기 위해서 담겨져 있었다. 조립로봇들의 모듈을 담은 컨테이너들이 광자기 디스크에 저장된 정보에 따라 정해진 위치에 도착하면 컨테이너는 혈관의 벽에 부착되었다. 하나의 조립로봇을 만들기 위해 5개의 컨테이너가 필요하다.

혈관을 흘러 다니는 컨테이너의 크기는 순환관의 단면적 등을 고려해 설계할 수 있는 크기에 한계가 있다. 컨테이너 하나에 완성된 유닛을 다 담을 수 없으므로, 몇 개의 컨테이너에 담긴 미완성 조립로봇들이 하나로 완성되어 부품모듈을 조립하는 작업을 시작한다. 혈관에 착상한 조립장치들은 일련번호를 따라 컨테이너를 열고 혈관 벽으로 나와 길게 늘어선 모양으로 연결되어 로봇으로 연결된다. 조립로봇은 혈액을 따라 흘러 다니는 부품모듈을 모아 몇 개의 장치들을 만들어 혈관 벽을 뚫고 코어의 작은 방들 중 하나로 들어간다.

자신의 공간(사방이 막혀 독립되도록 나누어진 공간은 부품모듈을 만드는 기관이나, 컴퓨터 · 광자기 유전자 · 장기관 · 자정기관 등을 수용하는 데 사용되고, Ecourban-v1이 완전한 성체로 성장하면 그 공간 중 일부를 인간이 살기 위한 곳으로 전용한다.)에 정착한 부품 조립로봇은 계속 현탁액으로부터 자신이 필요한 부품들을 흡수해 Ecourban-v1의 한 기관(생명체의 위, 폐, 간 같은 장기)으로 성장을 하기 시작한다.

코어의 껍질이 완성된 후 가장 먼저 만들어지는 기관은 정보처리 시스템과 코어의 새로운 심장이다. 코어의 작게 나누어진 방 중 하나에 직경 45m의 공 모양 빈 공간(Computer Spear)이 Ecourban-v1의 성체기를 조정할 메인컴퓨터가 놓여질 장소로 준비되어 졌다.

18개의 조립로봇들이 스피어의 외벽을 따라 배치되었다. 순환기 공간에 연장튜브를 연결시켜 자신들이 있는 곳까지 현탁액이 순환하도록 만든 조립로봇들은 현탁액에서 필요한 부품모듈들을 찾아냈다. 조립로봇들이 처음 찾아낸 모듈은 복잡한 표면의 파이프처럼 생긴, 긴 팔을 만들기 위한 부품 모듈들이다. 조립로봇들이 만든 팔은 공(스피어)의 외부표면에서 중심을 향해 계속 성장했다.

팔이 스피어의 중심까지 자라나 18개의 팔이 서로 만나게 되자, -스피어의 중심에서 보면 팔들이 사방으로 뻗어 나가는 것처럼 보였다.- 팔을 구성하고 있는 작은 부품모듈들은 여러 가지 모양을 하고 있었다. 팔의 표면으로 조립된 작은 조각들은 대부분 금속과 세라믹 그리고 광물 결정으로 이루어지지만, 그중 몇몇 개는 빛을 내는 발광 다이오드로 여러 색으로 반짝거렸다. 팔이 완성된 후 18조각으로 쪼개어진, 연한녹색 빛을 띠는 유리공이 스피어의 중심에서 자라나기 시작했다. 유리공은 18개의 팔이 만나는 곳에서 시작해 직경이 10m 정도 될 때 까지 성장했다. 유리공의 성장과 함께 서로 중심에서 닿아 있던 팔의 신축로드가 줄어들어, 유리공이 다 자라 났을 때에는 18개의 팔이 공(스피어의 중심)을 받치고 있는 것 같이 보였다. 유리공이 다 자라나자 정보를 전송하는 여러 색깔의 전선들이 복잡하게 인큐베이터 유리공의 표면에 연결되었다.

시운전을 위한 스위치가 켜지자 스피어는 낮은 주파수의 윙윙거리는 소리를 내면서, 발광소자를 깜박이기 시작했고 그 속도를 빠르게 높였다. 유리공을 감싸고 있는 냉각튜브를 흐르는 보라색 액체가 작은 공기방울을 남기면서 방열판으로 이동했다. 냉각튜브 속을 흐르는 액체의 속도가 갑자기 빨라지다가 다시 느려지는 일이 몇 번이고 반복되었다. 냉각액의 온도가 24°까지 상승하자 열을 방출하기 위해 펜이 작동했다. 스피어에 공급되는 전기의 양을 보여주는 게이지가 녹색을 지나 노란색 LED 표시판의 반쯤까지 올라갔다. 입력 케이블을 따라 정보 전송회로의 펄스가 안정되게 흐르는지를 검사하기 위한 가짜 자료들이 입력되었다. 부품 조립 로봇이 에러가 발생한 모듈을 재조립하기 위해 빠른 몸짓으로 현탁액을 스캔하면서 필요한 부품들을 찾았다. 몇 번이고 시스템의 에러를 찾기 위한 동작들이 반복되었고, 그럴 때마다 스피어는 윙윙거리는 소리를 내면서 바쁜 시험 동작들을 이어갔다.

Ecourban-v1 메인컴퓨터의 이동 경보등이 한 번 반짝거릴 때마다, 컴퓨터를 연결하고 있던 케이블의 커넥터들이 하나씩 떨어져 나갔다. 케이블이 떨어져 나가고 컴퓨터의 동작을 보여주는 LED의 반짝임도 보이지 않게 되자, 검게 칠해진 커다란 드럼통처럼 밋밋한 모습으로 어두움 속에서 어슴푸레하게 비쳤다. 메인컴퓨터와 현탁액을 가르고 있는 해치가 열렸다. 끈적거리는 현탁액이 컴퓨터를 담고 있는 커다란 육각형의 방으로 스며들어오기 시작했다. 메인컴퓨터를 담고 있는 방안 가득히 현탁액이 찰 때까지 현탁액의 수위를 측정하기 위한 센서의 초음파 진동 외에는 아무런 움직임도 없었다. 마침내 현탁액이 방안 가득히 차올랐다. 조심스럽게 메인컴퓨터를 바닥에 고정하던 핀이 하나, 둘씩 풀려 나갔다. 현탁액이 주는 부력에 의해 메인컴퓨터가 조금씩 좌우로 흔들리면서 위로 떠올랐다. 컴퓨터가 수평을 유지하지 못하고 흔들릴 때면 경고신호가 스피어 컴퓨터로 전달되었다. 스피어 컴퓨터는 중심축 튜브에 흐르는 현탁액의 유속을 단면에 따라 4개로 분리하여 조종해 나갔다. 10분쯤 지나자 컴퓨터의 움직임은 안정되었고 더 이상의 경고신호는 발생하지 않았다. 마치 하늘을 나는 연처럼 파워케이블을 매달고, 중심축의 튜브를 따라 코어에 만들어진 새로운 공간으로 떠올라 갔다. 컴퓨터는 아주 천천히 상승해 나갔다. 움직임을 거의 느낄 수가 없을 정도의 느린 속도였다. 가끔 튜브의 표면과 현탁액이 부딪히는 마찰에 의해 작은 소용돌이가 생겨나 컴퓨터에 작은 진동이 전해져 왔지만 현탁액의 흐름을 멈출 정도의 큰 영향을 주는 것은 아니었다.

200m를 여행하는데 54시간을 소비한 컴퓨터는 마침내 자신이 영구히 거주할 공간의 문 앞에 도착했다. 메인컴퓨터가 자리 잡을 스피어로 들어가기 위해 해치가 열렸다. 몇 개의 로봇팔이 컴퓨터의 평형을 유지하기 위해서 표면에 있는 고정용 고리를 잡았다. 컴퓨터가 해치를 통해 스피어의 바닥에 도착하자 다시 해치가 닫혔다. 사방에서 세척액이 뿌려져 나오기 시작했다. 초음파에 의해서 가속된 세척액은 안개처럼 작은 물방울로 부서져 메인컴퓨터의 표면에 부딪치기 시작했다. 붉은 현탁액으로 싸여 스파게티 미트볼같이 보이던 컴퓨터가 본래의 검은 드럼모양으로 보이기 시작했다. 사방으로 날리던 세척액의 분사가 차츰 사그라졌다.

기존의 것에 5배는 될 것 같은 굵은 파워케이블이 로봇팔에 끌려져 메인 컴퓨터 측면 커넥터에 연결되었다. 윙윙거리는 소리가 들리고 꺼져 있던 LED 표시판이 하나둘씩 켜지기 시작 했다. 컴퓨터를 감싸고 있던 검은색 드럼 모양의 껍질이 한 조각씩 떨어져 나갔다. 가는 전선들이 복잡하게 얽혀있는 메인컴퓨터의 모습이 아직 제거되지 않은 껍질들 사이로 드러났다. 로봇팔은 조심스레 껍질의 모듈을 한 조각씩 벗겨 내는 작업을 계속했다. 껍질이 제거된 메인컴퓨터의 모습은 현미경으로 해부된 동물의 신경조직을 바라보는 것만큼이나 복잡하고 정교한 것이었다.

열처리 유리로 만들어진 마이크로 서킷의 작은 판들이 일렬로 정리되어 커넥터에 꼽혀있고 그 커넥터들을 연결하는 또 다른 회로를 황금색으로 코팅된 가는 전선과 은빛의 광섬유다발이 연결하고 있고, 이런 마이크로 서킷의 다발들이 몇 번이고 반복되면서 원통형의 튜브를 이루고 있었다.

유리공의 표면에 매달려 있는 복잡하게 얽힌 정보 전송케이블들이 메인컴퓨터에 연결되었다. 접속 에러를 검사하기 위한 시그널들이 입력되는 모습이 LED패널에 비추어졌다. 모든 에러가 제거된 후 유리공의 조각들이 다가와 접합되면서 원형의 유리공이 완성되자, 인큐베이터 유리공 안에 케이블로 연결된 메인 컴퓨터가 떠있는 것 같은 모습으로 보였다. 이제 메인컴퓨터의 이동 작업은 끝났다. 씨앗에서 코어의 컴퓨터 스피어로 옮겨온 메인컴퓨터는 유리로 만들어진 인큐베이터 공간에서 스스로 성장하면서 코어가 성체로 자라는 과정을 제어할 것이다.

순환기를 막고 있던 해치들이 모두 열렸다. 코어에 만들어진 크고 강력한 새 심장이 느린 박동으로 힘차게 현탁액을 순환 공간속으로 흘려보냈다. 끈적끈적하게 느껴지는 현탁액이 심장의 고동에 밀려 억지로 순환기 공간을 한 바퀴 돌아 다시 심장으로 돌아오곤 했다. 현탁액을 떠다니는 부품모듈들이 와류에 의해서 조금씩 회전하고 있었다. 스피어로 옮겨와 처음 코어의 메타볼리즘을 조절하기 시작한 메인 컴퓨터는 새로 만들어진 심장이 가진 압축력이 설계한 것 보다 훨씬 더 강하다는 생각을 했다.
메인컴퓨터는 새로운 심장이 마음에 드는지 몇 번이고 정상 상태보다 높은 박동이 일어나도록 자극해 보았다. 메인 컴퓨터는 코어의 심장이 박동을 할 때마다 압력센서에 혈관 벽을 조여 오는 압력을 느꼈다. 심장박동을 자극하는 펄스를 보내면 느린 파동이 현탁액을 타고 전달되어 왔다. 이 정도의 성능이라면 Ecourban-v1으로 성장할 때까지 필요한 부품 모듈들을 실은 현탁액을 충분히 순환시킬 수 있을 것이라는 자신감이 들었다. 심장의 박동을 검사한 메인컴퓨터는 와류의 발생을 방지하면서 토크를 최대로 높여줄 수 있도록 심장의 박동을 조절할 수 있게 되면, 그땐 더욱 완벽한 순환기관이 될 것이라는 생각을 했다.

Ecourban-v1, 성체기 (완성단계) Ecourban-v1의 공동 구조물이 사람들의 거주에 사용될 수 있는 공간을 확보한 후, 나머지 기관들이 충분히 성체로 성장을 하면, 지상에 CHLORPAN-3 유닛을 건설하기 시작하여 생태계의 사이클 속으로 들어갈 준비를 하게 된다. 광합성을 수행하기 위한 프로세스로 CHLORPAN-3은 뿌리에서 흡수한 지하수를 수증기로 공기 중에 방출하게 되는데, 이 과정에서 주변의 미세기후micro-climate에 영향[9]을 주기 시작한다. 이후 완벽한 성체로 자라난 Ecourban-v1은 씨앗을 복제해 주변에 심기 시작한다. 복제 작업과 복제된 Ecourban-v1의 성장이 계속되면서 6개 혹은 18개의 Ecourban-v1이 모여 둥근 원형의 군집 Ecourban-VC를 형성하게 되면 Ecourban-v1은 주변의 환경을 변화시킬 수 있는 만큼 충분한 행태적 영향력을 가지게 된다. CHLORPAN-3의 광합성 결과로 방출되는 수증기의 양이 한 개체의 Ecourban-v1에서는 충분한 영향을 주변 환경에 줄 수 없지만, 이들이 원형군집을 형성하고 개체를 늘리면 사막과 같은 불모의 땅을 생명체가 번성할 수 있는 곳으로 바꾸어 놓기에 충분한 양이 되는 것이다.

주변의 환경이 높은 밀도의 생태계를 형성할 만큼 온화해지면, 사람들이 공동 구조물로 이주하기 시작한다. 그러나 공동 구조물이 "사람의 거주를 가정한 Ecourban-v1의 생존 알고리즘" 에 따라 자라나기는 했지만 궁극적으로는 사람들의 거주가 주목적이 아니라 생태적 종으로서 Ecourban-v1의 생존을 위한 유사 생명체의 몸체가 되는 것이 우선이므로, 사람들이 거주할 공간을 우선해 준비되지는 않았다. Ecourban-v1이 살아서 대사를 유지

9) CHLORPAN-3 의 광합성 과정에서 방출되는 수증기는 주변의 온도를 낮추고 습도를 증가시켜 사막같이 고온 건조하고 온도의 변화가 너무 심해 유기 생명체들이 생존하기 힘든 지역을 생명체가 살기에 적당한 환경으로 변화시킨다. 이것은 가이아 이론의 시점에서 본 환경 개발의 한 개념이다.

하기 위해 필요한 곳을 제외한 공간이 바로 공동 구조물에 이주한 사람들의 거주공간이 된다.

Ecourban-v1이 주변에 여러 개의 군집을 형성하면, 이곳에 이주한 사람들은 아직 개체로 분리되어 있던 Ecourban-v1을 군집체 Ecourban-VC로 연결시키는 작업을 시작한다. 뿌리부분의 핵융합로 바로 위에 초전도 튜브를 설치하여 Ecourban-v1을 연결해 환경의 의미뿐 아니라 공간으로서도 하나의 군집체로 연결시킨다. 이렇게 형성된 군집체들이 모여 커다란 숲과 같은 의미의 도시를 형성하게 되는데, 하나의 도시는 약 120개의 Ecourban-v1으로 이루어 져 있으며, 300만 명 정도의 사람들이 이 도시에 살게 된다. 이 도시가 지표 불모지의 약 30%에서 자란다고 가정하면, 200억의 인구를 생태계에 수용할 수 있게 된다.

Ⅳ. 2084 Gaia Project 새로운 생명의 공간

이브와 아담이 사는 공간 Ecourban-v84

2042년 여름 프로키온의 초신성은, 정확하게 표현하면 그보다 11년 4개월 전(빛이 지구까지 도달하는 시간) 발생한 초신성은 자신의 중력장에 갇혀 있던 반물질을 지구로 토해냈다. 같은 질량의 핵융합 반응에 비해 5배의 열에너지를 방출하는 물질과 반물질 반응은 단지 몇 톤으로 지구의 모든 생명을 소멸시킬 수 있었다.

2052년 가을 프로키온의 반물질이 지구 도착하기 전까지 인류를 구할 생존 쉘터를 만들기 위해 Ecourban-v1 계획이 수정되었다. 능동형 생태계 복원 시스템으로 계획된 유사생명체 Ecourban-v1의 자기성장능력을 우주로부터의 재난을 피할 쉘터 건설에 사용하는 것이다.

2044년 09월.

9000개의 Ecourban-v1 씨앗이 각국의 대도시 근교에 파종되기 시작했다. C-19수송기에서 낙하한 SlSe-027이 공기를 가르는 날카로운 경보음을 내면서 지표와 충돌했다. 충돌한 건물은 무너지고 SlSe-027이 그 자리를 덮어버리면서 파종이 끝이 났다.

2049년 11월.

서울 강남지역에 심어진 3개의 Ecourban-v1씨앗 중, GPS정보 입력 오류로 서초동 야산에 뿌려져야할 SlSe-027의 발아체인 Ecourban-v1SlCot-027이 테헤란에 뿌려진 후, 지각을 뚫고 자라나왔다.

2050년 02월.

외부에 드러난 Ecourban-v1광합성 장치의 직경이 100m를 넘게 자라났다.

Ecourban-v1SlCot-027이 성장하면서 주변 지반으로 융기현상이 일어나 건물들에 균열이 가기 시작했다. 이미 주변 도로는 거대한 생명으로 성장한 SlCot-027에 의해 사용될 수 없는 상태가 되었다.

2050년 04월.

Ecourban-v1의 거주에 선택되지 못한 사람들은 동면에 들어가기 시작했다. 그나마 동면의 기회마저 얻지 못한 사람들은 그들이 남길 수 있는 생명의 연결고리인 정자와 난자 그리고 혈액과 체세포의 샘플을 채취하여 남겼다.

2050년 7월.

7214기의 Ecourban-v1Se가 발아해 모두 6347기가 Ecourban-v1SlCot으로 성장했다고 보고되었다. 이들이 성체로 자라면, Ecourban-v1 1기의 수용능력이 146,000명이므로 9억 명을 수용할 수 있게 된다.

2050년 12월.

성장하는 Ecourban-v1SlCot-027이 테헤란로를 덮어갔다. SlCot-027의 성장으로 지각이 융기와 침하를 반복했고, 주변건물들은 지각의 변화를 견디지 못하고 무너졌다. SlCot-027이 강남 주민들에게 제공되는 유일한 생존 가능성이었지만, 지금은 화려했던 기억을 지워버리는 바이러스처럼 느껴졌다. 무너진 콘크리트더미 위에서 자라고 있는 SL-027은 삶의 희망이 아니라 자라나는 공포일뿐이다.

2051년 3월.

SlCot-027이 자라고 있는 테헤란로 주변에서 폭동이 일어났다. SlCot-027이 성장하는 모습이 사람들에게 공포감을 일으켰고, 사람들은 신경질적인 반응을 보였다.

2052년 7월.

캐나다 상공에서 반물질 복사가 처음 관측되었다. 26215.7그램으로 추정되는 제 1차 반물질 복사 소식은 인류를 일순간에 공포로 몰아넣었다. 7월 26 새벽에 도착한 프로키온 복사는 하루 종일 지구의 모든 하늘을 붉게 타오르게 했다. 갑작스러운 대기의 팽창은 주변 공기를 순식간에 성층권까지 밀어 올렸고 공기가 빠져나간 자리는 진공상태가 되어 태풍이 몰아쳤다.

2052년 가을.

프로키온으로부터 쏟아져 내린 반물질은 지표의 생명을 멸종시켰다. 이제 막 초가을의 단풍으로 접어들던 북반구는 이보다 더 붉게 빛나는 하늘을 마지막으로 한순간에 사라졌다. 핵반응(核反應) 스프레이를 뿌려 놓은 것 같이 지상의 모든 것이 한줌 빛으로 증발해 버렸다.

2차 3차... 점점 그 주기가 빨라지고 반물질의 양이 증가하는 "프로키온 복사"와 충돌한 대기는 광자가 되어 우주로 날아가 버렸고. 플라즈마 상태가 된 대양(大洋)은 하늘로 뛰어올라 발광(發光)하기 시작했다. 해발 수천 미터의 장엄한 산맥은 순식간에 평평한 대지가 되었고, 깊이를 가늠할 수 없던 계곡 역시 평원으로 메워졌다.

뜨거운 허리케인이 두께 수십cm 강철과 세라믹 보호 장갑을 뚫고 지하 도시로 들어왔다. 고막을 찢어버릴 것 같은 바람소리와 열기를 머금은 기체들이 지하 도시의 광장을 휩쓸고 다녔다. Ecourban-v1으로 대피한 사람들은 또다시 수 미터 깊이의 콘크리트 틈 속으로 숨어들어 갔다.

2052년 11월8일 12시.

더 이상의 반물질 복사는 없을 것이라는 발표가 국제 재난 연합으로부터 나왔다. 하지만 이미 지상의 모든 것이 열로 검게 타 버렸고, 증기를 제외하면 대기는 단지 35%만 남아 있었다. 지상을 관찰하기 위해 방출된 관측 카메라에 비친 지표의 모습은 어두움뿐이었다. 빛이 지날 수 없는 검은 대기는 모든 것을 암흑 속에 감춰버렸다. 지구는 블랙홀처럼 우주에서 보이지 않는 별이 되었다. 지구는 이제 잊혀진 별이다.

2052년 겨울, 프로키온 복사에 대비해 건설된 수 천기의 Ecourban-v1과 그곳으로 옮겨진 컴퓨터와 네트워크는 예상보다 잘 작동해 지하공간으로 이주한 9억 인류의 삶은 그들이 두려워했던 미래에 비해 평온한 모습이 되어가고 있었다. 지하수에서 에너지를 얻는 핵융합창치는 생존 시스템 유지에 필요한 에너지를 공급해 주었고 식량생산도 계획대로 진행 되었다.

. . .

. .

.

2074년 10월 30 19시 32분 17초, 뉴욕의 지하, 어느 좌표지점에서 마지막 인간이 사망했다. 이제 더 이상 인간이라는 생명체는 존재하지 않았다.

. . .

. .

.

이브Ev-01

2080년1월1일0시0분0초.

이브Ev-01이 수정에 성공해 인공 자궁에 착상됐다.

2080년 11월1일 12시.

이브Ev-01이 인공자궁에서 세상으로 나와 첫 울음을 터트렸다. 레이저 빔으로 탯줄을 자르고, 이브Ev-01을 따듯한 증류수에 담고 녹색 빛이 도는 양수를 닦아냈다. 몸을 웅크린 이브Ev-01이 혀를 내밀었다. 엄마의 젖을 찾는 최초의 행동에 이브Ev-01의 탄생을 제어했던 6대의 컴퓨터들이 "이브Ev" 프로젝트가 성공했음을 알리는 펄스를 교환했다.

2080년 11월 21일.

이브Ev-01의 눈동자가 모빌을 따라가기 시작했다. 이브Ev-01의 인지 발달이 정상 수준으로 측정된다.

2082년 2월 16일.

이브Ev-01이 언어발달에 장애를 보인다. 청각과 음소를 지각하는 능력은 정상인데, 문장으로 연결된 말을 인지하지 못한다. 언어 교육을 맡은 컴퓨터가 구강 언어 학습에 다양한 방범을 동원했지만 이브Ev-01의 언어 인지 능력과 동기화 되지 못하고 있다.

2084년 4월 19일.

이브Ev-01이 사용하는 구강 언어의 문장 구조가 피진(Pidgin)언어 수준에서 더 이상 발달하지 않는다. 무엇이 문제인지 알 수 없다. 3살 이후 증가해야할 언어 중추의 Pet 사진에서도 발달이 지체되고 있다. 언어 교육을 맡고 있는 컴퓨터의 인공 지능은 혼란에 빠졌다. 자신에게 입력된 모든 문법정보를 이브Ev-01에게 학습시켰는데, 이브Ev-01의 두뇌가 언어 학습에 반응하지 않고 있다.

2005년 3월5일.

이제 정상적 언어 소통을 제어할 언어중추의 발달이 가능한 시간이 얼마 남지 않았다. 모든 방볍을 동원해 이브Ev-01을 학습시켰지만 언어 능력은 제자리 상태다. 기억하는 단어가 조금씩 증가하고는 있지만 아직도 의사소통이 가능한 문장을 구성하지 못했다.

2085년 5월 5일.

이브Ev-01의 성장을 관장하는 메인컴퓨터는 이런 이브의 언어발달 장애가 감성 교감의 부족에서 기인한 것으로 결론지었다. 유아의 언어 학습은 부모가 사용하는 구강 언어의 모방을 통해 음운(音韻)을 이해하고, 그 음운에서 어휘를 구성하는 음소와 음절 즉 단어의 음성정보를 구분해, 음운적 단어를 구성한다. 그리고 그 단어에 부모의 행동에서 유추되는 감성을 동기화시켜, 즉 부모의 행동이 내포하는 추상적 의미로부터 프로토타입(원형, Prototype)을 축출하여 비로소 의미를 부여한 의미소로서 단어와 연결하는 것이다. 하지만 언어 교육컴퓨터 Sled-027의 단순한 인터페이스는 언어중추와 교감할 수 있는 섬세한 감성을 제공하지 못했다.

메인컴퓨터는 이브Ev-01의 언어 학습 인터페이스로서 가장 좋은 방법이 그에게 감성 교감이 가능한 상대를 만들어 주는 것이라고 판단했다. 하지만 생물학적으로 또 하나의 생명을 만드는 방법으로는 문제 해결이 불가능했다. 성장에 필요한 시간도 문제이지만, 이브Ev-01을 위해 만들어질 상대역시 언어 학습을 도울 수 있을 만큼의 언어능력을 가지고 태어나게 할 수 없다는 딜레마를 안고 있었다.

메인컴퓨터는 디지털 공간에서 이브Ev-01와 비슷한 상대를 만드는 것이 적절한 방법이라 생각했지만, 이것 역시 불가능에 가까운 것이었다. 인간의 두뇌는 너무 복잡해서 메인컴퓨터 자신도 이해하지 못하고 있는 부분이 많았다. 수많은 신경과학이론과 인지과학 그리고 뇌 과학 자료를 분석했지만, 두뇌에서 발화하는 생각의 기제를 모두 이해하고 디지털 공간의 인간에게 입력하는 것이 불가능하다고 판단되었다. 메인컴퓨터는 긴 연산에 빠졌다. 수많은 가능성을 시뮬레이트하기 위해 네트워크로 연결된 주변 CPU의 연산 능력을 끌어 드렸다. 메인컴퓨터는 패러렐 컴퓨팅으로 수백 제타플롭스(Zeta flops)의 깊은 생각에 빠져들었다.

몇 주의 연산 시간이 흐른 뒤 유전자 정보를 관리하는 컴퓨터의 작은 발화(發話)에서 시작된 아이디어가 전 네트워크를 한곳에 끌어 모으는데 든 시간은 몇 나노초에 불과했다. **"집합의 크기는 그 집합을 구성하는 원소의 총합**

보다 크다."는 복잡성을 이야기하는 작은 명제가 디지털 생명체 아담dAd-01의 탄생을 결정했다. 인간의 사고 기제를 전부 이해하고 프로그래밍하는 것은 사실상 불가능하므로, 이미 작용 구조가 이해되어져 있는 유전자 정보를 3차원 스캔(scan)한 후, 디지털 공간에서 가상의 단백질을 합성해서 그 단백질로 사람을 발생시키는 과정을 단순 시뮬레이트하면 아직까지 이해하지 못하고 있던 두뇌의 감성 정보역시 발현될 수 있을 것이라는 판단이었다. 즉 집합을 이해하지 말고 원소들이 집합을 구성하는 구조에 원소를 접합하면 그것으로부터 발생되는 형질을 추적할 수 있을 것이라는 형상 문법적 결론을 내린 것이다.

디지털 생명체 아담dAd-01

디지털 가상공간의 자궁에서 성장시켜 탄생시킨 생명체에게 언어 정보를 직접 입력시켜, 언어중추 뉴런의 발생을 유도하려는 계획은 일단 성공적이었다. 메인컴퓨터는 여러 번 반복되는 시행착오 끝에 100여개의 Ecourban-v1시스템 관리 컴퓨터를 하나로 묶은 패러럴 컴퓨터를 사용해 아담dAd-01을 탄생시켰다. 언어중추의 발생과정을 시뮬레이트하면서 언어 정보를 아담dAd-01 두뇌에 입력시키자, 뉴런들이 급속히 분화하면서 수상돌기의 가지가 증가하기 시작 했고, 교세포의 유도에 따라 시냅스에 부착되었다.
아담dAd-01의 언어 중추를 자극하자 비교적 정확한 문장 구조의 구강언어 반응이 나타났다. 이정도면 약간의 학습으로 언어능력을 가질 수 있을 것이다.

2089년 8월 19일 06시 42분.

지금이 몇 시지? 어둡다.

"하나 둘 셋... 예순일곱... 흐릿하게 어둠이 사라진다.

내 키보다 조금 더 높은 곳에 매달린 작은 창으로 하루 종일 흐린 햇빛이 들어온다. 며칠 전부터 어쩌면 이방은 햇빛이 들어오는 시간동안만 존재할지도 모른다는 생각을 하기 시작했다. 햇빛이 사라지면 곧 잠들었고, 잠에서 깨어날 때쯤 다시 적외선처럼 사물의 윤곽을 구분하기 힘든 빛이 좁은 창 사이로 새어 들어왔다.

내가 이 방에서 처음 깨어난 것이 한 달 전쯤일 것 같은데... 그것이 내가 가진 기억의 전부다. 고장 난 TV 화면을 보고 있는 것처럼 모든 것이 지지직 거렸다. 천장이 물결위에 놓인 미역줄기처럼 흐늘거리고, 공간은 팽창과 수축하는 일을 반복하고 있었다.

2089년 7월 17일 06시 42분.

Ecourban-v1Sl-027의 순환 조절 컴퓨터 Ecourban-v1Sl–sc231에 체세포KR-SL27-shm-

46821의 유전자 정보를 입력하여 디지털 공간에서 합성한 아담dAd-01이 깨어났다.

2089년 7월 17일 06시 43분 07초.

환경 시뮬레이션 프로그램 중 단위 공간 모듈이 작동하기 시작했다. 창을 통해 빛을 발산한다. 회색빛 방의 모습이 보이기 시작한다.

2089년 7월 17일 06시 43분 09초.

아담dAd-01이 얼굴을 찡그린다. 환경에 반응을 하는 것인가? 아니면 작업 오류? 아담dAd-01의 단백질 상태를 추적하는 프로그램이 아직 치명적 오류를 찾아 내지 못했다고 보고했다. 아마 프로그램상의 문제가 아닌 자극에 대한 아담dAd-01의 반사인 것으로 보인다.

2089년 7월 17일 06시 45분 12초.

아담dAd-01의 동공이 천정을 응시하기 시작한다. 표정이 편안해 보인다. 아직 의식이 완전해 진 것은 아니지만 프로그램 버그는 발생하지 않았다.

2089년 7월 26일 10시.

처음으로 자신의 신체에 대해 관심을 보였다. 손을 눈앞에 가져가 손가락을 움직이거나, 돌려서 손등을 보고 다시 손바닥을 보는 동작을 반복했다.

2089년 8월 01일 15시.

아담dAd-01이 침대에서 벗어나 방안을 걸어 다녔다. 걸음이 불안정해 보이지만 보행 학습 과정을 거치면 익숙해 질것으로 보인다. 약 14분 정도 걸었다.

2089년 8월 09일 06시 50분.

아담dAd-01로부터 이성적 사고를 의미하는 뇌파가 검출되기 시작했다. 동공이 축소되었는데, 대상을 관찰하는 것은 아니었지만 초점은 한곳에 고정되었다. 그동안 산발적으로 발생했던 사고의 파편들을 하나로 연결하기 시작한다. 아담dAd-01의 뇌신경 기록을 읽어보면 아담dAd-01은 비관적 감성 구조를 가지고 있다. .

2089년 8월 15일 19시 50분.

아담dAd-01이 자아에 대한 질문을 시작했다.

2089년 8월 17일.

정보를 통합하기 시작했다.

2089년 8월 19일 16시 55분.

문 앞에 서서 한참을 망설이던 아담dAd-01이 문고리를 찾기 시작했다. 문을 열고 다시 잠시 망설인 후 아담dAd-01이 문 밖으로 첫발을 내디뎠다.

소녀 이브Ev-01, 소년 아담dAd-01

아담dAd-01이 처음 문을 열고 밖으로 나갔을 때 복도에서 그가 처음 본 것은 자신을 응시하고 있던 어떤 여자아이였다. 익숙지 않은 영상 정보를 두뇌의 편도체가 무시해 버려서 그것을 자세히 지각하지는 못했지만, 기억을 더듬어 보면 분명 어떤 여자 아이가 자신을 보고 있었다.

이브Ev-01은 며칠 동안 아담dAd-01이 방에서 밖으로 나오기를 시뮬레이션 쳄버의 플레이트 폼에 서서 기다리고 있었다. 말을 가르치는 컴퓨터의 설명은, 친구를 만나게 될 것이라 것이었다. 항상 혼자였던 이브Ev-01이 친구라는 단어에서 연상할 수 있는 의미는 컴퓨터가 보여준 몇 장의 영상뿐이었다. 이브Ev-01에게는 색상이 제거된 흑백사진처럼 친구란 말은 표현하려는 피사체가 간결하면서도 강한 의미로 다가 오지만, 복잡한 대상을 이야기하려 하면 영상은 의미를 잃어 버렸다.

플레이트 폼 위로 자기장에 묶인 플라즈마가 붉은 색으로 펼쳐지면서 투명하게 변하더니, 아담의 모습이 보였다. 하지만 그는 왠지 이브Ev-01을 보지 못하고 있는 것처럼 지나쳐 갔다.

아담dAd-01은 침대에 누었지만 잠을 자려는 것은 아니었다. 문밖으로 나갔다 온 후 모든 것이 혼란스러웠다. 문밖에서 본 세상이 자신이 기억하는 것과 다르다는 생각을 했다.

이브Ev-01은 늦은 시간까지 쳄버를 떠나지 않고 의자에 앉아 있었다. 낮에 본 아담dAd-01의 모습이 눈앞에서 사라지지 않고 반복되었다. 처음 문을 열고 밖으로 나와서는 무엇인가를 바라보는 모습으로 팔을 조금 벌린 체 한참을 서 있었다. 그리고는 놀란 표정을 지으며 방으로 돌아갔다.

항상 혼자였던 이브Ev-01에게 자신이 아닌 다른 사람을 본다는 것은 커다란 충격이었다. Sled-027이 보여 주던 영상속의 사람들과 똑같은 모습을 하고 있었지만 그 느낌은 달랐다.
이브Ev-01은 이른 아침부터 쳄버에 와서 아담dAd-01이 밖으로 나오기를 기다렸다.

아담dAd-01은 복도의 어두움에 익숙해지려고 노력했지만 복도 끝에서 밀려들어오는 빛 때문에 어둠에 익숙해 지지 않았다. 고개를 반대편으로 돌려 빛을 피하려고 했지만 잘 되지 않았다. 한참동안을 고개를 숙이고 있은 후에야 복도의 윤곽이 드러났다. 아담dAd-01은 어제 보았던 소녀의 기억을 확인하려는 듯이 눈부신 복도의 역광을 응시했다. 어제 분명히 저기에 서 있었는데 잘못 보았을까?

이브Ev-01은 아담dAd-01이 바라보고 있는 쪽으로 걸어갔다. 그곳에 무엇이 있기에 그렇게 바라보고 있는 것일까? 이브Ev-01은 아담dAd-01이 바라보고 있는 쪽으로 걸어가다 뒤로 돌아서서 아담dAd-01을 바라보았다.

“그 아이다. 어제 보았던 아이”
그 아이는 또다시 역광사이로 모습을 드러냈다. 역광과 가슴까지 오는 긴 머리가 그 소녀의 얼굴을 볼 수 없게 했지만, 귀여운 얼굴을 하고 있을 것이라는 생각이 들었다. 자신의 기억이 틀린 것이 아니라는 생각과 그 아이를 만났다는 것에 그는 조금 들뜬 기분이 되어 이브Ev-01에게 다가갔다.
“너는 누구니?”
“나? 이브Ev-01”

"이브Ev-01?"

"응"

"너는 아담dAd-01이지? Sled-027이 그랬어."

"아담dAd-01? 내가 아담dAd-01 이라구?"

아담dAd-01은 그때서야 스스로는 자신의 이름을 모르고 있었다는 것을 깨달았다.

"내가 아담dAd-01이라구. . . ."

이브는 자신에 대해 이야기를 하고 싶었지만, 구강언어로 이야기 하는 것이 고통스러울 정도로 힘들다는 것을 깨달았다. 이브Ev-01은 컴퓨터의 영상 언어를 사용해 설명하려고 컴퓨터가 있는 곳으로 다가가 아담에게 손짓을 했다. 아담은 움직이지 않았다. 이브Ev-01이 아담dAd-01에게 다가갔다.

"그곳으로 갈수 없어. 나는 이곳이 어딘지 몰라, 아직 복도 밖으로 나가고 싶지 않아."

이브Ev-01을 두 번째 만난후로 공간에 대한 공포감은 사라졌다. 더 이상 공간의 중첩도 일어나지 않았고, 어둠도 시야에서 사라졌다. 무엇보다도 이브Ev-01과 같이 있으면 그녀가 이야기 하는 공간으로 갈수 있었다. 아담dAd-01은 지난 며칠 동안 이브Ev-01의 안내로 Ecourban-v1Sl-027의 여러 곳을 다니면서 볼 수 있었다. Ecourban-v1Sl-027의 메커니즘과 Ecourban-v1Sl-027이 담고 있는 자연 그리고 프로키온 복사 이전 도시의 모습들은 공간이 공포의 대상이 아니라 즐거움을 주는 것임을 알게 했다.

다만 이브Ev-01의 말이 서툴러 조금 답답했지만 그녀는 때로는 아주 긴 시간을 들여, 황당할 만큼 짧은 대답으로 열심히 질문에 대답하려고 노력했다.

이브Ev-01이 아담dAd-01을 만난 지 2개월이 경과한 후 그녀의 뇌에서는 많은 변화가 일어났다. 마치 그동안 멈추고 있었던 성장을 한꺼번에 하려는 듯 언어중추들, 특히 부르커스 영역이 급속히 팽창하기 시작했다. 메인컴퓨터는 아직 이브Ev-01의 구강언어 능력이 크레올(Creole)에서 벗어나지 못했지만, 이정도의 발전 속도라면 2년 정도면 정상적 언어 소통이 가능할 것으로 판단했다.

아담dAd-01를 시뮬레이트하기 위해서는 도시 전체가 사용할 만큼의 에너지를 소비하고는 있지만, 이브Ev-01를 위해 아담dAd-01을 만들기로 한 아담 프로젝트는 성공적이었다.

V. 새로운 생명체가 바라보는 공간

1. Mudfox가 보는 세상

빛 우주에 가장 많이 존재하는 입자는 빛(光子,Photon)이다.

그래서 일까? 지구상에 살고 있는 대부분의 생명체는 빛에서 에너지를 얻으며, 빛으로 세상을 보고, 빛을 비추어서 상대를 유혹하며, 이제는 빛으로 공간을 만들고, 빛으로 자신의 의지를 전달한다. 빛의 양자역학적 개념인 광자(Photon)는 질량과 전기적 성질을 가지고 있지는 않지만, 진동수에 의한 고유에너지는 전자에 흡수되면서 원자의 상태를 변화시킬 수 있다.

빛을 보는 눈 광자로부터 전달된 에너지는 광전효과와 화학적 변성을 일으키는데, 눈이 사물을 볼 수 있는 것도 수정체에서 굴절된 광자에 대한 광수용체의 반응을 담아내기 때문이다. 광색소 로돕신은 빛이 닿으면 레티닌과 단백질의 일종인 옵신으로 분리되면서, 여기서 에너지가 수용기 세포의 막전위 변화를 일으킨다. 이렇게 발생한 전기적 자극이 두뇌로 영상 정보를 전달하게 되는 것이다.

빛의 세상을 그리는 뇌 빛으로 눈에 비춰진 세상과 뇌가 그리는 세상의 모습은 상당히 다르다. 시각은 1/16초의 잔상으로 세상의 모습을 드문드문 조각내어 두뇌에 전달하면, 두뇌는 그 영상을 다시 이어진 시간으로 연결해 공간으로 재생하고, 그것을 세상의 모습으로 인지한다. 나를 향해 날아오는 공에 관해서 눈이 제공하는 정보는 1/16초의 짧은 시간으로 쪼개어져있는 화상정보의 연속화면이고, 그 영상정보를 통해서는 공의 정확한 위치를 측정하는 것이 불가능하다. 이러한 불완전한 정보를 사용하여 공의 위치를 정확하게 측정하기 위해서는, 몇 개의 불연속 영상만으로 관찰하려는 대상인 공의 이동경로를 축출하고, 그것에 두뇌가 이미 기억하고 있던 기억객체(공과 같이 -둥근 형태, 탄성, 운동역학적 패턴, 표면의 모양 등- 사물로서의 여러 특성들이 하나의 객체에 결합하여 그 총체적인 정보가 기억되어 있는 단위)인 공의 이미지를 결합시키는 것이다. 이렇게 사물의 운동정보와 형상 정보를 분리해서 지각한 후, 사건의 종료와 동시에 두 개의 정보를 하나의 객체로 합성해 인지한다.

중성미자 광자 다음으로 우주에 많이 존재하는 입자는 빛을 많이 닮은 중성미자(Neutrino)인데, 빛과 같이 전하와 질량을 가지지 못한 입자이며 전자와 에너지 교환이 일어나지 않는다. 중성미자의 경로에 영향을 줄 수 있는, 원자핵이 양성자와 전자 그리고 반중성미자로의 붕괴에서 나오는 힘인 약력은 그 영향이 미치는 공간 범위가 10-18m로 매우 작다. 마찬가지로 뉴트리노는 전자와 충돌하여 빛을 내지만 그 또한 가능성이 매우 낮다. 그런 이유로 뉴트리노를 검출하는 것이 매우 어려워 현대 물리학이 나타난 이후에도 오랜 시간 동안 이 입자는 단지 역학적 평형을 유지하기 위한 가상의 입자로 존재해 왔다. 아마도 이런 것들로 인해 지구상에 살고 있는 모든 생명체들이 그들의 생존 매질로 뉴트리노 대신 빛을 선택한 이유일 것이다.

중성미자를 보는 Mudfox의 눈 하지만 언제부터인가 이 입자를 통해 세상을 보고 전자파를 먹이, 즉 에너지원으로 삼는 생명체가 존재하는 것으로 보이는 징후가 나타나기 시작했다. 광자들이 통과할 수 없는 지하 깊숙한 곳에서 마치 그 공간을 훤하게 꿰뚫어 보고 있는 듯이 행동하는 생명체를 보았다는 사람들이 하나둘 목격담을 들려주기 시작한 것이다. 물고기 형상으로 보이는 이 생명체의 우아한 진흙 속 유영을 본 사람들은 이를 Mudfox라 불렀다. 아직 이 생명체의 존재를 증명할 근거들이 제시된 것은 아니지만, 만일 그것이 실제로 존재한다면 이라는 가정 하에 사람들은 Mudfox의 생존 기제를 추정했다.

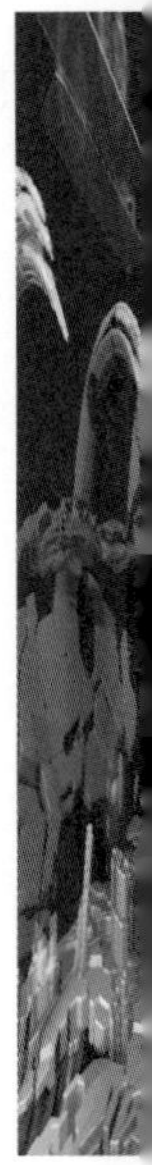

지층을 유리처럼 투과할 수 있는 것은 소수의 방사선과 뉴트리노 지만, 그 생명체들이 발견되는 장소에서는 방사선이 존재할 가능성이 거의 없어 고려의 대상에서 제외되었다. 따라서 Mudfox가 사용할 것으로 추정되는 매질은 뉴트리노이다. 하지만 뉴트리노와 전자 사이에는 에너지 교환이 발생하지 않으므로, 뉴트리노가 다른 입자 혹은 장으로서의 공간과 충돌하거나 에너지를 교환하는 일은, 전자와의 충돌이나 약력에 의한 간섭이 있을 때뿐이어서 그 매질로 사용될 가능성이 매우 낮아진다. 왜냐하면 약력은 힘의 작용 범위가 매우 작아 약력과 뉴트리노가 상호 작용을 일으키는 확률함수로 존재하기에는 공간의 양이 너무 크기 때문이다. 과연 Mudfox의 눈은 무엇을 통해 세상을 보는 것일까? 하지만 이러한 초기 추측에도 불구하고 Mudfox가 관찰되기 시작하면서 Mudfox의 눈이 확률적 한계를 넘어 뉴트리노를 매질로 시각정보를 얻고 있다는 결론을 내리게 되었다. 이제 허구에 가까운 상상을 동원해 뉴트리노를 매질로 하는 눈의 작용 기제를 추론하고 그 눈에 입력되는 영상으로 세상을 그리는 뇌의 구조를 찾는 작업을 시작하려고 한다.

10^{-18}m에 불과한 약력으로 뉴트리노를 간섭하기 위해서는 공간의 밀도를 1010배 만큼 증가시킨 직경 5mm 이상의 중력 렌즈를 필요로 한다. 이런 현상은 상대성 이론에 의하면 엄청난 질량을 필요로 하기 때문에 4차원의 시

공간에서는 불가능 하지만, 초공간이 가진 여분의 차원은 파동으로 존재하는 질량의 가능성을 보여 주기 때문에 이러한 중력렌즈의 존재는 가능할 것인지도 모른다. 따라서 이제부터 Mudfox의 눈은 뉴트리노를 선택적으로 굴절시키는 고차원의 중력렌즈를 사용하는 것으로 가정한다. 하지만 아직도 뉴트리노를 통해 세상을 보기 위해서는 약력에 반응하는 뉴트리노의 수가 너무 적은 편이다.

그러면 여기서 공간에 존재하는 확률함수로서의 파동으로 입자를 보는 양자역학의 패러다임으로 잠시 뉴트리노를 보자. 양자역학의 시점으로 보면 입자는 공간의 한 점을 차지하고 있는 밀집된 질량이 아니라 공간의 어떠한 영역에 확률적으로 나타나는 파동의 집합이다. 따라서 입자는 한 곳에 있는 하나의 알갱이가 아니라 공간에 흩어져 있는 파동의 즉, 입자의 존재 확률적 질량의 합이 된다. 다시 말해 하나의 단일 알갱이가 아니라 공간에 펴져있는 파동의 확률합수들의 집합이 뉴트리노 입자가 되는 것이다. 데이비슨과 저머의 슬릿실험에서 전자는 시간을 넘어 전자의 확률적 존재함수인 파동들이 간섭을 일으키는 것을 보여줬다.

뉴트리노의 확률적 파동을 중력렌즈로 굴절시킨 매질로 세상을 보는 눈이 중성미자를 보는 Mudfox의 눈이다.

중성미자의 세상을 그리는 Mudfox의 뇌 비록 Mudfox의 눈이 뉴트리노의 확률적 파동을 중력렌즈로 굴절시킨 매질로 세상을 보게 되더라도, 아직 뉴트리노는 시공간상에서 존재 확률이 매우 낮아 인간의 시각기와 같이 1/16초의 잔상 기억력으로 보기에는 지하의 진흙 속 세상은 너무 어두운 공간이다. 그러면 Mudfox의 눈은 어떻게 뉴트리노를 매질로 진흙속의 세상을 보는 것일까?

Mudfox의 눈은 놀라운 잔상 지능을 가지고 있다. 사람의 눈이 1/16초의 잔상을 가지고 있는 것과 달리 Mudfox의 눈은 2시간의 잔상지능을 (여기서 잔상지능은 뇌가 아닌 눈의 시신경에 남아 있는 자극으로 영상을 기억하는 것을 말한다) 갖는다. Mudfox 눈에 비춰진 뉴트리노 입자들의 부분적 파동은 2시간동안 뉴트리노의 눈에 쌓이고, 이 2시간동안 모여진 입자의 파동이 만든 간섭이 세상의 모습으로 Mudfox의 뇌에 남는다. 하지만 여기서 재미있는 것은 Mudfox의 눈에 비춰진 뉴트리노의 파동이 하나의 경로를 통해 눈으로 입사된 것이 아니라 확률함수로 시공간에 존재했던, 즉 한 입자가 여러 경로를 거치면서 눈에 입사된 파동들의 확률적 일부라는 것이다.

많은 수의 광량자의 파동이 동시에 입사되는 인간의 눈과 달리 긴 시간동안 하나하나의 뉴트리노 입자가 가진 파동의 부분 정보가 싸여서 영상을 만들게 된다. 이렇게 만들어진 영상과 그 영상을 공간 정보로 재조합하는 Mudfox의 두뇌는 중성미자의 세상을 그리기 위해 인간의 두뇌와는 다른 정보 처리 구조를 가지고 있어야 할 것이다.

Mudfox의 두뇌는 고도로 발달된 기억공간을 시상(視床)에 가지고 있을 것으로 추정된다. 이러한 기억능력은 인간의 뇌와 달리 세상을 즉물적으로 보는 것이 아니라, 움직이는 대상과 움직이지 않는 대상을 분리해서 지각하는 것이다. 즉 움직이지 않는 대상은 점점 더 쌓이는 뉴트리노의 파동정보가 시상의 공간정보 기억 영역에서 점점 더 선명한 4차원 공간 영상을 만들어 가면서 그 공간정보가 명확해진다. 반면 움직이는 물체는 그 움직임을 공간에 펼쳐져 있는 파동들의 간섭을 통해서 확률적으로 이해 할 수 있을 뿐 정확한 모양을 알 수는 없다. 즉 눈을 통해 입력되는 공간 정보를 즉물적으로 이해하는 것이 아닌 그것들을 쌓아 가상의 공간을 만들기 때문에, 그것을 바라보는 정지 공간 인식 영역은 정지된 세상의 모습을 비교적 선명

하게 인식할 수 있게 되는 것이다. 그러나 움직이는 대상을 볼 수는 없어서 Mudfox의 먹이인 전자파를 발생시키는 지하철과 같은 대상을 이해하기 위해서는, 대상의 형상을 보지는 못하지만 움직임을 포착해서 경로를 예측하는 방법을 사용하는 움직임 지각 영역을 또 하나의 공간 지각 장치로 가지고 있다.

Mudfox의 두뇌는 인간이 세상을 보기위해 광자를 사용하는 방법과 달리 중력렌즈에 의해 극도로 압축된 공간의 확률함수를 통해 예민해진 시 감각기로 공간 정보를 받아들이므로, 비록 낮은 확률 질량을 가진 파동의 부분이라도 전체를 유추하는 정보로 사용할 수 있다. 조금 혼란스럽겠지만 동공 방향으로 입사되는 광자를 볼 수 있는 인간의 눈과는 달리 Mudfox의 눈은 모든 방향에서 발생한 뉴트리노 파동의 확률함수를 봄으로 인해서 모든 공간을 동시에 볼 수 있다. 다만 공간상에서 가까운 곳이 더 선명하게 보이겠지만 Mudfox의 유영속도와 뇌의 공간인지 영역에 쌓이는 공간정보의 저장 속도를 비교한다 해도 자신의 생존영역 전체를 4차원 시공간으로 이해하는 데는 무리가 없을 것으로 추정 된다.

하지만 이러한 두뇌의 공간 인지구조가 가진 문제점은 자신이 바라본 공간에서 자신이 어디에 있는지를 알 수 없다는 것이다. Mudfox가 인지하고 있는 공간은 자신의 위치를 기준으로 인식하는 것이 아니므로 기준점이 없어 공간의 구조 즉, 세상의 모습을 알고는 있지만 정작 자신이 그 공간에 어디에 있는지를 알 수 없다는 것이다. 공간을 바라보는 매질로 광자인 Photon을 사용하는 인간은 광자와 전자사이의 상호 작용에 의해 공간에 존재하는 모든 입자의 집합인 사물들이 광자의 진행을 차단해서 자연스럽게 공간 안에 있는 내재자로서 공간을 인지하게 하고, 그 결과 자신의 시점을 기준으로 세상을 이해하는 것이다. 하지만 세상 전체를 한꺼번에 기억하고 그 기

억된 세상의 공간구조를 보는 Mudfox에게는 존재하지도 않는 자신의 시점을 기준으로 공간과 자신사이의 위치관계를 추론할 수는 없는 것이다.
Mudfox의 뇌는 2개의 독립된 공간 인식 영역을 가지고 있는데 하나는 뉴트리노의 파동을 통해 이해한 공간 기억 영역이고, 다른 하나는 자신의 위치를 지각하기 위해서 자기장을 기준으로 자신의 위치를 지각하는 영역이다. 즉 Mudfox는 뉴트리노를 통해서 본 기억공간에 자기장(磁氣場)을 포개어 놓고 자신의 위치는 자기장을 기준으로 설정해서 자신과 대상 사이의 공간관계를 이해하는 것이다. 이는 GIS공간 정보위에 GPS위치정보를 포개어 세상을 바라보는 것과 유사하다.

시공간 왜곡 뉴트리노를 매질로 사용하여 세상을 보기 위해 중력렌즈로 공간을 압축해서 보는 Mudfox는 시공간을 왜곡하여 자신이 원하는 대로 확장하거나 축소할 수 있는 생명체이다. 시간과 공간을 조작해 세상을 바라보는 "Mudfox의 눈"에 비치는 모습은 모든 것을 공기처럼 꿰뚫고, 시간을 정지시켜 바라볼 수 있고, 공간을 확대해 약력이 작용하는 영역을 확장하여 공간의 위상을 뒤집어놓은 상태 같은 공간일 것이다.
잠자는 동안의 시간이 짧게 느껴지는 것은 시간을 지각하는 의식이 수축하기 때문이다. 시공간에서 자신의 행위를 기준으로 시공간의 크기를 지각하는 인간에게 자신의 두뇌에 저장된 단위 시간동안의 기억양은 그 시공간의 크기가 된다. 하지만 시간 차원이 공간의 정보 밀도를 증가시키는 Mudfox의 시공간 지각이 이해하는 공간과 시간의 관계는 매우 다르다. 인간의 눈에는 고정되어있는 세상의 모습이 Mudfox의 두뇌가 그리는 세상의 모습에서는 꿈틀거리고 요동치며 끊임없이 움직여 다닌다. 강기슭을 따라 올라가려는 연어의 회귀성처럼, 자신이 기억해야 하는 공간은 강의 시각적 하상

(河床)이 가진 지형이 아니라 자신을 부르고 있는 물의 냄새와 두뇌를 자극하는 자기장의 떨림이다.

(이 작업은 "2004꿈나비 디지털놀이터" 전시에서 작가 최우람이 작업한 가상의 생명체 "Mudfox"에 대해 그 생명체가 살고 있는 세상을 Mudfox의 눈에 비춰 디자인하게 되었다. 인간이 살고 있는 지구와 미지의 생명 Mudfox가 살고 있는 지구가 물론 동일한 공간이지만, 각각의 생명이 세상을 보기위해서는 사용하는 매질에 따라 어떤 다른 모습으로 보이고, 그것이 얼마나 다른 공간으로 인식되는지를 찾아야 했던 실험이었다. 이는 유비쿼터스라는 전혀 다는 공간 인지 매질의 탄생과 더불어 앞으로 인간이 어떤 모습으로 세상을 보게 될 것인가를 간접적으로 추론할 수 있게 한 작업이었다. 단지 바라봄의 매질인 빛과 달리 인지 매질로서의 유비쿼터스는 공간을 이해하는 추론의 매질인데, 공간을 이해하는 도식(Schema)을 전달하는 매질로 이해할 수 있다.)

인지 매질로서 유비쿼터스 환경 Mudfox의 눈이 보는 것은 어둠과 밝음으로 구분되는 사물들이 아닌, 시간의 확장으로 공간이 요동치며 앞과 뒤가 없는 것처럼 보이는 세상이다. 이런 세상에서는 가끔씩 발광(發光)하는 중성미자의 충돌이 마치 소나기처럼 쏟아지다. 전자에 갇혀버린 중성미자의 소실된 궤적만이 공간크기를 가늠케 한다.

Mudfox의 눈에 비친 서울의 지하는 온통 점멸하는 전자파의 흐름으로 가득 차 있다. 건물의 철근사이로 흐르는 중성미자의 궤적들과, 지표면을 떠다니는 수많은 전자파의 점멸과, 지하철 노선을 따라 장엄하게 흐르는 전자파의 강과, 그리고 그곳을 유영하는 Mudfox 등을 상상하는 것은 새롭게 등장하고 있는 유비쿼터스 환경에서의 건축 공간을 그려보는 것과 비슷하다.

유비쿼터스 환경에서 인간은 Mudfox의 두뇌가 뉴트리노 파동의 공간 확률함수 중 일부를 확장해서 세상전체를 본 것과 같이 부분의 정보로 세상을 4차원의 시공간으로 본다. 유비쿼터스 공간은 시공간 차원을 가지고 있는 물리적 현실공간과, 0차원의 와이어(Wire)와 결합한 위상 공간인 디지털 공간, 그리고 시간차원의 기록은 유전자의 감성공간이 결합한 공간의 새로운 모습이다. 이들 공간이 결합한 유비쿼터스 공간을 표현하기 위해서는 기존에 우리가 이해하고 있는 공간 패러다임인 기하학적 공간의 사유를 사용할 수는 없다. 이들은 이미 기하공간의 사유로 이야기 할 수 있는 공간의 복잡성을 넘어서고 있기 때문이다. 공간 사이의 거리를 측정하는 메트릭이 아닌 공간의 관계를 기술하는 메트릭이 유비쿼터스 공간의 모습을 그릴 수 있기 때문이다.

Epilogue

공간의 의미

“지구생명” 인 초유기체 개념을 통해 생명들 사이의 관계를 바라보는 새로운 생태 패러다임으로 등장한 Gaia 이론은, “하나의 거대생명” 으로서, 지구와 그것을 구성하는 생명들 사이의 정보 전달 방식에 관한 이론이다. 즉 생명체가 가진 섬세한 신경망에 의해 유지되는 생명 유지 구조와는 달리 개체사이의 정보 전달수단을 가지고 있는 것처럼 보이지 않는 지구(地球)와 생명체사이는 어떻게 생명현상인 항상성을 유지할 수 있는 것인가를 찾아보고, 이를 통해 자연과 생명과의 관계를 재조명하는 비선형 구조의 생태 사고모형이다.

집합으로서의 계가 항상성(恒常性)을 유지하기 위해서는 계를 구성하는 능동적 원소와 이들을 연결한 섬세한 신경망을 통해 원소와 원소 · 원소의 집합과 계 등이 끈임 없는 정보를 공유하고 이런 네트워크를 통해 부분의 변화가 전체에 영향을 주거나, 부분의 변화가 전체에 의해 조절되는 동적 평형 상태인, 시스템의 항상성을 유지하는 것이다. 신체를 구성하는 부분인 세포들이 네트워크를 통해 전체의 상태에 동기화하고, 신체의 생리적 수용범위를 벗어난 부분의 세포 상태를 전체와 조화시키는 것처럼, 초유기체로서의 지구도 이러한 생명체 사이의 네트워크를 가지고 있어야 부분과 전체가 조화를 이루면서 항상성을 유지할 수 있으며, 이러한 눈에 보이지 않는 네트워크가 대체 무엇이며 어떤 구조로 작동하는지를 찾아내는 작업이 가이아 이론이다.

그 질문에 대한 현재의 답은, “이들의 정보 네트워크의 구조는, 오랜 시간과 다양한 종의 개체가 만드는 수많은 조합과 그것을 수용하고 있는 동적 공간이 결합되어 형성된다.” 일 것이다. 즉 이러한 네트워크의 구조가 지표면에 산재한 생명체를 개체간의 이격으로부터 벗어나 하나의 거대한 초유기체, 지구 생명으로 존재하도록 하는 것을 가능하게 한다.

유인원으로부터 인류속(人類屬)으로 생태적 지위를 옮긴이래 지난 300만년동안 지표의 생존 환경에 적응하면서 쌓은 경험이 유전정보와, 생물학적 기호로서의 바디 랭귀지, 그리고 시간을 공유한 세대사이의 의식 유전자인 Meam으로 전달되었다고 보면 지난 10000년은 문자 매체로 시간 차원을 인간 종(種)의 지식 공간으로 끌어들이는 과정이었다. 시간차원이 지식공간의 한 차원이 되면서, 인류는 선험 지식과 결합한 자신의 경험을 시간적 영속성을 갖게 된 지식 공간 안에 저장하고, 그것을 세대를 건너서 그 다음(손자 혹은 그보다 먼) 세대에 직접 전달하는 것이 가능해 졌다.

10년이 채 되지 않는 시간동안 인간은 Pentium Processer, Windows 그리고 Internet 이라 불리는 디지털 정보 장치들로 문자와 구강(口腔) 언어를 대체하기 시작했다. 디지털 미디어 언어의 높은 정보 전달 밀도는 의식을 하나로 묶는 힘이 기존 구강 언어 보다 강하기 때문에, 디지털 신경망을 종(種)의 정보 공유 장치로 끌어들인 인간은 새로운 종으로서의 자신을 경험하기 시작했다. 이를 두고 디지사피엔스 또는 디지털 노매드라고 부른다. 하지만 유비쿼터스 환경처럼 정보 집적도가 높은 공간에서의 인간을 지칭하기 위해서는 디지털 초개체라는 단어를 사용하는 것이 더 타당할 것이다.

디지털 네트워크에 의해 연결되어 초개체의 모습으로 변화하는 인간은, 페로몬을 시간축의 정보전달 언어로 사용하는 개미가 보여주는 초개체적 양상과 시공간의 이해구조와 상당부분 닮아있다. 개미 한 마리, 즉 개체로서의 지능으로 개미굴의 복잡한 공간 구조를 이해하고, 그 공간 정보로 공간을 사용하는 것은 사실상 불가능 하다. (개미굴에 비해 훨씬 단순한 공간인 지하철역이나 코엑스 지하 몰에서 공간을 찾지 못해 헤매던 경험을 떠올리면 공감할 것이다. 물론 개미가 이해하는 방식과 인간이 사용하는 공간 정보는 전혀 다른 구조로, 개미의 공간 정보가 매우 단순한 것임에도 불구하고...) 하지만 사회적 지능이라 불리는 각 개체가 이해한 공간 정보를 전체 개미가 공유하는 방식인 초개체의 지능으로 확산시키는, 즉 페로몬 네트워크(말하는 순간 사라지는 음파를 매체로 사용하는 인간의 구강 언어와 달리 화학(化學)기호(記號) 언어인 개미의 페로몬 신호는 시간축에 대하여 비교적 지속적이다.)에 의해서 발현되는 사회적 두뇌(Social Brain)는 복잡한 개미굴의 공간정보를 충분히 이해하고 그 공간을 사용할 수 있는 높은 수준의 공간지능이 된다. 그 결과 개체로서는 자연에 방치되면 몇 시간의 생명도 유지할 수 없는 연약한 개미가, 사회적 네트워크를 형성하여 초개체적 생명이 되면 지구에 존재하는 생명질량의 반이 넘는 가장 영속적인 생명력을 갖는 종 혹은 생명체가 되는 것이다.

유비쿼터스 환경에서 인간이 경험하는 공간은 개미가 페로몬 네트워크를 사용하여 각 개체가 이해한 정보를 초개체인 개미사회가 이해하고 그 정보를 다시 개미개체가 공간정보로 사용하듯, 각각의 개체인 인간, 사물, 공간이 각각 이해한 정보를 네트워크를 통해 하나의 인식으로 공유하는 것이다. 개체로서 개미의 눈으로는 볼 수 없었던 개미집의 모습을 초개체개미의 공간 인식을 통해서 보게 된 것처럼, 유비쿼터스 환경에서 인간은 자신의 눈이 아닌 전자적 미디어로 초개체화 되어가는 인류가 보는 공간 인식으로 세상을 보게 된다. 지금까지 볼 수 없었던 가시 영역 밖에 있는 스펙트럼의 빛을 보고, 확장된 잔상 기억으로 영상정보를 축적하며, 여러 개의 공간시점에서 영상을 획득하여 그 영상 정보들을 합쳐 공간으로 인지할 수 있는 지능을 갖춘 생명체가 바라보는 세상이 21세기 초 우리가 맞닥뜨린 공간의 모습이다. 이런 세상이 우리의 삶에 어떤 영향을 주게 될지 현재로서는 명확하게 알 수 없다. 하지만 세상의 초공간적 모습을 보는 생명체가 살아가는 방식이 지금까지 우리가 살아온 것과는 매우 다를 것임은 분명하다.

목적지에 도착하기위해서 한 달 이상, 속달 서비스로도 1주일이 소요되던 국제 우편물을 실시간으로 전달 가능하게 한 인터넷의 등장은, 원격회의나 원격현전이라는 새로운 공간 구조로 발전하여, 그 결과 직장으로서의 거주지와 주거지가 수만Km 씩 떨어져 있어도 무관한 업무형태가 등장하고, 공간적 이격에 의해 발생하는 시차를 활용하는 업무들(유럽, 미주 그리고 아시아에 직원을 두고 있는 설계사무소는 각 장소의 시차를 활용해 프로젝트를 24시간 진행할 수 있다.)이 생겨나게 했다.

새로운 정보 공간의 출현으로 바뀌기 시작한 삶의 방식은 물리적 공간과 결합한 디지털 공간 그리고 감성 공간인 유비쿼터스 공간에서, 단지 정보 공간의 형태로 나타난 인터넷이 제공해 준 변화와는 사뭇 다를 것임을 예고한다.

영화 매트릭스의 네오가 현실과 가상을 오고갔다면, 유비쿼터스 공간에서 네오는 현실과 공간이 하나로 결합된 증강 공간에서 현실에 결합된 가상과 자신의 감성을 공간으로 보게 될 것이다. 좁은 복도를 따라 줄지어있던 문이 다른 세상으로 통하는 입구였듯이, 유비쿼터스 공간에서의 문은 하나의 방으로 가기위한 입구가 아니라 무한히 많은 공간으로 다가갈 수 있는 WormHole(벌레 구멍, 다른 차원의 공간으로 가는 시공간 터널)이 될 것이다.

Dictionary

ASR31Q-26 : 「구조역학강의실」의 일련번호

C-19수송기 : 중,대형 수송기를 통합해가기 위해 개발한 미군의 최신형 수송기 Ecourban-v1 씨앗을 파종하는데 사용된다.

CHLORPAN-3 유닛 : 광합성 작용하는 인공 엽록소 장치를 CHLORPAN-3이라 부른다. 광합성의 부산물로 뿌리에서 흡수한 지하수를 수증기로 방출해 주변의 미세 기후를 온화하게 하는 작용도 한다.

D-D 반응 : 중수소와 중수소를 부딪쳐 핵융합을 유도하는 반응.

D-T 반응 : 중수소와 삼중수소를 부딪쳐 핵융합 반응을 유도하는 반응.

ECO-BLD32-B4 현탁액 : Ecourban-v1의 체액(혈액). 검붉은 색깔을 띠고 있으면서 불투명하고 꿀처럼 점성이 강한 액체이다. 이 체액은 순환 공간을 천천히 흘러 다니면서 Ecourban-VDS가 씨앗에서 깨어나고, 성장하고, 생명을 유지하는 대사가 지속되도록 하며, 필요한 재료들을 각 기관에 전달하는 역할을 한다. 현탁액의 역할은 다른 유기동물들의 혈액과 마찬가지로 물질의 운반과 열린 폐쇄계인 생명체에게 자정기능을 제공하는 것이다.

ECO-RT-A : Ecourban-v1의 제일 밑 부분으로 뿌리를 만드는 기관.

Ecourban-h1 : GAIA System사에서 계획한 수동적 생태복원 도시. 수평적으로 뻗어 있다. 생태계가 번성한 곳에 자연과 공존하는 도시공간으로 지어져 더 이상의 자연 파괴가 진행되지 않도록 하는 수동적 '생태복원' 도시.

Ecourban-s1 : GAIA System사에서 계획한 해양 생태계복원 도시. '복잡한 도시' 라 부른다.

Ecourban-v1 : GAIA System사에서 계획한 능동적 생태계복원 시스템. 인공지능시스템의 살아있는 거대도시생명체로, 자연이 파괴되어 더 이상 생명체가 살 수 없게 된 환경을 생명체가 번성할 수 있는 공간으로 재활시키는 복원 계획으로 디자인되었다. Ecourban-v1의 번성은 유기생명체가 살 수 없는 극한의 환경을 인간과 자연이 함께 살아 갈 수 있는 온화한 공간으로 변화시킬 수 있으므로, 생태계를 불모지들에까지 확장해 지구의 생명 밀도를 높일 수 있는 도시 디자인이다.

Ecourban-v1 성체기 : Ecourban-v1의 공동(空洞) 구조물이 거주공간으로 사용될 수 있을 만큼 확보되고 Ecourban-v1의 기관들이 충분히 자라나 완전한 성체로 성장을 하면 지상에 CHLORPAN-3 유닛이 건설되기 시작해서 생태계의 사이클 속으로 들어갈 준비를 하게 되는 단계가 성체단계이다. 광합성 프로세스로

CHLORPAN-3은 뿌리에서 흡수한 지하수를 수증기로 대기에 방출하는데, 이 과정에서 주변 공기의 습도변화로 주변의 미세기후(micro-climate)에 영향을 주기 시작한다. 완벽한 성체로 자라난 Ecourban-v1은 자신을 복제할 씨앗을 만들어 주변에 퍼뜨리는데, 복제 작업과 복제된 Ecourban-v1의 성장이 지속되면 군집체 Ecourban-VC를 형성해서 주변의 환경을 변화시킬 수 있는 생태적 영향력을 가지게 된다. 다시 몇 개의 군집체가 모여 커다란 숲과 같은 의미의 Ecourban-VC 도시를 형성하게 되는데, 하나의 도시는 약 120개의 Ecourban-v1으로 이루어져 있으며 300만 명의 사람들이 살게 된다. 이 도시들이 30%의 지표 불모지에서 자라면 200억의 인구를 생태계에 수용할 수 있게 된다.

Ecourban-v1 코어기 : 곤충의 변태과정에 해당한다고 볼 수 있는, 성체로 자라나기 위한 단계가 '코어기' 이다. 코어부분이 자라나서 성체가 되는 것이다. 코어단계의 Ecourban-v1은 머리 부분과 뿌리의 두 부분으로 나누어져 있다. 대략 Ecourban-VDS 씨앗이 성장을 시작한 후 1년이 지나면 100m의 깊이로 자라난 Ecourban-v1의 코어가 성장을 하기 시작한다.

Ecourban-v1Sl-027 : 서울에 심어진 Ecourban-v1의 일련번호

Ecourban-v1SlCot-027 : 서울에 심겨진 Ecourban-v1Se의 떡잎에 붙여진 일련번호

Ecourban-v1Sl-sc231 : Ecourban-v1Sl-027의 순환조절 컴퓨터의 일련번호

Ecourban-v1SlSe-027 : 서울에 심겨진 발아기(發芽期) Ecourban-v1의 일련번호

Ecourban-VC : 12~24개의 Ecourban-v1이 모여 원형의 군집체를 형성하는데 이를 이르는 용어이다.

Ecourban-VDS (발아기) : Ecourban-v1으로 자라날 최초의 씨앗상태를 말한다.

Gaia 이론 : 가이아 이론은 "지구는 살아 있다" 는 가설이다. 가이아(Gaia)란 그리스 신화에 나오는 "대지의 여신" 을 가리키며, 지구는 살아있다는 주장이 전개되면서 지구를 상징적으로 나타내기 위해 사용된 말이다. 가이아로 표현되는 지구란 현재의 지구 그 자체만은 아니다. 가이아는 공간적으로 대기권과 암석권, 생물권을 시간적으로 지구상에 생명이 태어난 시간부터 지금까지를 포함한다. 즉, 가이아란 공간적 · 시간적 경계를 가지는 하나의 실체이며 바로 이 실체를 생명으로 보는 것이다. 가이아 이론은 영국 대기과학자 러브록(Lovelock)이 체계적으로 정리하여 1978년에 "지구상의 생명을 보는 새로운 관점" 이라는 제목의 책으로 발표하였다.

Gaia Project[1] : 2042년 초신성폭발이 일어나고, 이때 발생한 반물질이 36년이 지나 지구에 도달하게 되면서 지구는 멸망의 위기에 처하게 된다. Gaia System사는 범지구적 멸종의 순간을 막기 위해 지구연합의 의뢰로 여러 계획을 수립하는데 그 중 하나가 가이아프로젝트이다. 가이아프로젝트에는 Ecourban-s1, Ecourban-h1, Ecourban-v1 등이 있다.

Gaia Project[2] : 건축가의 입장에서 인간의 세포에 간직된 생명의 이야기를 하려고 시작한 사고 실험과 그것의 공간 디자인 작업을 이르는 단어. 1997년 첫 번째 전시인 "1997Gaia Project", 2000년 두 번째 전시인 "2042년의 도시 Spectrum of Paradigm" 그리고 두 전시를 정리하고 디지털 인지공간으로의 전이를 준비했던 2002년 세 번째 전시인 "2042 그리고 2084" 가 일련의 'Gaia Project' 이다.

Gaia System사 : 뉴욕에 위치해 있으며, 전쟁과 오염에 의한 환경파괴로부터 자연을 보호하는 계획들을 수행하는 회사. 2042년 프로키온의 초신성에 의해 반물질 복사가 일어나 환경재앙이 닥쳤을 때 지구를 보존하기 위한 가이아프로젝트를 진행하는 회사이다.

H. H. G(Human Heritage Group) : 영화 원더풀데이즈의 배경인 가이아섬과 델로스 타워건설을 결정한 비밀결사. 지구상 재화의 95%는 단지 상위 5%의 인간이 소유하고 있다. 이러한 부를 바탕으로, 그것을 지키려고 만들어진 비밀결사가 H. H. G(Human Heritage Group)이다. 그들은 막대한 자금을 바탕으로 인류가 직면한 환경오염의 위험에서 벗어나기 위한 방안을 모색한다. 그들이 추구하는 것은 인류 전체의 삶을 보존하는 것이 아니라, 자신들의 삶이다. 막대한 자금력을 동원해 인류가 소유한 모든 지식을 확보한 H. H. G.가 내린 결론은, 현 인류의 힘으로는 지구가 완전히 파괴되기 전에 모든 인간이 함께 생존할 수 있는 방법이 없다는 것이다.

HebitaSp. : 건축물과 같이 인간의 행위를 수용하기 위해 계획되는 장치들

Hyper Gate : 2042년의 서울을 가리키는 말이다. 실체와 비실체가 등가(等價)의 질량을 가지는 도시이다. 즉, 2042년의 서울에서는 "디지털 공간의 비트(Bit)가 형성하는 정보입자(粒子)와 진공을 떠도는 원자"는 동일한 인력을 발생시키는 등가의 질량을 가진다. 지하 1Km까지 뻗어있는 기간시설을 고려하면 서울시의 물리적 질량이 약 1조9360억 톤인 반면 정보의 무게는 20조 톤이 넘는다고 사람들은 이야기 한다. 사람들은 서울을 물질과 비물질의 두 세계를 연결하는 Hyper-Gate 도시라 불렀다.

La Paris 21 : 2039년 공해로 파괴된 파리를 나노 기술을 사용해 복원하려는 파리의 디지털 공간 시뮬레이션이다. La Paris 21은 물리적 공간에 실재하는 도시가 아니라, "도시 복원 계획프로그램(computer Simulation program)" 에 생명체를 비롯한 모든 도시구성 요소를 객체지향형 데이터로 입력하여 도시를 건설하고, 시간이 흐른 후 이 도시가 어떤 모습을 갖게 되는지 관찰하는 계획이다. 시뮬레이션 공간에서는 실제 시간보다 380배 빠른 시간의 흐름을 가진다.

La Paris 500 : "La Paris 21" 프로젝트를 진행하면서 생성된 가상의 파리.

Mudfox : 2205년에는 빛이 아닌 중성미자를 통해서 세상을 보고, 전자파를 에너지원으로 삼는 새로운 종의 생명체가 탄생한다. 광자들이 통과할 수 없는 지하 깊숙한 곳에서 마치 그 공간을 환하게 보고 있는 듯이 행동하는 생명체를 보았다는 사람들이 나타나는데, 물고기 형상으로 보이는 이 생명체의 우아한 진흙 속 유영을 본 사람들은 이를 Mudfox라 불렀다. (조각가 최우람의 작업)

Neo-Paris 계획 : 2029년 환경오염에 의해서 파리는 더 이상 사람이 살 수 없을 정도로 파괴된다. 환경에 대한 무지는 파리를 인간을 제외한 어떠한 생명체들도 살 수 없는 공간으로 만들었다. 우기인 겨울철이면 산성비에 대리석 건물이 우유처럼 녹아내리고, 콘크리트의 종유석이 건물의 실루엣을 바꿔놓았다. 파리를 복원하고자 Neo-Paris 계획을 진행하는데, 그 중에 한 실험이 "La Paris 21" 이다.

P-52-s, T-39-u 유닛 : Ecourban-h1에서 도시를 구성하는 기본구획 단위들의 일련번호 중 하나들이다.

PS-1 빌딩 : 2042년 뉴욕에 위치한 초전도 하이브리드 구조의 건축물 중 하나. 이 건물에 가이아시스템사가 입주해 있다.

RAA524-B2 : 영화 및 체험을 위한 시뮬레이션 챔버(simulation chamber)의 일련번호

SimCity 6000 : "La Paris 21" 프로젝트에 따라 "La Paris 500"의 모습을 만들어내는 "도시 시뮬레이터"의 이름이다.

Spectrum of Paradigm : 2000년 2월 아트센터 '나비' 에서 가졌던 전시명. 2042년의 서울, 뉴욕, 파리의 개념과 모습을 가정하여 가상의 도시를 전시하였다.

SRP21A-23 : 「건축설계강의실」의 일련번호

가이아(GAIA섬)과 에코반(ECHOURBAN) : 태평양 한가운데의 작은 섬 'Gaia' 에 인공지능 도시 '에코반' 이 있고, 에코반의 심장부가 '델로스 타워' 이다. 이 섬은 오염으로 특이한 대류구조가 발생하였는데, 목성의 대적반 같은 고리모양의 안정된 공기층에 가려져있어 수면으로부터는 관측될 수 없었고, 1년에 한 번 하늘이 열리는 원더풀데이즈 외에는 외부에 노출되지 않는다.

감성지능(感性知能) : 유전자는 자연선택을 통해 획득한 주변 환경정보와 그것에 적응하는 생존전략을 감성지능 형태의 기억으로 다음세대에 전달한다. 어둠에 대한 두려움이나, 더러운 것에 대한 혐오감, 불에 대한 호감, 이성에 대한 감정 등의 감성지능은 인간이 자연환경에 적응하며 생존의 가능성을 높이는 중요한 공간 정보 역할을 해왔다. 이러한 특징은 공간 적응에 성공한 종인 영장류에서 두드러진다.

개체군 선택 : 개체 자신의 능력으로 자연환경에서 생존하는 것보다는 개체군을 형성하는 것이 생존의 가능성을 비약적으로 증가시키므로 개체군을 형성한 개체는 '개체보존' 의 장을 자연에서 개체군 안으로 끌어들인 셈이다. 즉 전략적으로 개체보다는 개체군을 진화에 끌어들이는 것이다.

개체군(Community: 공동체) : 개체가 유전 정보를 다음 세대로 전달하는(개체보존과 종족유지) 가장 좋은 방법은 넓은 정보전달 네트워크와 보편적 프로토콜(Protocol: 통신 규약)을 갖는 집단을 형성하고 생존에 필요한 채집 사냥 등의 작업을 협업하는 것이다. 이런 목적을 위해 형성한 개체의 집단이 개체군이다. 인간의 유전자는 200명의 개체군(Community: 공동체)을 형성할 수 있는 네트워크를 두뇌에 발현한다. 침팬지는 약 40 개체, 개미는 100만 개체다.

공간계(空間系:space-system) : 집합으로서의 공간과 그 공간에 존재하는 원소인 객체들 사이의 상호작용을 포함하는 시스템으서의 공간. 유비쿼터스 환경에서의 공간은 단순히 물리적 거리를 측정하는 기하학적 공간이 아니라, 공간과 그 공간에 존재하는 객체 혹은 객체가 가진 에너지의 준위차에서 발생하는 장(field) 등의 여러

정성적 특성을 복합적으로 다루어야한다.

공간의 객체화 : 128비트 IPv6는 340澗 (3.4x10[36])개의 ID를 발생시킬 수 있다. 이는 지구상의 모든 모래에 무작위로 ID를 부여해도 그것이 겹쳐질 가능성이 1/4,000,000에 불과한 숫자이다. 가상적으로 IPv6는 지구에 존재하는 모든 사물을 확률이 개입할 수 없는 밀도로 디지털 공간과 동기화시킬 수 있다. 물리적 공간을 단위크기로 나누고, 각각의 단위공간에 IP와 Sensor를 부여해 Matrix의 위상공간과 동기화시키고 시간차원을 따라 공간의 정보가 쌓이고 그 정보가 가치를 가질 만큼의 시간이 흐르면 4개의 차원을 가진 단위 시공간은 객체가 된다. 객체화된 공간 즉, 객체의 속성을 가진 단위 장(場)으로서의 공간은 다른 객체와 간섭의 대상이 되며, 그 간섭의 이해를 통해 공간은 객체가 된다.

공간적 지위 : "인간의 공간적 의미"를 정의하기 위해 생물학 용어인 "생태적 지위(Niche)"를 차용해 만든 조어. 생태계의 모든 종(種)은 생존 자원을 효율적으로 활용하기 위해 먹이획득 · 생태습성 · 공간점유 등에 각각 구별되는 공간적 지위를 부여한다. 공간을 단순히 지속 혹은 연속적 기하 좌표가 아니라 그것이 물리적 크기이든 혹은 구조적 구분이든 단위 조각으로 나눠진 것으로 보고 그것의 집합으로서의 공간, 즉 생태공간의 구조로 파악하려는 시도처럼, 공간을 점유하고 있는 객체들의 공간 지위의 합인 계(系)로 의미를 확장하면, 생태계와 마찬가지로 인간은 건축 공간에서 다양한 지위를 지니게 된다.

뉴트리노(중성미자) : 경입자족에 속하는 소립자. 에너지 및 운동량보존법칙을 이론적으로 만족시키기 위해 1931년 W.파울리가 그 존재를 예언했고, 1934년 E.페르미가 중성미자라는 이름을 붙였다. 파울리는 정지질량이 0 또는 거의 0에 가깝고 전기적으로 중성이며 스핀양자수가 1/2인 입자가 존재하며, 그 입자가 원자핵의 β붕괴 때 β입자(電子)와 함께 방출된다고 가정하면, β붕괴에서의 에너지 및 각 운동량보존법칙이 성립된다고 했다. 이때 생기는 중성미자를 전자중성미자와 전자반중성미자라 한다.

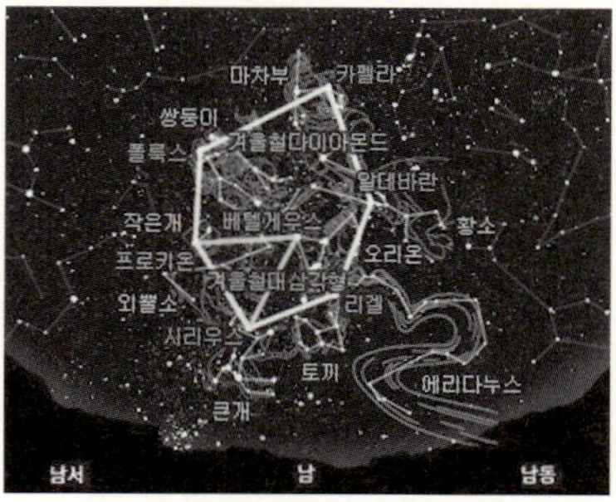

델로스 스피어(Sphere) : 타워 상부의 구형 구조물. 핵융합로인 토카막(tokamak)을 감싸고 있다.

델로스 커넥터(Connector) : 델로스 스피어와 타워의 기단을 연결해주는 부분. 스피어의 작동을 위해 필요한 시스템과 구조적 역할을 한다. 스피어 외부에 부착된 광합성 장치에 필요한 무기물질을 제공하고, 광합성으로 생산된 당류를 다양한 다당류로 합성하고, 오염물질을 플라즈마 분해하며, 부품들을 코어 플레이트에 공급한다.

델로스 타워 : 델로스 타워는 먼 하늘에서 보면 꽃을 닮은 ECHOURBAN의 암술이라고 할 수 있다. 신비한 델로스 호수 가운데 높게 솟아 있는 델로스 타워는 사실상 생식을 제공하는 암술보다 더 중요한 ECHOURBAN에 생명을 제공하는 장치이다. 델로스 스피어(Sphere), 스피어 코어(Core), 델로스 커넥터(Connector), 그리고 타워(Tower)기단 4부분으로 이루어져 있다. 델로스 타워는 ECHOURBAN이 처음 제안되었던 생태계 복원 장치로서의 기능이 가장 많이 남아 있는 곳이다. 공기 중에 떠도는 오염 물질을 흡수해 플라즈마 상태에서 원자로 분해하고, 분해된 중수소를 핵연소시킨다. 그 과정에서 방출되는 에너지를 이용해 식량을 생산하며, ECHOURBAN의 작동에 필요한 에너지를 공급한다.

도시세포의 유닛 : Ecourban-s1의 기본 구성단위. "복잡한 도시"를 구성하는 기본단위인 '육각형 유닛'으로, 최초의 씨앗형태에서 가운데의 둥근 부분이 성장하여 생겨난 부분이다. 이 유닛은 생명의 특성을 닮은 광자기 DNA를 가진 유사생명체이다. "도시세포"의 정보처리 구조는, 생물체와 같이 두뇌와 유전자의 상보적 관계에 있다. "도시세포"의 인공지능도 생명체의 두뇌와 같이 주변의 환경을 학습하여 경험을 두뇌에 축적하고, 이 경험을 통해 새로 입력되는 정보를 판단하는 과정을 반복한다. 이렇게 검증된 생존정보는 "도시세포" 광자기 유전자에 기록되어 다음세대로 전달된다.

동시이용 공간 : 시분할 엘리베이터를 사용 항시전용공간에서 직접 접근할 수 있지만 여러 사람이 동시 사용하는 공간.

디지털 공간 : 디지털 공간은 하드웨어적 와이어의 1차원 공간과 소프트웨어적 위상구조의 비기하공간(Matrix)이 결합한 공간이다. 따라서 디지털 공간은 물리적 네트워크인 "와이어(Wire)공간"과 정보 노드들이 형성하는 근방계인 "디지털 위상공간"으로 나누어 특성을 기술하고 이들의 결합 방식에 의해 그 구조를 설정할 수 있다.

이 두 개의 공간은 하나의 디지털 공간을 구성하는 요소임에 불구하고 공간적 유사성이 없다. 와이어 공간을 지나는 입자로서의 펄스가 시간차원을 따라 1차원적 크기를 가지고 있는 것에 비해 위상 공간은 공간 지위를 가지고 있지만 크기가 없어 형상을 가지지 못하고, 객체의 집합만 존재하고 그 집합의 성격과 관계들이 공간의 구조이므로 Matrix는 위상공간을 닮았지만 시간차원을 담고 있다는 점에서 위상공간과 다르다. Matrix공간에서 공간의 크기란 객체가 차지하는 공간의 양이 아니라 그것의 위상 공간, 즉 그래프 위에 나타나는 집합의 밀도, 크기이다.

디지털 생명체 아담dAd-01 : 디지털생명체 이브Ev-01의 언어학습을 도와주기위해 만들어진 디지털생명체. 유전자 정보를 3차원 스캔해서, 디지털 공간에서 가상의 단백질을 합성하고, 그 단백질이 사람으로 발생시키는 과정을 시뮬레이트해 만들어진 디지털 생명. 아담dAd-01의 디지털 두뇌에 언어 정보를 입력하고 그것을 통해 이브에게 구강언어를 학습시킨다. 여러 번의 시행착오 끝에 100여개의 Ecourban-v1 시스템 관리 컴퓨터들을 하나로 묶은 패러럴 컴퓨팅으로 아담dAd-01을 탄생시킨다.

디지털 생명체 이브Ev-01 : 인류가 멸망한 후 Ecourban-v1sl-027의 제어컴퓨터가 Ecourban-v1sl-027에 보관되어 있던 인간의 세포를 조작해 탄생시킨 여자 아이(Post Human)

디지털 위상 공간 (Matrix) : 현실공간의 직관적 이해에서 출발한 기하공간과 달리 네트워크의 출현으로 파생된 디지털 공간의 이해는 공간이 물성을 가지지 않는 것에서 출발한다. 질량이 존재하지 않는 공간은 인력이 없고, 와이어 공간을 빛의 속도로 이동하는 가상의 입자를 통해 바라보는 위상공간은 상대적으로 그 크기가 없다. 디지털 공간에서 객체를 구성하는 Bit는 인력을 가지고 있지 않아, 입자는 무한하게 결합과 해리(解離)를 반복할 수 있고, 해리된 입자는 다른 입자 혹은 객체로 재구성 된다. 디지털 공간에서 공간과 그 공간에 존재하는 입자는 등가이며 동일한 개념이다. 공간과 그 시공간에 확률로 출현하는 파동으로서의 입자와 달리 디지털 공간에서 공간은 그 입자들의 합에 불과하다. 정보 노드들이 형성하는 근방계가 "디지털 위상 공간" 이다.

디지토포 : 2042년의 뉴욕을 대표하는 단어이다. 생태적 유휴지를 의미하는 '지오토포' 에서 따온 말이다. 2042년의 뉴욕은 디지털 생명체와 생물학적 생명이 공존하는 공간적 유휴지라는 의미에서 사용한 것이다.

마크 와이저(Mark Weiser) : "유비쿼터스 컴퓨팅" 이라는 개념을 처음 제시하였다. 1952년 7월 시카고에서 출생하였고, 미시간대학 Computer and Communication Sciences 분야에서 석사와 박사학위를 받음. 36세가 되던 1987년에 제록스사에 연구원으로 참여하게 되었고, 1988년에 유비쿼터스 개념을 제안하였다.

모션 시뮬레이터 : 움직이는 가상공간 체험관

무인자기캡슐(Superconducting Transportation Capsule) CR-2 : 개별로 사용가능하도록 제공되며, 컴퓨터에 의해 제어되며 자기 반발력으로 이동하는 개인용 이동 캡슐의 일련번호.

미케노 스피어 : 아직 학문적 검증을 갖지 못한 철학에서의 생태 개념, 유기적인 생명체들이 아닌 기계 생명체로 구성된 생태계 개념이다. 인터넷을 정보들이 살고 있는 생태계라 하면 그 곳 역시 생태적 위계를 가지고 있을 것이고, 정보 공간 속에 살아 있는 프로그램들은 서로 생존 가능성을(유기체들이 지표의 생존 공간에서 자신을 보존하기 위해 벌이는 생존의 전략처럼) 유지하기 위해 주변 환경과 다양한 관계를 만들어 나갈 것이다. 이러한 생태계를 미케노 스피어라 부른다.

바이옴(biome) : 사바나 등으로 나누어진 범위에 존재하는 생물의 군집단위를 말한다. F.E.클레멘츠가 1916년에 만든 용어이다. 그 때는 일반적으로 생물군집을 가리켰으며, 그것이 서식장소와의 관련에서 일정한 구조를 가지고 극상으로 향하여 발전한다는 것이 강조되었다. 그러나 1939년 V.E.셀퍼드 등이 제안한 후로는 식물군계에 대응하는 크기의 동물과 식물로 이루어지는 군집(생물군집:biotic formation)에 한정시켜 사용하는 경우가 많다.

반물질 : 보통의 물질을 구성하는 소립자(양성자 · 중성자 · 전자 등)의 반입자(반양성자 · 반중성자 · 양전자 등)로 구성되는 가상적인 물질. 실험실 안에서는 반중성자와 반양성자로 합성된 원자량 2의 반수소원자핵, 즉 반중양성자(反重陽性子)의 존재가 확인된 바 있다. 그러나 대개는 원자와 그 반원자를 접근시켜 상호작용을 하게 하면 원자가 소멸해서 π중간자 등 소립자가 되고, 이들 입자는 극히 짧은 시간 안에 다시 γ선이나 중성미자(中性微子)로 바뀌어 순식간에 날아가 버린다.

부유 엘리베이터 : 트렌스포테이션 튜브와 주거공간을 수직으로 연결하거나, 한 라인에서 다른 라인의 트렌스포테이션 튜브로 옮겨 타기 위해서 사용되는 수직연결 장치이다. 선형도시의 튜브는 각각의 튜브가 직각으로 직접 연결되는 경우가 없으므

로, 튜브들을 연결시켜 줄 매개공간을 필요로 한다. 그래서 부유(浮流) 엘리베이터는 이들을 연결할 뿐 아니라 시공간적인 완충역할도 하는 것이다.

사이버스페이스 버전(cyberspace version) : 극장 상영용이 아닌 가상공간에서 시뮬레이션으로 즐길 수 있게 한 게임형식의 영화

서버 Seoul-21 : 2042년의 서울은 하나의 거대지능으로 볼 수 있다. 디지털 생명체이든 생물학적 생명체이든 이곳에 살고 있는 모든 사람들은 서울이라는 거대한 하나의 지능에 네트워크화 되어있다. "서울"은 더 이상 20세기의 지명이 아니라 2042년 이곳에 위치한 "네트워크 지능"을 부르는 말이다. 수 만개의 제타 플럽 CPU와 수백만의 인간 두뇌들의 결합은 새로운 형태의 네트워크를 넘어서는 지능을 만들어 냈고, 이를 "서버 Seoul-21"라 한다.

섭동 : 역학계(力學系)에 있어서 주요한 힘의 작용으로 생기는 운동이, 다른 부차적인 힘의 영향으로 교란되는 일. 현실공간과 디지털 공간사이의 섭동은, 현실공간의 원소와 그것의 대칭원소인 정보객체 사이에 각각의 원소에서 일어나는 변화가 상대공간의 대칭원소에 영향을 줘 역학적 변화가 발생하는 현상

스피어 코어(Core) : 타워의 대사(代謝)장치. ECHOURBAN은 1000년 이상 사용되어지는 것을 목표로 설계되었으나, 각각의 부품이 1000년의 내구연한을 가지도록 제작하는 것이 사실상 불가능하다. 이러한 한계를 극복하기 위한 방법으로 살아 있는 생명체의 대사기능을 ECHOURBAN에 삽입한다. 생명체가 대사과정을 통해 자신의 몸을 구성하고 있는 노후한 단백질 분자를 새로운 것으로 교체하여 신체를 유지하는 것과 같이, ECHOURBAN을 구성하고 있는 모듈들은 새것으로 교체된다. 이러한 대사과정을 관리 유지하는 것이 스피어 코어의 역할로, 부품의 생산과 그것의 순환 장치를 가지고 있다.

시분할 전용 엘리베이터 : 시분할 전용공간과 유사한 공간 사용 방식의 엘리베이터. 이미 사용자가 엘리베이터를 점유하고 있으면 다는 사용자는 다른 CAR(엘리베이터 단위)를 사용한다. 즉 사용자는 엘리베이터를 불연속적으로 한시 독점적으로 점유 사용한다. 수직 혹은 수평이동을 위해 제공 되지만 현재 엘리베이터 사용방식과 달리 사적인 공간의 연장으로 분류된다. 따라서 시분할 전용 엘리베이터의 사용은 항시적 전용공간과 이격되어 있는 시분할 전용공간을 하나의 공간으로 이어준다.

시분할 전용공간 : 자산으로서 단위 공간의 소유권은 개인 혹은 집단이 가지지만 공간

의 사용권은 그 집단을 구성하는 개인 혹은 단위세대의 구성원이 단위 시간 시분할 해 연속 혹은 불연속적으로 독점 사용하는 공간이다. 즉 시분할 전용 공간은, 특정 집단이 일정 규모의 공간을 공유하고 그것을 공유하는 사용자는 가상적으로 공유하는 모든 공간을 사용할 수 있다. 만일 그 공간이 다른 사용자에 의해 현재 점유되어 있다면 이와 유사한 성격의 다른 공간을 시분할 사용할 수 없다.

시분할방식 : 시간을 분할하여 특정시간대에 특정한 사람이 공간을 점유하거나 사용하는 방식

영상 렌더러 : 3D 자료를 영상으로 표현하여 보여주는 장비

와이어(Wire) 공간 : 디지털 공간의 물리적 구조는 무한히 많은 1차원의 원소들을 가지고 있지만 0으로 수렴하지 않아 3차원 공간이 아니라, 각각 독립된 1차원 공간의 정보튜브로 연결된 0차원공간의 집합이다. 에너지확산이 없는 1차원 선형공간을 통해 정보가 전달되면 물리적 거리는 무의미한 것이 된다. 에너지의 확산에 의해 물리적 거리가 제공하던 차폐효과는 사라지게 되는데, 물리적 네트워크의 연결 구조를 "와이어(Wire)공간" 이라 한다.

원더풀데이즈(Wonderful Days, 2003) : 한국 애니메이션, 장르 모험 · SF · 액션, 87 분, 개봉 2003.07.17, 감독 : 김문생 (http://www.wonderfuldays.co.kr)의 영화이다. 인공지능도시 '에코반' 의 심장부, '델로스 센터' 에 침입자가 발생한다. 에코반 순찰대원 제이는 그가 첫사랑 수하임을 알게 된다. 하늘은 잿빛이 아니라 푸른빛이라고, 언젠가 꼭 푸른 하늘을 보여주고 싶다고 말했던 수하. 그러나 갑자기 에코반을 떠났고 사람들은 모두 그가 죽었다고 했다. 기다렸던 첫사랑을 적으로 만난 제이는 혼란에 휩싸이고, 제이를 사랑하는 경비대장 시몬 역시 수하의 존재를 알게 되는데... 원더풀데이즈에 등장하는 에코반(ECHOURBAN)은 시나리오에 맞춰 에코반(Ecourban-v1)의 개념이 수정된 것이다. 따라서 영화에 등장하는 '가이아(GAIA)' 와 '에코반(ECHOURBAN)' 의 개념은, 'Gaia Project' 에서 등장하는 '가이아(Gaia)' 와 '에코반(Ecourban-v1)' 의 개념과 의미가 다소 다르다. 영화에 등장하는 에코반(ECHOURBAN) 주변 배경은 "2042년 도시" 의 3D Model을 수정해 일부 사용 되었고, 델로스 타워는 시나리오의 구조에 맞춰 새로이 디자인하였다.

유보도(流步度:moving walker) : 보행자의 진행 방향으로 움직여 공간 이동을 도와주는 기계식 보도, 여러 단계의 속도를 가진 벨트의 조합으로 되어 있다.

유비쿼터스 환경(Ubiquitous Environment) : '시공을 초월해 어디에나 존재하는' 의 의미를 가진 라틴어인, 유비쿼터스(Ubiquitous)는 디지털 환경에서 사물과 컴퓨터가 네트워크와 결합해 시간과 공간에 구애받지 않고 항상 네트워크에 접근할 수 있는 환경으로, 물리적 공간의 존재물이던 컴퓨터 자신이 공간 환경이 되는 것을 의미한다.

유전자의 후성(epigenetic)구조1 : 후성학은 분자생물학 분야에서 새롭게 등장한 분야. 유전적 배열의 변화를 포함하지 않는 유전형질에 대한 연구를 후성학이라고 하는데 유전자의 발현은 DNA 배열이 동일하여도 유전적 양식에 의해 달라질 수 있다. 어떤 질병 증후들은 DNA배열과는 독립적으로 유전자 활성의 부성-특이적 패턴의 유전-에 기인하는 것으로 알려져 있다. 식물, 효모, 파리 등에서는 유전자 이외의 정보들이 유전된다는 사실이 이미 알려져 있다. 이러한 현상이 포유동물에도 존재한다는 사실이 밝혀졌다.

유전자의 후성(epigenetic)구조2 : 바이스만의 주장에 따라 획득형질은 유전되지 않는다는 진화론에 대해 후성가능성을 주장하는 이론들이 제기되고 있다. 후성성은 획득형질이 어떤 형태로든 유전정보에 영향을 미칠 수 있는 가능성이다.

유전적 쉬프팅(Genetic shifting) : 후성구조와 비슷한 의미로 라마르크적 패러다임, 획득형질이 다음세대에 전달되어 급변적 진화가 발행하는 현상

잔상지능 : 사람의 눈이 1/16초의 잔상을 가지고 있는 것과 달리 Mudfox의 눈은 2시간의 잔상지능을 갖는다. (여기서 잔상지능은 뇌가 아닌 눈의 시신경에 남아 있는 전위차로서의 영상을 기억하는 것을 말한다). 뉴트리노 입자들의 부분적 파동은 2시간동안 뉴트리노의 눈에 쌓이고, 2시간동안 모여진 입자의 파동이 만든 간섭이 세상의 모습으로 Mudfox의 눈에 비친다. 수많은 광량자의 파동이 동시에 입사되는 인간의 눈과 달리, 긴 시간동안 하나하나의 뉴트리노 입자가 가진 파동의 부분 정보가 쌓여서 영상을 만들게 된다. 이렇게 만들어진 영상을 공간 정보로 재조합하는 두뇌구조를 가지고 있다.

제타 플롭스(Zetta flops : floating-point operations per second) : Processor의 연산 속도를 나타내는 단위, 제타 플롭스 1초에 1021의 부동소수점을 연산할 수 있는 컴퓨터. 펜티엄 3Ghz CPU의 약 1조 배 빠른 연산 속도

중력렌즈 : Mudfox가 세상을 보기위해 중력을 사용하여 뉴트리노를 선택적으로 굴절

시키는 고차원의 렌즈이다. 하지만 아직도 뉴트리노를 통해서 세상을 보기에는, 약력에 반응하는 뉴트리노의 수가 너무 작다. 여기서 '공간에 존재하는 확률함수로서의 파동' 으로 '입자' 를 이해하는 양자역학의 패러다임으로 뉴트리노를 보면, 입자는 공간의 한 점을 차지한 연속된 질량이 아니라, 공간의 어떠한 영역에 확률적으로 나타나는 파동의 집합이다. 따라서 입자는 한곳에 있는 하나의 알갱이가 아니라 공간에 흩어져 있는 파동, 즉 입자의 존재 확률적 질량의 합이 된다. 뉴트리노의 확률적 파동을, 중력렌즈로 굴절시킨 매질로 세상을 보는 눈이 중성미자를 보는 Mudfox의 눈이다.

지능공간 : 디지털 공간과 물리적 공간을 같은 위상에서 병치시키는 프로토콜을 만들고, 물리적 공간에 존재하는 객체에 부착한 RFID를 주사해 객체의 위치 정보를, 물리적 공간을 모사한 Matrix, 즉 디지털 공간의 물리적 공간의 좌표 상에 위치시킨다. 그 결과 Matrix와 동기화된 Grid로써 유비쿼터스 환경은 객체 사이의 관계를 이해하는 지능을 물리적 공간에 부여할 수 있게 된다. 지능공간은 공간이 자신의 공간 정보를 기억하고, 물리적 공간 장애가 사라져 모든 장소로 이동이 가능해지며, 사용자가 인지하는 공간의 범위가 벽을 넘어 무한으로 확장되는 공간이다. 두 점 간의 거리는 사라지고 관계만 남은 공간, 시간을 쌓아 가역(可逆)이 가능한 공간, 그리고 물성 객체의 속성을 지닌 연산이 가능한 공간이 지능공간이다.

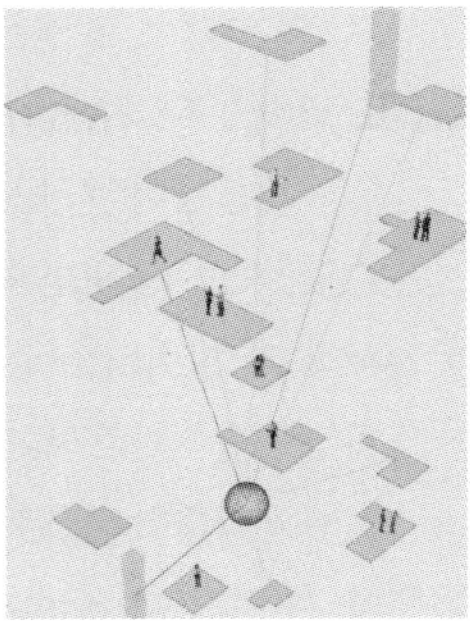

체세포KR-SL27-shm-46821 : Ecourban-v1SI-027에 보관된 체세포 샘플 중 하나의 일련번호

쳄버(chamber) : 방, 침실, 알현실 등의 뜻으로 사용. 특수한 목적의 방을 이르는 말이다. Gaia Projects에서는 가이아시스템즈 사가 사용하는 PS-1빌딩의 시뮬레이션 회의실.

초매스(Hyper & Super mass) : 지능형 공간에서는 거주자가 소유하는 체감공간의 무한확장이 가능하다. 현용 아파트의 공간면적은 거주자가 독점적으로 사용하는 '전용면적' 으로 제한되는 반면, 지능공간 주거에서의 체감공간은 자신이 소유한 '전용공간' 의 면적과 가상적으로 수십 혹은 수백 개에 이르는 '시분할 전용공간' 과 시분할 엘리베이터로 접근 가능한 '동시 이용 공간' 등의 합이 된다. 이런 의미에서 공간이 초고층(Super Tall)화 될수록, 혹은 그것을 뛰어 넘어 초부피(Hyper & Super mass)화 될수록 공간의 효용성은 초공간적 모습을 보여 극단적으로 증가한다. 여기서 초부피는 인간의 휴먼스케일에 비교해 공간의 크기가 상대적으로 거대한 물리적 공간과 디지털 공간 정보가 결합한 지능형 거대 공간이다.

초전도 슈트 : 컴퓨터에 의해 벡터량이 조정되는 자기장(磁氣場)위에 떠서 트랜스포테이션 튜브 안을 이동할 수 있게 하는 자성을 띠는 옷 -자기복(磁氣服). 이것을 입으면 이 옷과 튜브 내부의 자기장이 반발을 일으켜 사용자를 공중에 뜨거나 전후좌우로 이동할 수 있게 한다.

초전도 트랙 : 자기반발력에 의한 사람 또는 쳄버 및 물류 등의 이동경로, 복잡한 도시의 초전도 캡슐은 빠른 속도로 움직일 수가 있다.

코어(Core) : 중심부분, 핵이 되는 부분. 인공의사생명체인 Ecourban-s1의 심장부분. 환경에 대한 정보를 축적하고 경험을 통해 발생상황을 판단하여서 그 상황에 최적의 상태가 되도록 부분의 성장을 제어하면서 자기복제의 시기를 선택하고 기억된 정보를 다음세대에 전해주는 인공지능이 있다. 주요장치는 정보처리와 에너지 공급기관인데, 미토콘드리아가 영양물질을 분해하여 에너지를 유지하고 그 일부를 ADP · ATP사이클로 환원해서 운동에 사용하고 나머지는 열로 방출시키는 것과 같이, 에너지 공급 장치는 바닷물에 무한히 존재하는 중수소와 삼중수소를 추출하여 핵융합하고 그 에너지로 자신의 생명을 유지한다.

콕피트(Cockpit)의 계기 : 비행기나 우주선의 조종석을 가리키는 말.

탈기하공간 : 물리적 공간과 디지털 공간이 결합한 유비쿼터스 환경은 건축이 이해해온 기하학적 공간 구조를 다른 의미로 해석할 가능성을 제시한다. 그 중 하나가 건축공간의 구조를 인간의 공간적 지위가 배제되었던 '기하공간' 패러다임에서 '탈기하공간' 으로 옮기는 것인데, 물리적으로 이격되어 있어도 인식에서 연결 · 통합된 공간이, 현실과 디지털환경이 통합된 공간구조이고, 이를 '탈기하 공간' 이라 한다.

토카막(tokamak) : 핵융합 반응을 일으키기 위해서는 온도가 1억 ℃, 이온밀도 1㎤당 100조(兆) 개의 초고온 플라즈마를 약 1초 동안 일정한 용기 속에 밀폐해 둘 필요가 있다. 이 때 용기에 플라즈마가 닿으면, 용기가 녹아버리므로, 플라즈마를 강한 자기장으로 용기 중앙부에 띄워 두어야 한다. 이것이 플라즈마 밀폐장치인데, 양쪽 끝이 도너츠 모양을 한 진공용기 주위에 코일을 감고, 이 코일이 만드는 강한 자기장과, 용기 중심부에 있는 플라즈마에 전류를 보내 플라즈마를 안정적으로 밀폐하는 것이다.

트랜스포테이션(Transportation) : 교통/물류/운반 작용 및 수단

프로키온 (Procyon) : 작은개자리 α별의 고유명. 대략적인 위치는 적경(赤經) 7h 37m, 적위(赤緯) 5° 21' . 안시등급 0.3등의 가장 밝은 별 중의 하나로, 11.3광년 거리에 있다. 분광형은 F5, 표면온도는 약 6500℃, 담황색의 별이다. 안시등급 10.7등의 어두운 동반성(同伴星)을 가진 안시쌍성(眼視雙星)으로, 동반성의 공전주기는 40.23년이다.

하이브리드 구조물 : 2042년 뉴욕의 맨해튼에서 쉽게 발견할 수 있는 건축 양식이다. 특히 맨해튼의 가장 번화한 지역이었던 5번 에비뉴를 따라 40가에서 70가에 이르는 지역은 20세기에 지어졌던 고전적인 형태의 모더니즘 혹은 포스트모더니즘 초고층건축물과 21세기 초전도현수구조의 건축물이 합쳐져 복합구조를 이루고 있는데, 이를 하이브리드 구조라 한다.

하이브리드 생명체(H-CR2) : 식물과 동물의 특성을 모두 가지고 있는 생명체(H-CR2)

항시전용공간 : 단위 세대 혹은 방과 같이, 하나의 단위 건축 공간이 지속적인 공간 사용 권리로 제공되는 공이다. 이는 단독 혹은 집합주거의 단위세대를 그 공간의 소유자가 항구적으로 독점 사용하는 현재의 부동산 소유 개념과 유사하다.

해상 플레이트홈 : 바다에 떠있는 복잡한 도시 거주자들이 생활할 수 있도록 만들어주는 인공 지반

호모디지피엔스(Homo Digipiens) : 지구상에 존재하는 모든 컴퓨터와 접속하고 동기화(Synchronization)가 가능해진 호모사피엔스를 호모디지피엔스라 부른다. 이들이 가진 디지털 지능은 사상의 지평 너머에 존재하던 공간을 시각적 상상을 통해 바라보게 한다.